国家自然科学基金（41572130）
油气藏地质及开发工程国家重点实验室　资助出版
成都理工大学中青年教学骨干培养计划

川西拗陷须家河组砂岩气藏井眼稳定性研究理论与实践

谢润成　周　文　闫长辉　王世泽　单钰铭　郭春华　编著

科 学 出 版 社
北　京

内 容 简 介

本书是系统研究川西深层须家河组致密砂岩气藏直井及水平井岩石力学性质、测井解释、数值模拟及井眼稳定性的专著。从岩石基本物理特征研究入手，开展了模拟地层条件下的岩石力学参数实验及统计分析研究、测井岩石力学强度参数精细解释、有效地应力测井解释、地层孔隙压力解释、破裂压力及坍塌压力建立、斜井（水平井）井壁应力分布及其模拟、井眼稳定性评价及实例分析验证。建立起一套从实验室岩石力学参数评价、各项岩石力学参数测井解释及数值模拟，到结合实钻资料验证的综合分析评价单井岩石力学、地应力及井眼稳定性的工程地质特征综合研究方法技术体系。研究方法与技术手段对同类型气藏研究具有借鉴意义。

本书可供油气田开发工程、油气储层改造及油气藏工程地质等研究方面的技术人员及大专院校师生参考。

图书在版编目(CIP)数据

川西拗陷须家河组砂岩气藏井眼稳定性研究理论与实践／谢润成等编著．—北京：科学出版社，2016.3

ISBN 978-7-03-047925-9

Ⅰ.①川… Ⅱ.①谢… Ⅲ.①砂岩油气藏-井眼稳定-研究-川西地区 Ⅳ.①P618.130.2

中国版本图书馆 CIP 数据核字（2016）第 060287 号

责任编辑：张井飞 韩 鹏／责任校对：韩 杨
责任印制：张 倩／封面设计：耕者设计工作室

科学出版社 出版
北京东黄城根北街16号
邮政编码：100717
http://www.sciencep.com

中国科学院印刷厂 印刷

科学出版社发行 各地新华书店经销

*

2016年3月第 一 版 开本：787×1092 1/16
2016年3月第一次印刷 印张：12 3/4
字数：297 000

定价：178.00 元

（如有印装质量问题，我社负责调换）

前　　言

川西坳陷深层须家河组天然气资源丰富，拥有天然气资源量大于$16000\times10^8\mathrm{m}^3$，尤其在新场与大邑须家河组，圈闭资料量达$6152\times10^8\mathrm{m}^3$。自X851井在须二段获得无阻流量$151.4\times10^4\mathrm{m}^3/\mathrm{d}$高产工业油气流以来，X856、X2、X3井陆续在须二段获得高产工业气流；在须四段，X882、CL568、X855井等测试获得工业性天然气产能。此外，D1、D3、D101井在大邑构造取得新突破，须三段、须二段均获得高产天然气流。这一系列的油气勘探开发成果表明川西地区须家河组气藏具有良好的天然气勘探开发前景，是天然气增储上产的重要支撑领域。

但是，川西深层须家河组地质条件复杂，地层超高压异常，泥页岩易坍塌，加之天然裂缝发育，因此导致一系列井下复杂问题的发生，严重影响钻井工程进度，制约整个须家河组气藏勘探开发评价工作。

井壁失稳问题是石油钻井过程中普遍存在并一直困扰石油工业界的一个大问题。据保守估计，井壁失稳每年约会给世界石油工业造成5亿~6亿美元的损失。由于钻井过程是地下工程，涉及复杂的、千变万化的地质结构而且由井壁失稳引起和诱发的其他井下事故对钻井工程危害极大，使得该问题成为一个十分复杂且带有世界性的难题，一直受到国内外石油钻井界的关注，是国内外钻井技术界一直坚持不懈努力攻关的重要工作。

钻井表面上看起来是工程问题，而实际上是工程与地质紧密结合的问题，所以井眼稳定性研究是一个多学科交叉的边缘性科学。本著作力求建立一套系统地针对深层直井眼和水平井眼的从实验测试、岩石力学参数解释、地应力解释、三大压力解释到井壁稳定性综合分析的工程地质评价方法体系。研究成果为加强深层致密砂岩气藏钻完井工程工艺技术应用研究、确保钻井工程科学、高效、安全施工以及压裂改造等措施提供强有力的技术支撑。

全书分为3部分，由谢润成统稿定稿。其中，第1章由王世泽、谢润成编写，第2章由王世泽编写，第3章由谢润成、单钰铭编写，第4章由谢润成、周文编写，第5章由谢润成、郭春华编写，第6章、第7章由谢润成编写，第8章由郭春华、谢润成编写，第9章由谢润成、周文编写。编著过程中，有幸得到了武恒志、王洪辉、刘正中、戚斌、李勇、康毅力、李华昌、刘成川、曾焱、吴亚军、段永明、李忠平、卜陶、杨志彬、李毓、胡永章、邓虎成、鲁洪江、何勇明、张浩、孙来喜、邓昆等专家、学者的指导和帮助，以及一批研究生葛善良、王晓、吴巧英、孙藏军、王喻、张冲、姚勇、刘义等的支持。在此一并表示感谢。

由于水平有限，书中难免存在疏漏之处，请读者不吝指正。

目　　录

第一部分　气藏基本地质特征及工程地质概况

第1章 气藏基本地质特征

1.1 区 域 位 置

川西坳陷位于四川盆地西部，该坳陷北起米仓山山前，南抵峨眉-瓦山断块，西临龙门山推覆构造带，东接川中隆起，介于龙泉山隐伏深断裂与龙门山区马角坝深断裂之间，为北东-南西向的长条形地带，总面积约 $5\times10^4km^2$。川西坳陷为晚三叠世以来陆相盆地的深坳陷部分，现今为白垩系和古近系、新近系所覆盖的地区。行政区划地跨广元、绵阳、德阳、成都、雅安、眉山和乐山7个地市。区内从北到南有九龙山、中坝、文兴场、柘坝场、老关庙、丰谷、孝泉、新场、合兴场、鸭子河、平落坝、大兴西、雾中山、汉王场等40多个气田或含油气构造（图1-1），属中国石化和中国石油重点勘探开发区域。

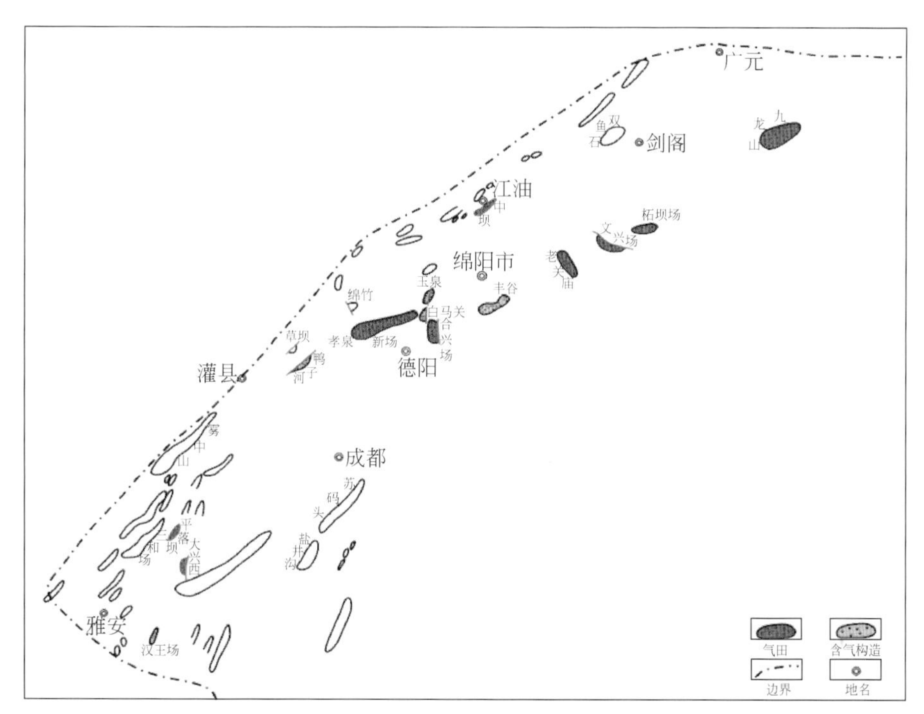

图1-1 研究区地理位置及构造略图

1.2 区域地质特征

1.2.1 地层特征

川西拗陷钻遇的地层自上而下依次为第四系、白垩系、侏罗系与三叠系，最深层位钻

地层						剖面	气层		气层物性	
系	统	组		代号	平均厚度/m		平均深度/m	有效厚度/m	孔隙度/%	渗透率/mD*
第四系	全新统 更新统	雅安组		Q	200					
古近系、新近系	上新统	大邑组		N_2d	150					
	始新统	芦山组		E_2l						
	古新统	名山组		E_1m	800					
白垩系	上统	灌口组		K_3g	1000					
	中统	夹关组		K_2j	700					
	下统	天马山组		K_1t	1000					
侏罗系	上统	蓬莱镇组		J_3p	1200		600 800 1200	15 6 10	12.96	3.6
		遂宁组		J_3s	300			12	5	0.15
	中统	沙溪庙组	上	J_2s	600		1800	20 13.5	6.1	0.51
			下	J_2x	200		2200	10	3.31	0.056
		千佛崖组		J_2q	100			5		
	下统	白田坝组		J_1b	200		2600			
三叠系	上统	须家河组	须五段	T_3x^5	400			5	7.53	0.25
			须四段	T_3x^4	600		3000	20 30		
			须三段	T_3x^3	800		4000	15	4.4	0.057
			须二段	T_3x^2	500		4500	40 12	5 3.98	0.3 0.05
		小塘子组		T_3t	150					
		马鞍塘组		T_3m	150					

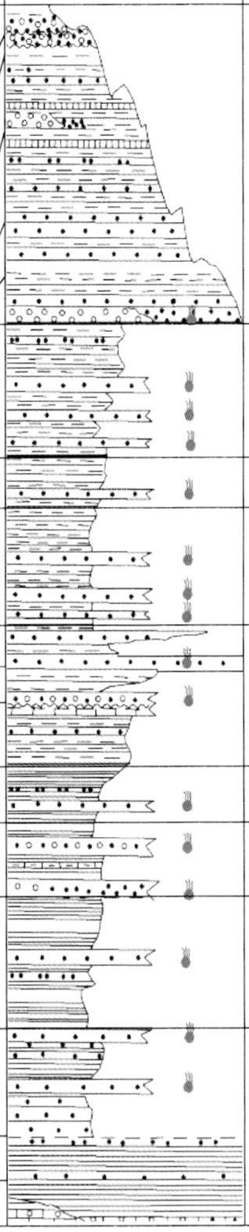

图 1-2 川西拗陷中段地层划分

* $1mD=0.986923\times10^{-15}\mu m^2$，毫达西

至三叠系马鞍塘组，纵向上见到多层气显示（图1-2）。其中，上三叠系—侏罗系地层是充填川西前陆盆地巨厚实体的一部分，总厚度达6500m。本著作中以川西坳陷须家河组地层为研究对象。

须家河组地层自下而上分为四段，即须五段、须四段、须三段、须二段。其中，须五段、须三段以泥页岩沉积为主，为主要的区域盖层，具有自生自储特征；须四段、须二段以砂岩、砾岩沉积为主，是研究区重要的储层发育层段。须一段（又称小塘子组），为灰-灰白色薄-中层状粉砂岩、细砂岩夹泥质粉砂岩、砂岩、碳质页岩及煤层，向东超覆在雷口坡组和嘉陵江组之上，厚度减薄，该段总体厚度为50～400m。须二段—须四段为灰黑色页岩、泥岩、碳质页岩与厚层块状长石石英砂岩、粉砂岩互层，夹薄层菱铁矿透镜体及泥灰岩，底部具有含砾砂岩。钻探证实，须二段和须四段砂岩是重要的产气层，其中须二段是区域性产气层。须一段及须三段在局部地区也有工业气层。

1.2.2　构造特征

外貌近似菱形的四川盆地大地构造位置隶属于扬子地台西北缘，其西为龙门山推覆带和松潘-甘孜褶皱带，其北为米仓山和秦岭构造带。盆地的构造分区包括川中古地块和川西断褶带，川西坳陷则为川西断褶带的重要组成部分，其西临龙门山造山带中段，东与川中古隆起相接，北为秦岭造山带，自印支运动以来，川西坳陷受西侧青藏高原和龙门山的挤压作用及北侧秦岭和川东南地区长期构造作用的挤压，尤其是喜马拉雅中晚幕，受龙门山自北西向南东方向的逆冲推覆作用，导致川西坳陷强烈的褶皱构造变形，形成川西坳陷以成都向斜为中心的箕状坳陷特征，地覆形成了多方向、多期次的断裂和构造。

按坳陷区内构造特征不同，大致以绵竹-安县间北西部向隐伏断裂带为界，又可分为川西凹陷及川西北凹陷。川西凹陷西侧以彭灌深断裂为界，东侧以龙泉山隐伏深断裂为界，凹陷内在白垩系下又以隐伏的逆断冲组成地堑及地垒型的断褶结构，其断裂和构造形态差异都较为明显（图1-3）；川西北凹陷西侧以马角坝深断裂为界，东侧界限不太明显，大致以中江-三台-阆中间白垩系尖灭线为界，构造平缓简单。

1.2.3　沉积特征

利用层序地层学可将川西须家河组地层自上而下分为四段，即须五段、须四段、须三段、须二段。其中，须五段、须三段以泥页岩沉积为主，被作为区域盖层，同时具自生自储特性；须四段、须二段以砂岩、砾岩沉积为主，是研究区储层发育段。须二段早期时的沉积环境是小塘子末期海退的继续与发展，主要属辫状河道-三角洲沉积，储层主要属平原辫状河道及前缘河口砂坝沉积，该段地层砂岩占84.98%，反映稳定沉降的特点；须三段时松潘-甘孜褶皱带已隆起，其发育的浅变质岩已成为该期川西坳陷沉积的物源，研究区该期须三沉积物中出现大量变质岩岩屑，主要属海湾、湖沼环境，时有小型三角洲发育；须四段时，川西坳陷西北部（绵竹、安县一带）和北部（大巴山）物源区强烈抬升，研究区紧邻物源区，大量的粗碎屑物质，通过山区河流搬运径直入湖，形成扇三角洲-湖

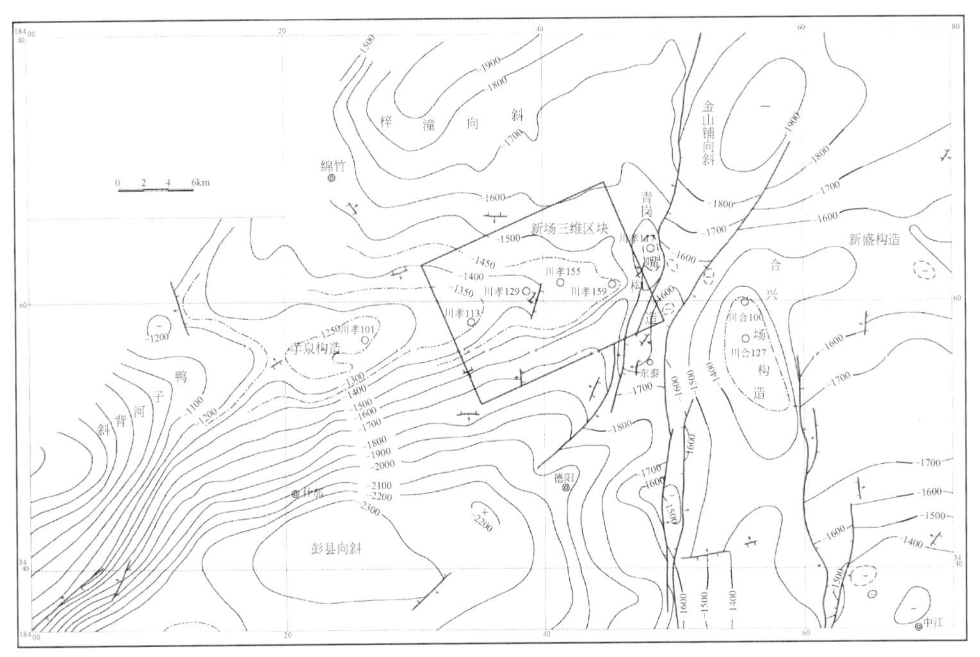

图 1-3　川西新场地区构造井位略图

沼相沉积层序；砂岩占 56.51% 与泥岩呈略等厚状，反映快速沉降的特点，其西、北面本段中砾岩特别发育，砾石主要为灰岩及砂泥岩，往东及往南该段砾岩不发育；须五时属构造宁静期，研究区主要属湖泊、沼泽沉积，其间夹有三角洲沉积。

1.2.4　岩性特征

须家河组岩性以细-中粒砂岩为主。储层中黏土矿物普遍存在，成分大都以伊利石为主，绿泥石次之，含少量高岭石。

须二段（T_3x^2）岩石类型主要为长石岩屑石英砂岩、岩屑石英砂岩，次为石英砂岩、岩屑砂岩和长石岩屑砂岩等。岩屑成分总体较高。岩石颗粒分选好、次棱角状、点线接触，粒度以中粒为主。碎屑组分中，石英含量为 60% ~75%，多为单晶石英，少量复石英；长石为 8% ~18%，以正长石为主，微量斜长石和微斜长石；岩屑为 10% ~32%，以粉砂岩屑为主，部分碳酸盐岩屑。胶结物以方解石和硅质为主，方解石为 2% ~8%，含量达 25% 左右的早期方解石胶结物呈薄层状分布于该段中上部，在区域上具有一定的对比性。硅质胶结物以加大边的形式出现，含量为 0.5% ~5%。填隙物水云母含量为 1% ~3%，最高达 10% 左右，并且早期绿泥石环边较发育，绿泥石环边的发育对于岩层中早期原生孔隙有积极的保护作用。

须四段（T_3x^4）岩石类型主要为石英砂岩、岩屑砂岩和砾岩。由于物源的不同，各地区沉积岩石类型及碎屑成分差异较大。碎屑组分中，石英含量为 55% ~80%，多为单晶石英，少量复石英；长石为 5% ~8%，以正长石为主，含量普遍较低；岩屑以碳酸盐岩岩屑和粉砂岩岩屑为主，碳酸盐岩岩屑含量高，平均在 58% 左右。胶结物主要为碳酸盐物质，以方解石为主，分布不均匀，一般含量为3%～15%，局部达20%；硅质胶结物含量为0.5%～1.5%，均以碎屑加大边的形式产出。黏土质填隙物含量随碳酸盐胶结物的增减互为消长之势，其中水云母杂基为0.5%～4%，沿颗粒边界生长或充填粒间，高岭石含量为0.5%～3%。

平面上，须四段砂体主要发育在南段，向北砂体变差；须二段砂体北段发育，由北向南岩性变化大。须二段储集层类型主要为裂缝-孔隙型、孔隙-裂缝型，是孔、缝双重介质的复合体；须四段主要属孔隙型。储层基质物性较差，且孔隙度、渗透率分布的非均质性很强。据实测岩心孔隙度、渗透率统计表明，样品最大孔隙度为15.02%，最小为0.13%。渗透率由于受裂缝的影响，一个构造上不同部位的井，甚至一口井不同井段的渗透率有时可达2～3个数量级的差别，裂缝发育，渗透率值急剧增大，即使是微裂缝，也会使基质渗透率得到很大改善。据近4500个样品渗透率的统计结果（除去有明显裂缝的样品），单个样品最大渗透率为$7.34\times10^{-2}\mu m^2$，最小为$1.02\times10^{-7}\mu m^2$，平均为$1.48\times10^{-4}\mu m^2$。因此，上三叠统须家河组砂岩总体上具有低孔隙度、低渗透率、高含水饱和度、小喉道、非均质性强等特征，属于岩性致密-超致密的超低孔渗砂体。

第2章 工程地质概况

2.1 地质特征

2.1.1 纵向气水特征

川西新场地层纵向含气层位多、气水关系复杂，流体产出量差异悬殊。气层分布：纵向由浅至深发育蓬莱镇组、沙溪庙组、千佛崖组、白田坝组，以及须家河组须五段、须四段、须三段、须二段8套50多个含气砂组，气层埋深300～5400m，深度跨度大；其中，浅层蓬莱镇组、中深层沙溪庙组、深层须家河组须四段及须二段为主要开发层系。地层产出流体主要为天然气、地层水和少量的凝析油。浅表层普遍存在区域淡水层，蓬莱镇组、沙溪庙组、千佛崖组主要开发层系存在残余地层水或束缚水，产水量少，实施近平衡钻井中多数不见明显产水层；白田坝组存在区域水层分布，实施欠平衡钻井中钻遇有含气水层，如X203井在白田坝组2840m左右采用欠平衡钻井，钻遇高压含气盐水层，导致井内钻井液性能恶化，发生黏卡卡钻，事故处理中重浆压井又导致井漏事故。深层须家河组气水关系更复杂，测试、试采中须四段、须二段均见明显产水层，尤其须二段普遍存在边、底水层分布，纵向存在上水下气的分布状态。产出的地层水矿化度纵向存在差异，蓬莱镇组以浅地层水矿化度相对较低，一般为0.1～20 g/L，存在Na_2SO_4、$NaHCO_3$、$CaCl_2$水型；沙溪庙组–白田坝组地层水矿化度中等，一般为26～42g/L，多数为$CaCl_2$水型，少数$NaHCO_3$水型；须家河组地层水矿化度悬殊较大，为0.16～115.53g/L，主要为$CaCl_2$水型，个别为$NaHCO_3$水型。整体而言，新场须四段上亚段砂层属区域气水同层，产水量差异明显（1～314m^3/d)，下亚段砂砾岩层也存在气水同层，局部产水量较大；须二段气水关系尤其复杂，构造线不是气水边界线，同层位的水层深度不同，气水界面难确定。气水关系的复杂性导致该区钻井工艺措施优选难度大，欠平衡钻井或气体钻井技术的应用受限。

大邑地区纵向中浅层含气性整体差，深层须三段和须二段钻遇良好含气层系，是主要开发层位；产出流体以天然气为主，一定量地层水。该区地层受断裂、裂缝影响，纵向地层水活跃、分布复杂：第四系至白垩系灌口组地层存在区域水层，侏罗系沙溪庙组以浅地层普遍含水，不同井含水层位、含水量大小各不相同，产水量悬殊，千佛崖组、白田坝组目前未见含水迹象，须五段、须四段目前未见含水迹象，须三段、须二段含水，但无连续的成规模的含水层，多属裂缝型含水层，砂、泥岩段均有含水特征，含水层平面分布不稳定、非均质性强，产水量及产水层段难预测。

总体而言，川西地区浅表水层分布稳定，中深层及深层须家河组地层气水关系复杂；

尤其是须家河组地层，气藏分布属“整体含气、多藏叠置、局部富集”，水体分布受构造、断层控制，平面分布不稳定、非均质强，气水产出层段及产量预测难度均较大，严重影响钻井工艺措施的优选与评价工作。

2.1.2　储层特征

1. 储层物性纵向差异大、横向非均质性强

由于成藏地质环境不同，储层经历的沉积、成岩及构造演化史不同，造成岩石致密化进程和致密化程度存在较大差异。例如，新场地区，蓬莱镇组中上部以浅地层属中孔、常规-低渗透带储层，储层孔隙度平均大于 10%、渗透率平均大于 $1\times10^{-3}\mu m^2$；蓬莱镇组下部、遂宁组、沙溪庙组储层属低-中孔、近致密-致密储层，储层孔隙度一般为 5% ~ 10%、渗透率一般为 $0.1\times10^{-3}\sim1\times10^{-3}\mu m^2$；千佛崖组、白田坝组、须家河组储层总体属低孔、致密-极致密储层，其中千佛崖组、白田坝组、须四段上亚段主体属致密储层，须四段下亚段、须二段储层孔隙度一般为 2% ~4%、渗透率为 $0.001\times10^{-3}\sim0.1\times10^{-3}\mu m^2$，属极致密储层。大邑地区，储层由浅至深表现为逐渐致密化趋势，须家河组储层孔隙度最高为 7.99%，最低为 0.57%，平均为 3.27%；渗透率最高为 $227.08\times10^{-3}\mu m^2$，最低为 $0.001\times10^{-3}\mu m^2$，主峰值为 $0.02\times10^{-3}\sim0.06\times10^{-3}\mu m^2$，属低孔、致密-极致密储层。整体而言，区内储层由浅至深呈常规—近致密—致密—极致密的变化趋势，致密-极致密储层裂缝发育程度控制着储集层优劣及产气量大小；同时，气藏储层由于成岩作用、沉积微相差异及裂缝发育程度不同，储层物性横向非均性强，平面上存在相对高低渗透带不均匀分布的特征。

2. 储层储集类型多样

川西拗陷气藏储集类型多样，既有孔隙型储层，也有裂缝型储层；同时还有裂缝-孔隙型储层和孔隙-裂缝型储层。其中，中浅层气藏以孔隙型储层为主，以裂缝-孔隙型储层为辅，少数为裂缝型储层；深层须家河组气藏，新场须四段上亚段以孔隙型为主，中下亚段以裂缝型和裂缝-孔隙型为主，须二段主体以裂缝-孔隙型为主；大邑须三段、须二段主体均以裂缝-孔隙型为主。储集类型的多样，特别以裂缝型为主的储层易导致又喷又漏的钻井复杂情况。

3. 储层敏感性特征差异

储层由于成藏地质环境差异，区域上各区块储层敏感性矿物成分及微观孔喉结构特征差异，导致各储层敏感性特征差异。例如，新场地区，应力敏在深层表现中-强、浅层较弱；盐敏深层多表现弱、中深层较强；酸敏中浅层表现较强；速敏偏弱；水敏须二段较弱、须四段强；碱敏须四段、须二段表现较弱；此外，须四段、须二段储层水锁严重。大邑地区，须二段、须三段、须四段储层水敏强、酸敏强、应力敏强，碱敏须三段中等，须二段中等偏强，须四段强，速敏须二段强，须三段为中等偏强，须四段表现弱。储层敏感

性特征差异，对钻探过程中油气层保护技术提出诸多难题。

2.2 井下工程地质情况

由于川西深层须家河组地质条件复杂，岩石基本物理性质差异较大、工程地质特征不清楚，无法确定合理的钻井液密度，导致深层钻井存在不同井下复杂情况（表2-1），主要体现在以下两个方面。

1）卡钻

卡钻是深井钻井中出现的主要复杂情况之一。须五段和须三段地层岩性主要为泥页岩，夹薄煤层，由于泥页岩水敏性强，易水化膨胀，一是减小泥页岩有效应力，二是导致泥页岩胶结程度减弱，由于钻井液密度不合理而导致泥页岩段井壁失稳，易井径坍塌扩大、缩径引起卡钻或易出现钻头泥包等井下复杂情况；另外由于地应力分布特征的差异，尽管煤层一般较薄，但也存在不同程度剥落掉块问题。此外，由于须家河组地层压力超高压异常、气水分布不确定性，导致钻井中钻井液性能维护难度大，易造成吸附卡钻。

2）井漏、井喷

井漏、井喷是深井钻井中常见的复杂情况。由于须家河组地层压力超高压异常，加之裂缝发育非均质性及气水分布不确定性，如果钻井液密度过低，在钻遇高压气层会产生井涌、井喷，钻井液密度过高不仅易发生压差卡钻、频繁遇阻、钻速减慢，而且易导致钻井中裂缝地层发生漏失，甚至出现既喷又漏的现象，易造成井内复杂情况，给深井提速、完井及储层改造带来较大困难。

表2-1　川西地区钻井工程井下复杂情况统计一览表

井号	事故井深/m	层位	岩性	复杂情况
X851	316	J_3p	砂泥岩	起下钻遇阻，开泵不通水，水眼堵死
	550～630	J_3p	棕色泥岩	钻井液密度偏低，引起泥岩缩径遇阻
	820～920	J_3p	棕色泥岩	钻井液密度偏低，引起泥岩缩径遇阻
	1088～1093	J_3p	砂岩	井涌
	2520.56	J_2x		掉牙轮事故
	2676.85～2681.3	J_2q	石英砂岩	裂缝性漏失，千佛岩组与白田坝组界面
	2812～2813	J_1b	石英砂岩	钻遇气层井涌
	3581.85	T_3x^4	砂岩	严重气侵
	3827.89～3828.83	T_3x^4	深灰色砾岩，页岩	裂缝性漏失，须三段与须四段界面
	4830.00～4840.86	T_3x^4	砂岩，少量石英次生矿物	裂缝性井漏

续表

井号	事故井深/m	层位	岩性	复杂情况
X853	5050.86	T_3x^2	砂岩，少量石英次生矿物	压井井漏
	2886	T_3x^5	页岩	页岩交界面易失稳产生掉块卡钻
	3836	T_3x^4	石英砂岩、砂砾岩	井眼欠尺寸卡钻
	4439.95	T_3x^3	岩屑石英砂岩、碳质页岩	地层掉块卡钻
	4521.49	T_3x^3	砂岩、页岩、夹煤线	地层掉块卡钻
X856	3841.85～3856.2	T_3x^4	岩屑石英砂岩	钻遇裂缝漏层
	4213.5～4215	T_3x^3	岩屑石英砂岩	钻遇气层井漏
	800～740	J_3p	泥岩	起下钻遇阻
X2	2661.79	J_2q	岩屑砂岩	渗透性漏失
	3792.49	T_3x^4	岩屑石英砂岩	井漏
	3802.04	T_3x^4	岩屑石英砂岩	井漏
	3964.53～3999.04	T_3x^4	岩屑石英砂岩	井漏
	4214.07	T_3x^3	砂岩	泥浆密度太高钻遇砂岩发生渗透性漏失
X2	2862	T_3x^5	页岩、煤层	井涌，煤层气活跃
	2390	J_2x	泥岩	下钻遇阻
	3583.81	T_3x^5	页岩	起钻遇阻
X3	2755	J_1b	岩屑砂岩	井涌
	3810.15	T_3x^4	钙质胶结砾岩	井漏
	4955.3	T_3x^4	岩屑石英砂岩	井漏
	4982	T_3x^2	岩屑石英砂岩	井漏、井涌
X855	2671.50～2674.29	J_2q	砾石层	裂缝性漏失
	3361～3362	T_3x^5	岩屑石英砂岩	井涌，钻遇裂缝气层，钻井液密度偏低
L150	2300	J_2s	岩屑砂岩	井漏，人为压漏地层
	4727	T_3x^2	岩屑石英砂岩	井漏，压破地层
X884	2225	J_2s		下钻遇阻，井壁泥饼增厚
	2708.77	J_2q	岩屑砂岩	井漏
	2861.37～2883.87	J_2b	岩屑石英砂岩	井漏
	3341.93	T_3x^5	岩屑石英砂岩	井漏
	3381.07	T_3x^4	岩屑石英砂岩	井漏
	3427.78	T_3x^4	岩屑石英砂岩	井漏
D1	4418	T_3x^4	页岩	卡钻
	4632.87	T_3x^3	中粒岩屑砂岩	漏失钻井液30.15m^3，漏速16m^3/h
	4908	T_3x^2	页岩	卡钻
	4912	T_3x^2	页岩	卡钻
	5091	T_3x^2	页岩	卡钻
	5066.5	T_3x^2	中粒岩屑砂岩	漏失钻井液7.8m^3，漏速7.8m^3/h

续表

井号	事故井深/m	层位	岩性	复杂情况
D4	3571	T_3x^4	页岩	卡钻
	3741	T_3x^4	页岩	卡钻
	5454	T_3x^2	页岩	卡钻
	5796.61	T_3x^2	中粒岩屑砂岩	井漏漏失钻井液 $37m^3$，漏速 $2.81m^3/h$
	5814	T_3x^2	页岩，见少量石英	卡钻
D101	4542～4548	T_3x^3	中粒岩屑砂岩	漏失钻井液 $112.71m^3$，漏速 $3.23m^3/h$

综上所述，川西地区须家河组地层地质环境特征复杂各异，纵向地层裂缝发育的非均质性强、地层多压力系统、气水层分布纵多，加之平面分布的不稳定性、流体产出量及性质难确定性、储层敏感性特征差异性，都给钻井完工程施工及后续储层改造等措施带来诸多问题及难点，钻井中易诱发垮、塌、漏、喷等复杂情况。因此，有针对性地开展井眼稳定性研究，在理论上和现场实践方面均具有重要意义。

第二部分　直井井眼稳定性研究

第3章　岩石力学参数实验及精细测井解释

岩石力学参数一般指岩石的弹性参数（弹性模量、体积模量、泊松比等）和强度参数（抗压强度、抗张强度、内聚力等），这些参数是进行油气井钻探设计、制定储层改造措施和方案设计的重要依据（陈德光等，1995；周文，1998；李士斌等，1999；路保平、张传进，2000）。目前，研究岩石力学参数的方法主要有两种：一是在实验室对岩样进行实测，该方法获得的岩石力学参数称为静态参数；二是用地球物理测井资料计算岩石力学参数，其获得的岩石力学参数称为动态参数。两种参数由于加载的方式不一样，所测得的结果也是不一样的，在实际应用中一般要进行动静参数转换（Coaster，1991；路保平、鲍洪志，2005）。实验室测定虽然是最直接获取岩石力学参数的方法，但取样困难，且不能进行大量的测试，存在局限性，而测井资料的获取较为容易，且表征地层信息连续，所以，一般利用测井资料来获取连续的岩石力学参数剖面。

由于在常规测井系列中，一般仅开展纵波时差测量，只有全波列测井才有横波时差。而基于测井资料计算岩石力学参数，最重要的一个基础参数是横波时差。所以，横波时差的提取是进行岩石力学参数解释和地应力计算的基础工作，而且其提取的精度也直接关系到岩石力学参数解释的精度和可靠性。本章主要从基于实验测试数据下的横波时差提取（包括频散校正）到岩石强度参数及弹性参数的测井解释做研究。

3.1　横波时差提取

3.1.1　实验室波速分析

通常，有三种方法可以获得地层的声波速度：地震勘探法、声波测井和实验室岩心声学测量方法（Winkler，1986；楚泽涵，1987）。实验室通过超声波测试技术来获取横波时差。研究中采用成都理工大学“油气藏地质及开发工程”国家重点实验室20世纪90年代中期从美国MTS公司引进的数字伺服程控刚性实验机（图3-1）进行模拟地层条件下岩石力学静力学参数测试时进行同步超声波测试，获得岩样的纵横波速度。

从图3-2来看，大部分纵横波速度点分布在45°线的左上方，表明模拟地层条件下饱水岩样纵横波速度大于干燥岩样纵横波速度；从不同岩性饱水岩样和干燥岩样纵横波速度分布（图3-3）来看，一方面饱水岩样纵横波速度大于干燥岩样纵横波速度，另一方面，从粗砂岩—中砂岩—细砂岩—粉砂岩—泥页岩，相同饱和流体介质条件下，粒度大的岩石波速低，而粒度小的岩石波速快，这表明随着岩石致密程度的不断增加，声波在其中传播的时间越来越短。

根据实验室超声波测试结果，可以建立室内纵横波速度（或时差）的转换关系（图3-4），由于测试样品点相对较少，而且其代表的仅是小样品实验结果，其相关关系并不能真实地表征地下岩体纵横波速度之间的关系。

图 3-1　MTS 岩石物理参数测试系统

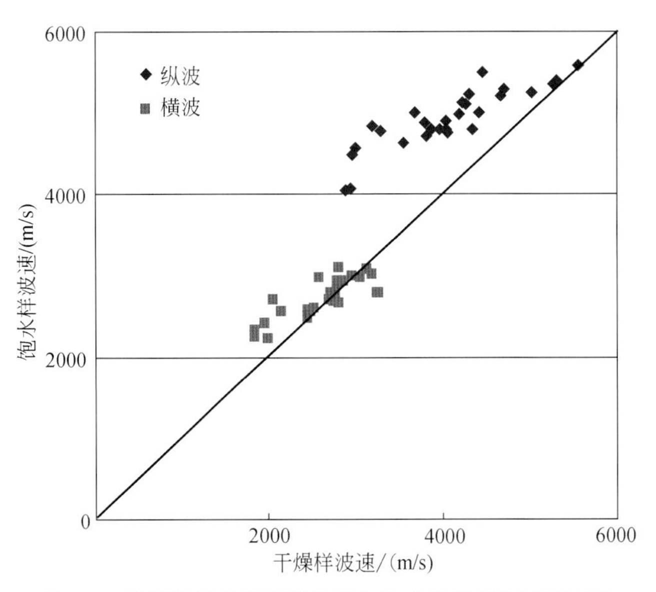

图 3-2　模拟地层条件下干燥样和饱水样纵横波速度对比

3.1.2　测井拟合

利用测井资料提取横波参数，主要是利用特殊测井资料进行处理获得。如果有全波测井则可以分离出横波时差。若有偶极声波测井资料，则可直接输出横波时差曲线。如果仅有常规测井资料，则需要进行横波时差的预测。利用现有纵波测井时差和其他测井曲线数据建立纵波时差与横波时差的关系，这方面已有许多相关文献（Gardner et al. 1974；Castagna et al. 1985；Han et al.，1986；李庆忠，1992；林耀民、刘卫东，1996；周文，1998，2006；楼一珊，1998；黄凯等，1998；刘之的等，2004；马中高、解吉高，2005；刘之的等，2005）。

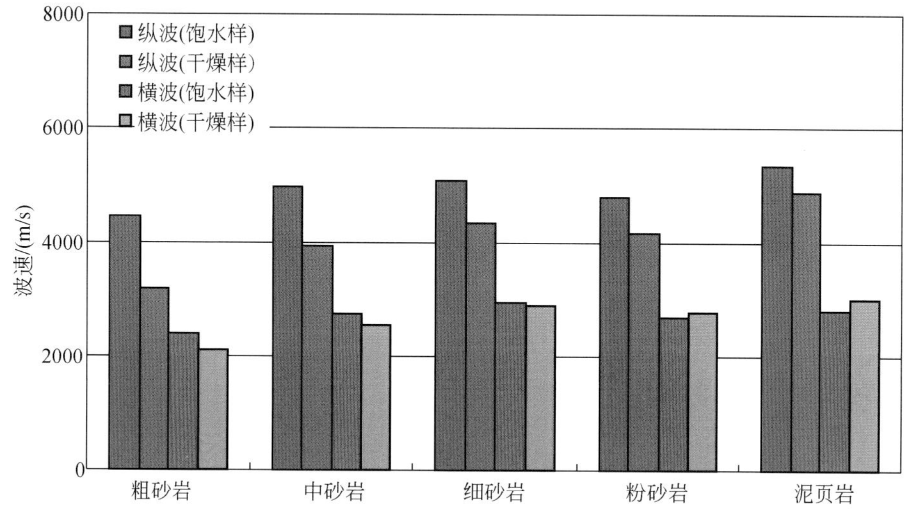

图3-3　模拟地层条件下不同岩性干燥样与饱水样纵横波速度分布

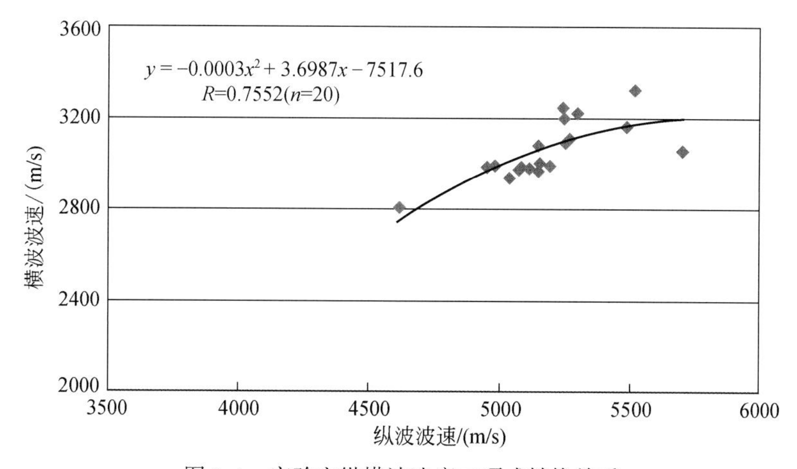

图3-4　实验室纵横波速度二项式转换关系

1. 由全波列测井资料提取横波

全波列测井资料记录了丰富的岩石物理信息，包括纵波、横波、斯通利波等。在全波列记录上，各种波都混叠在一起，但不同的波在振幅、频率、到达时间（源于传播速度的差异）或相位上存在着明显的差别，这为从全波测井数据中识别和提取横波（或各种子波）提供了可能。长源距声波记录的是地层的全波信息，但其在疏软地层中无法获取地层横波信息，因为在这些地层中横波与井中泥浆波一起传播。因此，使用时要注意这种差别。

使用全波资料提取纵波（P 波）和横波（S 波）通常采用瞬时频谱法，其基本原理如下：

将波形（信号）$X(t)$ 表示为

$$X(t) = a(t) \cdot \cos\phi(t) \tag{3-1}$$

式中，$a(t)$ 为时间信号的瞬时振幅；$\phi(t)$ 为 t 时刻的相位。

以 $X(t)$ 为实部构建一个解析函数 $Z(t)$，则 $Z(t)$ 的虚部为

$$Y(t) = a(t) \cdot \sin\phi(t) \tag{3-2}$$

实、虚部和为

$$Z(t) = X(t) + iY(t) \tag{3-3}$$

信号的包络和瞬时相位可表示为

$$a(t) = [X^2(t) + Y^2(t)]/2 \tag{3-4}$$

而

$$\phi(t) = \arctan[Y(t)/X(t)] \tag{3-5}$$

信号的瞬时频率可表示为

$$\omega(t) = \mathrm{d}\phi(t)/\mathrm{d}t \tag{3-6}$$

以上几个公式中，$X(t)$ 为波形记录，是已知的，在复平面上，$X(t)$ 与 $Y(t)$ 是正交的，可以利用希尔伯特正交变换来求。对一个函数进行希尔伯变换等价于用它同 π_t 的倒数进行褶积：

$$Y(t) = -X(t)/\pi_t \tag{3-7}$$

如果有新的能量波至出现在波列中，瞬时相位和瞬时振幅就要发生变化，由此，可确定横波和纵波的初至波，从而得到横波参数。

2. 正交偶极阵列声波测井

正交偶极阵列声波测井可以直接测定横波和纵波。偶极横波成像测井仪是最新一代的偶极阵列声波测井，它是把偶极技术与最新发展的单极技术结合在一起的测井技术方法，可以完全取代普通声波测井仪和长源距声波测井仪。

由于偶极阵列声波测井仪采用偶极声源，其产生的剪切挠曲波具有频散特性，低频时其传播速度与横波相同，因此，可以从剪切挠曲波得到横波。

偶极阵列声波测井有三个发射探头和 32 个（八组）接收探头组成。发射单极声源和两个偶极声源（X、Y 方向）呈相互垂直的环状，共有 96 个波形。现场测井时将其波形进行识别获得纵波、横波、斯通利波时差。

3. 常规测井资料计算横波

普通的声波测井资料获得的是纵波时差，要得到用于岩石力学参数计算的横波时差，可采用统计关系和经验公式计算。

1）统计关系法

首先从偶极横波测井及全波列测井获取地层横波时差信息，将其与常规测井参数之间进行相关关系研究，建立二者之间的统计学关系，再进行未知井的预测。针对研究区的资料情况，分别对沙溪庙组、须家河组地层建立统计方程（图3-5）。

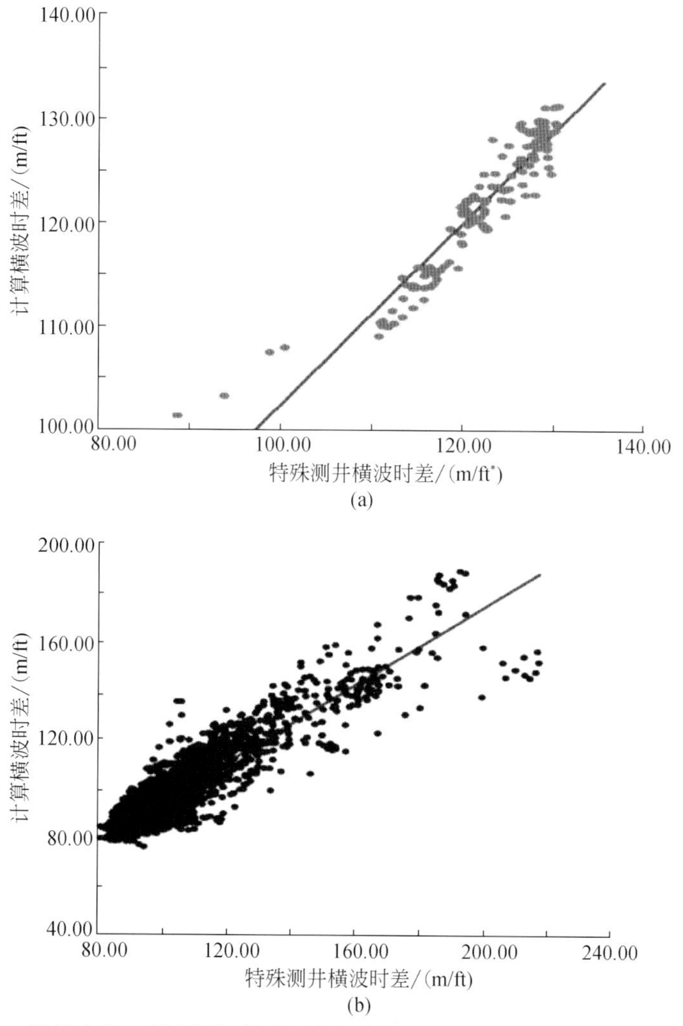

图3-5　沙溪庙组、须家河组特殊测井与常规测井计算的横波时差相关关系图

* $1ft=3.048\times10^{-1}m$，英尺

2）经验公式法

用测井资料提取岩石力学参数时需要纵横波时差测井资料，但并非每口井都测有声波全波列或偶极横波资料。在没有全波列测井和缺乏岩石横波时差资料时，则可以通过岩石纵波时差和地层岩性资料应用各种相关公式转化得到岩石横波时差。目前国内外已有很多文献介绍纵横波速度的反演计算方法，常见的公式有以下几类。

（1）利用已知井纵横波时差资料应用概率统计法构建横波时差拟合公式：

$$V_S = aV_P + b \tag{3-8}$$

李庆忠（1992）在收集分析前人不同岩性的地震纵横波速度测量结果的基础上（Smith and Gidlow，1987；Castagna et al.，1985），重点研究砂岩的速度规律，采用拟抛物线拟合，得到：

$$V_S = \sqrt{11.44V_P + 18.03} - 5.686 \tag{3-9}$$

Eberhart-Philips 等（1989）根据对 64 种不同的砂岩水饱和岩样实验室的测量结果，考虑围压对岩石波速的影响，用多元回归分析得出（Eberhart-Phillips et al.，1989）：

$$V_S = 0.7118V_P - 0.407 - 0.304\sqrt{V_{cl}} + 0.0435(P_e - e^{-16.7P_e}) \tag{3-10}$$

式中，V_{cl} 为泥质含量，%；P_e 为有效围压，MPa。

（2）通过估算泊松比来计算岩石的弹性参数。

当工区没有任何横波测井资料时，可利用 Anderson 等（1973）的经验公式来计算岩石的弹性参数。Anderson 等（1973）在墨西哥砂岩地层研究时得到了泊松比和含泥量的关系，即

$$\nu = AQ + B \tag{3-11}$$

式中，A、B 为回归出的经验系数，它与地层条件有关。还可以应用自然伽马等测井资料进行求取。

（3）利用成熟的经验公式构建横波时差曲线。

当工区完全没有横波资料或者横波资料可信度非常差时，还可以利用以下成熟的经验公式通过已有岩石纵波时差和地层岩性资料来构建横波时差曲线。

$$\Delta t_s = \Delta t_{mas} + (\Delta t_{fs} - \Delta t_{mas})\frac{\Delta t_c - \Delta t_{mac}}{\Delta t_{fc} - \Delta t_{mac}} \tag{3-12}$$

式中，Δt_{mas}、Δt_{mac} 分别为地层骨架的横波时差与纵波时差，μs/ft；Δt_{fs}、Δt_{fc} 分别为地层流体的横波时差与纵波时差，μs/ft；Δt_c 为地层纵波时差，μs/ft。

$$\Delta t_s = \frac{\rho_b \Delta t_P^2}{A\Delta t_P + B\rho_b + C} \tag{3-13}$$

需要说明的是，这种方法在密度大的地层应用效果较好，但对砂泥岩剖面，一般的应用效果都较差。

$$\Delta t_s = \frac{\Delta t_P}{\left[1 - 1.15\frac{(1/\rho_b) + (1/\rho_b)^3}{e^{1/\rho_b}}\right]^{2/3}} \tag{3-14}$$

式（3-14）（陈新、李庆昌，1989）主要用于求取地层中砂岩层段的横波时差值，对于泥岩层段，由于其密度和埋深的关系与砂岩不同，一般利用泥岩的 $\Delta t_s/\Delta t_P$ 值与岩石的体积密度关系确定。根据泥页岩密度变化，可以列出泥岩的 $\Delta t_s/\Delta t_P$ 与密度 ρ_{sh} 的关系如下：

$$\Delta t_s/\Delta t_0 = A - 0.8(\rho_{sh} - 2.2)/(2.65 - 2.2)$$
$$A = \begin{cases} 2.5 & (\rho_{sh} \leqslant 2.2\text{g/cm}^3) \\ 1.7 & (\rho_{sh} \geqslant 2.65\text{g/cm}^3) \end{cases} \tag{3-15}$$

采用基于实际横波测井资料的二项式拟合方法可以很好地得到横波资料（图 3-6 ~ 图 3-8）。

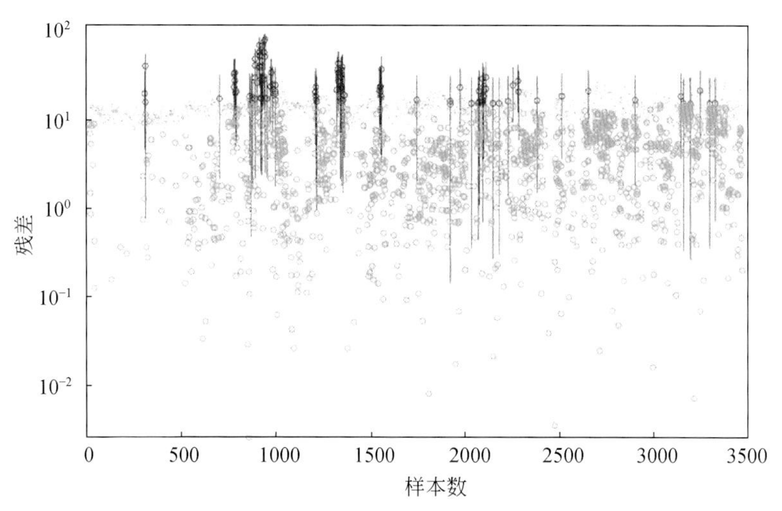

图 3-6　川西拗陷 XC 地区须家河组地层横波时差二项式拟合残差图

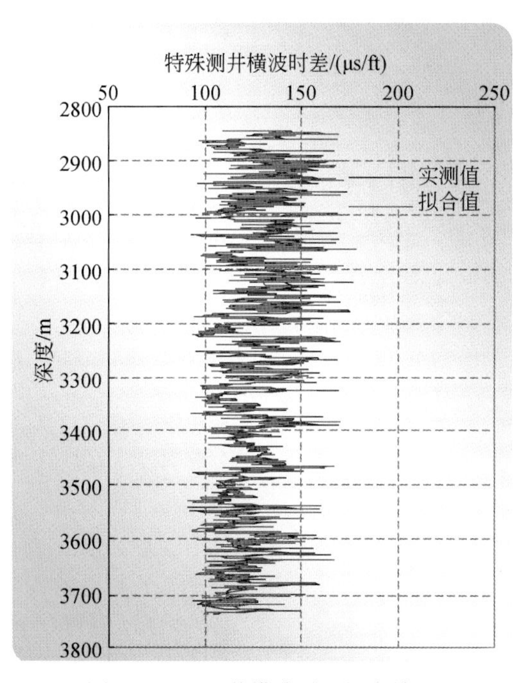

图 3-7　X851 井横波时差拟合效果

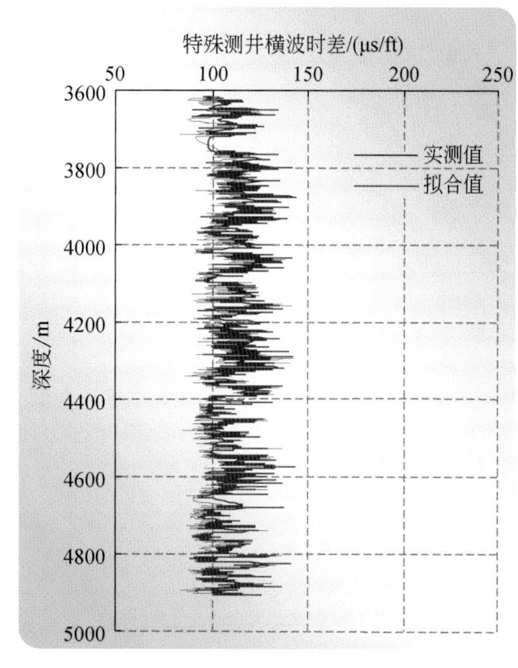

图 3-8　DY4 井横波时差拟合效果

3.2　抗 压 强 度

前已述及，可以通过地震勘探法、声波测井和实验室岩心声学测量方法获得地层的声波速度。但是由于 3 种方法所用的工作频率各不相同，依次为 10 ~200Hz、10 ~25kHz、

50kHz ~3MHz、相差 5 个数量级。许多学者研究了岩石中的声频散现象，证实了岩石中存在声频散（O'Brine and Lucas，1971；Norris，1993；Sayer 1981；Mavko and Jizba，1993；刘祝萍等，1994）。由于岩石力学强度参数是基于实验数据建模，而在实验室条件下只能进行高频测量，不可能在几种方法之间建立声频散的定量关系。为了将实验室中的高频测量结果应用到测井解释中，需要对岩石中的声波频散现象进行定量分析和校正，然后再利用校正后的声波数据建立岩石强度解释模型，由此才可利用测井数据进行岩石强度剖面的连续解释，因此，声波的频散校正就显得尤为重要。

3.2.1 波速频散校正

根据测井资料确定的地层速度与根据实验测试资料确定的速度有差别，而且差别较大，这是由于测井和实验岩心测试两种技术的观测尺度、观测时采用的频率以及对地层速度响应方式的差异所引起的。要从机理上消除测井速度与实验室速度之间的差异，必须知道声波速度测量的影响因素。由此需要研究什么条件下适用射线理论、什么条件下适用等效介质理论、是否存在两种理论都不适用的盲区，以及什么因素决定了适用理论的转换等问题。

从 1956 年 Biot 提出速度与频率的关系（Biot，1956a，1956b）以来，陆续发表了大量关于速度随频率变化关系研究的论文，证实了孔隙介质中速度随频率增加而加大的趋势，验证了 Biot 理论的正确性。布尔贝等指出频率是影响速度的一个因素，赞同 Biot 理论，同时指出在不同频率条件下出现的速度变化太大，超过了频率变化所带来的影响，但是没有进一步分析产生速度变化过大的原因（布尔贝等，1994）。Marion 等介绍不同尺度对声频散的影响，提出 λ/d（波长与层状介质层厚之比）影响了声波速度的测量，认为当 λ/d 很小时声波传播可以用射线理论描述，当 λ/d 很大时声波传播可以用等效介质理论描述（Marion et al.，1994）。席道瑛等（1997）、张元中等（2001）通过实验研究了岩心在饱水及干燥状态下声频散的特点及控制因素，指出岩心在饱水状态下的频散特征更明显。这主要是由于孔隙中的流体增加了岩石对声波黏滞吸收的衰减，黏滞吸收作用更为明显。

1. 声频散及其计算原理

1）频散度

为方便讨论和分析，在岩石纵波速度 V_P 与声波信号频率 f 间的关系未被认定的前提下，记为 $V_P(f)$，定义频散度 D_P 表示纵波速度随频率的变化：

$$D_P = \frac{V_{P\max}(f) - V_{P\min}(f)}{V_{P\min}(f)} \times 100\% \qquad (3\text{-}16)$$

式中，D_P 为不同频率下声波速度的改变程度，称为频散度；$V_{P\max}(f)$、$V_{P\min}(f)$ 分别为不同频率下纵波速度的最大值和最小值。

2）衰减系数 α

利用频谱比法来计算声衰减系数（Toksöz et al.，1979），其具体表达式为

$$\alpha = \frac{1}{L}\ln\left|\frac{A_0}{A_1}\right| \tag{3-17}$$

式中，L 与 A_1 分别为岩石样品长度和声波幅度；A_0 为与岩石样品相同长度铝块（铝块被视为不发生声衰减的标准介质）中的声波幅度。

3）品质因子 Q

$$Q = \frac{\pi f}{\alpha V_P} \tag{3-18}$$

式中，f 为频率；α 为衰减系数；V_P 为纵波速度。

4）频散方程及误差计算

为了将速度的测量值进行外推，近年来国内外不少研究者都在研究外推的可行性和合理性（Winkler and Nur，1982；杨文采，1987；Andrew et al.，1998），利用频散方程对不同频率下的速度进行计算，假设岩石可以用恒值模型来进行描述，则频散方程为

$$\frac{V_1}{V_2} = 1 + \left(\frac{1}{\pi Q}\right)\ln\left(\frac{f_1}{f_2}\right) \tag{3-19}$$

式中，Q 为品质因子；V_1、V_2 分别为频率 f_1 与 f_2 时的声波速度。

用计算值与测量值之差的绝对值与测量值的比值来表示测量值与计算值之间的误差，误差表达式为

$$D(m, c)(\%) = \frac{|V_c - V_m|}{V_m} \times 100\% \tag{3-20}$$

式中，V_c、V_m 分别为速度的计算值和测量值。

2. 砂、泥岩岩心频散特性实验测量与计算分析

为了进行定量分析，在实验室中对海上某油田一口井26块样品及陆地油田两口井部分样品进行了有关岩石声频散的测量（张元中等，2001）。研究发现，疏松砂岩在干燥状态下的频散度最小为6.59%，最大为13.1%；在饱水的状态下，频散度最小为8.8%，最大为15.3%。致密砂岩在干燥状态下，频散度最小为7.7%，最大为18.8%；在饱水的状态下，频散度最小为16.5%，最大为20.3%，速度随频率的变化规律与疏松砂岩相同。由此可见，在干燥状态下砂、泥岩存在明显的频散现象，饱水状态下比干燥状态下的频散现象更为明显。

岩石声频散主要受两种作用的影响，一是散射作用引起的频散，称为散射频散；二是岩石非弹性引起的频散，由岩石本身的固有性质引起，称为黏滞吸收引起的频散。岩石声频散现象包括两种作用的综合效应。岩石声频散对频率有明显的依赖关系。在51kHz～1MHz的频率范围内进行的实验研究表明，声频散主要出现在400kHz以下的频率范围内。岩石样品在干燥状态下的频散现象主要受散射作用的影响，但在干燥状态下泥岩的频散现象比砂岩更明显，因为泥岩的非弹性效应比砂岩更明显。岩心在干燥和饱水的两种状态下比较，饱水状态下的岩心频散更明显，这主要是由于孔隙中的流体增加了岩石对声波黏滞吸收衰减，黏滞吸收更为明显，因此饱水状态下孔隙中流体的存在也是影响岩石频散的一个主要因素（张元中等，2001）。

实验室测量速度与声波测井的速度之间有较大的视频散度差异，限制了将实验室测量结果直接应用到声波测井频率范围内。通常岩心测量实验是在高频条件下进行的（600kHz～2MHz），该频段与油气勘探应用（测井或地震）的频段相差比较远。如何将实验结果外推到相对低的频率段就显得十分重要。

张元中等（2001）研究表明，实测的砂泥岩速度测量值与根据频散方程计算的测量频率处的纵波速度值之间有较好的对应关系。根据误差分析，疏松砂岩干燥状态下最大误差为3%，在饱水状态下最大误差为4%；致密砂岩干燥和饱水状态下最大误差均为4%。对其他岩心的计算表明，干燥状态下最大误差为8%，饱水状态下最大误差为10%。因此，利用频散方程计算砂岩样品不同测量处的速度具有较好的精度，与实验测量结果较为一致，可以利用频散方程将实验结果外推到声波测井频率段（20kHz）。对泥岩的测量与计算结果的比较，也有与砂岩相同的结果。

3. 模量、速度（衰减量）与频率的关系

通过模量随温度的变化研究发现：砂岩饱水岩心的频散度大于干燥岩心的频散度，模量参数从另一个方面描述速度的变化，证明频散也是温度的函数，其他实验数据还表明速度频散受压力因素的影响也很大。

声波速度和频声波速度随频率的变化程度与物理衰减因子随频率的变化程度接近，在声波频率接近介质的弛豫频率f_0时，孔隙流体与岩石骨架的作用相对明显，导致物理量的衰减有极大值，对应的声波速度随频率的变化最快。孔隙介质的物理衰减有一个分布范围，在弛豫频率处（$f_0 \approx 4$kHz 时）取得最大值，与此对应的声频散也最大。砂岩样品在不同压力、不同温度条件下测量的速度与频率的关系，反映的趋势与理论分析计算的结论是一致的，随着测量频率的增加，测量速度会有所加大。

4. 频率影响声波传播速度的机理分析

Biot（1956a，1956b）研究了流体饱和均匀孔隙介质中声波的传播速度问题，用理论描述了速度随频率变化的规律。Blondel（1993）用衍射理论导出：纵波速度与频率之间的关系是“S”型曲线的关系，且低频时速度是一个常数，当频率达到过渡区域的临界值时速度快速增加，并在高频达到相应的恒定速度，所谓“低频”是指当衍射的球面波和发射的平面波发生干涉时就处于低频状态。衍射理论及干涉理论都证明：高频测量得到的速度比低频测量得到的速度更快（郝守玲，2005）。

3.2.2 抗压强度解释

岩石的抗压强度可分为单轴抗压强度和三轴抗压强度。在各种岩石试验中（抗压、抗拉、三轴试验等），随着载荷的增加，载荷方向的变形或应变也增加。但对任何一种岩石，载荷达到某一值时，试样开始破坏，试样承载能力下降，试样的变形或应变则继续增加。应力-应变曲线中的最大应力值定义为岩石的强度，如果用单轴抗压试验，该值称为岩石的单轴抗压强度；如果是直接拉伸试验，则该值是岩石的抗拉强度。将这个概念推而广

之，如在某特殊情况下某一应力分量不断增加直到试样发生破坏，这时的应力值就是在这特殊情况下材料的强度，如在三轴试验时，该应力值称作在某围压值下材料的三轴压强度（张景和，2001；Emma et al.，2007；Cai et al.，2007）。

单轴抗压（抗拉）强度 $\sigma_c(\sigma_T)$：

$$\sigma_c(\sigma_T) = \frac{P_{max}}{A} \tag{3-21}$$

式中，$\sigma_c(\sigma_T)$ 为单轴抗压（抗拉）强度，MPa；P_{max} 为单轴抗压（抗拉）实验中的最大载荷，N；A 为试件截面积，mm^2。

如试验是在有围压的条件下进行，则为三轴抗压（抗拉）强度。岩石抗压强度可以用统计的方法由试验获得（时军虎等，2003），但那也只是一些孤立的点，我们需要的是纵向上连续的剖面。因此必须寻求抗压强度和常规测井系列中参数的关系，计算连续的抗压强度剖面。

关于抗压强度的计算，在过去的文献中，有用泥质含量来拟合的，如斯伦贝谢的抗压强度第一公式（周文，1998；Coaster，1991）：

$$\sigma_c(\text{MPa}) = [0.0045(1 - V_{sh}) + 0.08V_{sh}]E_t \times 7.031 \times 10^{-3} \tag{3-22}$$

单轴抗压强度第二公式：

$$\sigma_c = 0.033\rho^2 V_P^2 \left(\frac{1+\nu}{1-\nu}\right)^2 (1-2\nu)(1+0.78\nu) \tag{3-23}$$

式中，σ_c为岩石单轴抗压强度，MPa；ρ 为岩石密度，g/cm^3；ν 为泊松比，无量纲；V_P 为纵波速度，km/s；V_{sh} 为泥质含量；E_t为杨氏模量，MPa。

还有一个关于纵波速度和地层深度的关系式（王渊等，2005）：

$$\sigma_c = -8.614 + 141.628e^{-0.0063\Delta t_P} + 7.936 \times 10^{-6}h^{1.9742} \tag{3-24}$$

式中，σ_c为岩石抗压强度，MPa；Δt_P 为纵波时差，μs/m；h 为地层深度，m。

关于抗压强度的经验计算公式并不多，而上述两个公式中，式（3-22）中只利用了测井信息中泥质含量信息，而式（3-23）利用了声波和密度测井信息而没有利用测井中泥质含量信息，其利用的地层信息并不多，而且其建立的是岩石单轴抗压强度测井解释模型。另外，表 3-1 列出了适用于不同地层条件的单轴抗压强度、内摩擦角经验计算公式（Chang et al.，2006）。而针对川西须家河组地层的研究，在区分砂岩、泥岩的前提下，考虑岩样结构面等因素，依据模拟地层条件下的岩石强度试验数据及同步超声波测试数据，进行三轴条件下岩石抗压强度测井建模，其考虑的地层信息相比前述经验公式更全面，其解释结果也更符合地层实际情况。

因此，在综合考虑岩性、力学结构面、纵波品质因子等因素，最后建立起模拟地层温度、压力条件下岩石抗压强度解释模型。对于砂岩地层，除了考虑岩石密度和纵波速度外，还考虑了泥质含量对抗压强度的影响，由此建立起地层条件下砂岩、泥岩抗压强度的测井解释模型（图 3-9、图 3-10）。

表 3-1 单轴抗压强度、内摩擦角经验计算公式

强度参数	经验计算公式	适用地层
单轴抗压强度/MPa	$\sigma_c = 1200e^{-0.036\Delta t_S}$	细砂岩
	$\sigma_c = 1.4138 \times 10^7 \Delta t_c^{-3}$	弱胶结砂岩
	$\sigma_c = 1.745 \times 10^{-9}\rho V_P - 21$	粗砂岩
	$\sigma_c = 3.33 \times 10^{-20}\rho^2 v_P^4 \left(\frac{1+\nu_d}{1-\nu_d}\right)^2 (1-2\nu_d)(1+0.78V_{cl})$	单轴抗压强度大于 300MPa 的砂岩
	$\sigma_c = 0.0045E(1-V_d) + 0.008V_dE$	砂岩
	$\sigma_c = 0.0026E(1-V_d) + 0.008V_dE$	碳酸盐岩
内摩擦角	$\varphi = \sin^{-1}[(V_P - 1000)/(V_P + 1000)]$	页岩
	$\varphi = 57.8 - 10.5\phi$	砂岩
	$\varphi = \tan^{-1}\left[\frac{(GR - GR_{sand})v_{shale} + (GR_{shale} - GR)v_{sand}}{GR_{shale} - GR_{sand}}\right]$	页岩

资料来源：Chang et al.，2006

另外，模拟地层条件岩石三轴抗压强度测试一般比较费时，现场获取单轴抗压强度较为方便。因此，基于不同岩性，一般可建立抗压强度压力校正图版，以此实现从单轴抗压强度到围压条件抗压强度的折算。

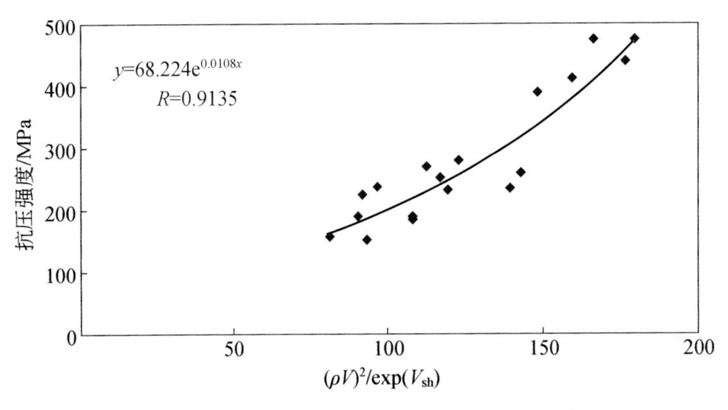

图 3-9 砂岩抗压强度与波阻抗和泥质指数关系

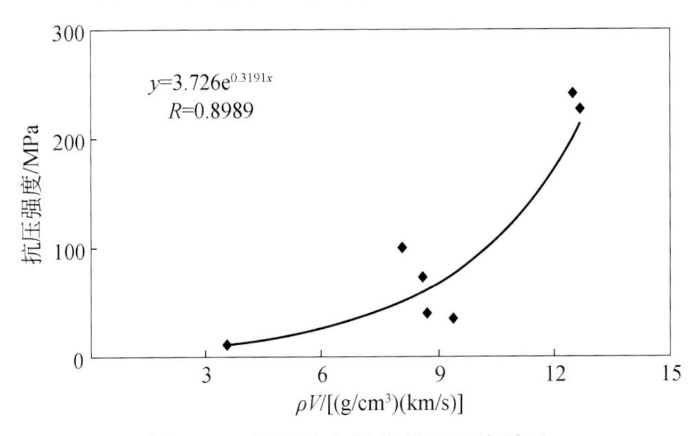

图 3-10 波阻抗与泥岩抗压强度关系

3.3　其他岩石强度及弹性参数解释

3.3.1　内聚力及内摩擦角

地层岩石抗剪强度也是一项重要的岩石强度参数。由于直接利用 Coates 和 Denoo（1981）的研究结果［式（3-25）］计算川西地区须家河组各井段地层岩石内聚力与实验结果存在较大误差，所以按照区分岩性的思想，对砂岩和泥岩分别进行经验公式系数修正。基于实验测定内聚力数据进行经验公式系数修正，发现无论是砂岩还是泥岩，其实际测量的岩石剪切强度和测井公式计算值具有较好的相关性，修正后岩石内聚力测井计算关系式可表示为式（3-26）、式（3-27）。这样通过将实验结果校正测井计算值从而可以建立岩石剪切强度测井计算模型。

$$C = 4.69433 \times 10^7 \rho_b^2 \left(\frac{1 + u_d}{1 - u_d}\right)(1 - 2u_d)\frac{1 + 0.78V_{sh}}{\Delta t_P^4} \tag{3-25}$$

砂岩：

$$C = 47.585 - 4.6197 \times 10^7 \rho_b^2 \left(\frac{1 + u_d}{1 - u_d}\right)(1 - 2u_d)\frac{1 + 0.78V_{sh}}{\Delta t_P^4} \tag{3-26}$$

泥岩：

$$C = 3.2981 + 2.5251 \times 10^7 \rho_b^2 \left(\frac{1 + u_d}{1 - u_d}\right)(1 - 2u_d)\frac{1 + 0.78V_{sh}}{\Delta t_P^4} \tag{3-27}$$

对于内摩擦角来说，闫萍（2007）研究认为，岩石的内摩擦角与岩石的内聚力有关，并给出以下关系式：

$$\begin{aligned} \phi &= a\lg[M + (^{M2} + 1)^{0.5}] + b \\ M &= A - B \cdot C \end{aligned} \tag{3-28}$$

式中，a、b、A、B 为与岩石有关的常数，由实验确定。

通过对川西地区须家河组收集的16个岩样分砂岩和泥岩进行实验分析，最后对实验结果应用非线性最小二乘法进行拟合得出：

砂岩：$a = 195.0828$，$b = 35.4734$，$A = 0.2321$，$B = 0.0091$

泥岩：$a =- 4.7247$，$b = 29.9558$，$A = 672.139$，$B = 58.1339$

由此可建立川西地区须家河组砂岩地层内摩擦角预测公式如下：

$$\begin{aligned} \phi &= 195.0828\lg[M + (M^2 + 1)^{0.5}] + 35.4734 \\ M &= 0.2321 - 0.0091 \cdot C \end{aligned} \tag{3-29}$$

泥岩地层则有

$$\begin{aligned} \phi &=- 4.7247\lg[M + (M^2 + 1)^{0.5}] + 29.9558 \\ M &= 672.139 - 58.1339 \cdot C \end{aligned} \tag{3-30}$$

3.3.2 其他岩石力学参数

由于比较系统地提取了研究区的横波时差资料，因此泊松比等岩石力学参数主要采用以下公式计算。

泊松比：

$$v = \frac{1}{2}\left(\frac{\Delta t_{\mathrm{S}}^2 - 2\Delta t_{\mathrm{P}}^2}{\Delta t_{\mathrm{S}}^2 - \Delta t_{\mathrm{P}}^2}\right) \tag{3-31}$$

杨氏模量：

$$E_{\mathrm{d}} = \frac{\rho_{\mathrm{b}}}{\Delta t_{\mathrm{S}}^2}\frac{3\Delta t_{\mathrm{S}}^2 - 4\Delta t_{\mathrm{P}}^2}{\Delta t_{\mathrm{S}}^2 - \Delta t_{\mathrm{P}}^2} \tag{3-32}$$

剪切模量：

$$G = \frac{\rho_{\mathrm{b}}}{\Delta t_{\mathrm{S}}^2} \tag{3-33}$$

体积模量：

$$K = \rho_{\mathrm{b}}\frac{3\Delta t_{\mathrm{S}}^2 - 4\Delta t_{\mathrm{P}}^2}{3\Delta t_{\mathrm{S}}^2\Delta t_{\mathrm{P}}^2} \tag{3-34}$$

式中，Δt_{C}为纵波时差，μs/ft；Δt_{S}为横波时差，μs/ft；E 为弹性模量，GPa；ν 为泊松比；ρ_{b}为体积密度，g/cm^3；G 为剪切模量，GPa；K 为体积模量，GPa。

3.3.3 动静参数转换

如上所述，利用测井资料进行岩石力学参数分析，是一种弹性参数动态计算方法。根据实际受载情况，通常认为岩石的静态力学特性参数更适合工程需要。因此，寻找动、静态力学特性参数之间的关系有着积极的意义。

岩石动静态弹性模量之间存在差异。葛洪魁等（2001）通过研究认为岩石动静态弹性参数间存在差别的内在原因是岩石内部存在微裂隙及孔隙流体，外在原因则是载荷的应变幅值与频率不同。目前已有的研究成果表明：地层岩石的动态弹性模量一般都大于静态弹性模量，二者之间存在较好的线性相关性，但对于不同地区、不同岩性的地层岩石，二者线性拟合方程的系数差异较大而泊松比的动态值与静态值则互有大小，关系较为复杂（Jizba and Nur，1990；葛洪魁、黄荣樽，1994；林英松等，1998；胡国忠等，2005；梁利喜，2008）。李志明、张金珠（1997）在综合国内众多油田实验资料的基础上，建立了包括多种岩性（砂岩、泥岩、灰岩等）的岩石动静弹性模量和动静泊松比转换关系，为国内众多单位借用。

但是，考虑到川西须家河组地层岩石致密，其地质条件复杂，动静参数转换不能简单借用某一关系式。因此，基于研究区模拟地层条件下测试获得的相关数据，建立砂岩、泥岩动静弹性模量转换关系，如图 3-11、图 3-12 所示，其精度都比较高。同时建立动静泊松比的转换关系（图 3-13）。

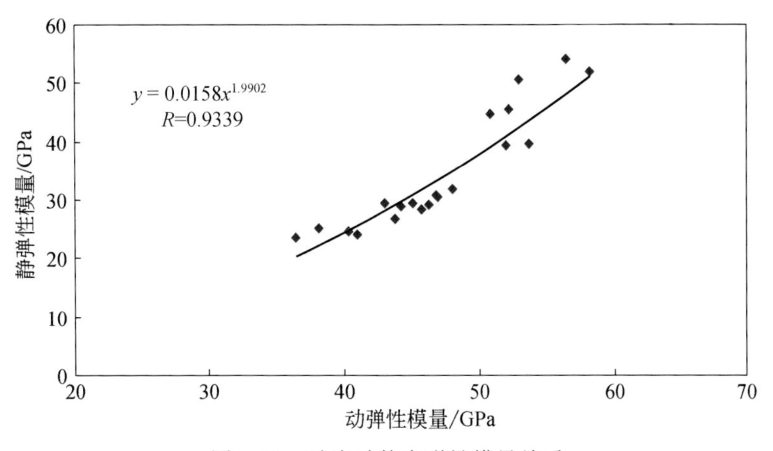

图3-11 砂岩动静态弹性模量关系

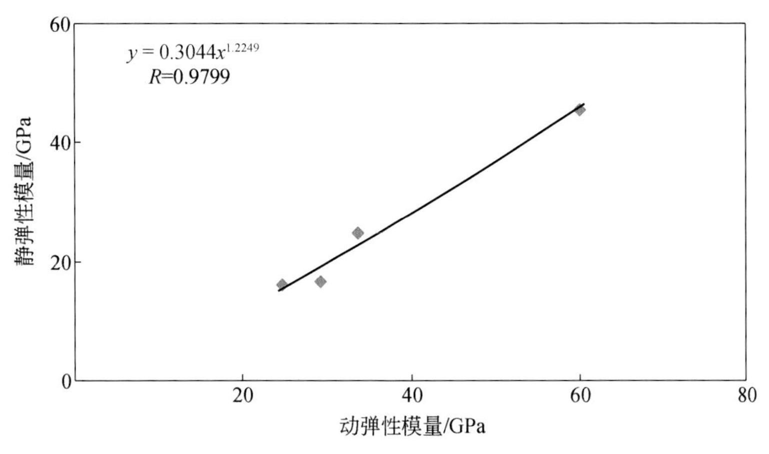

图3-12 泥岩动静弹性模量转换关系

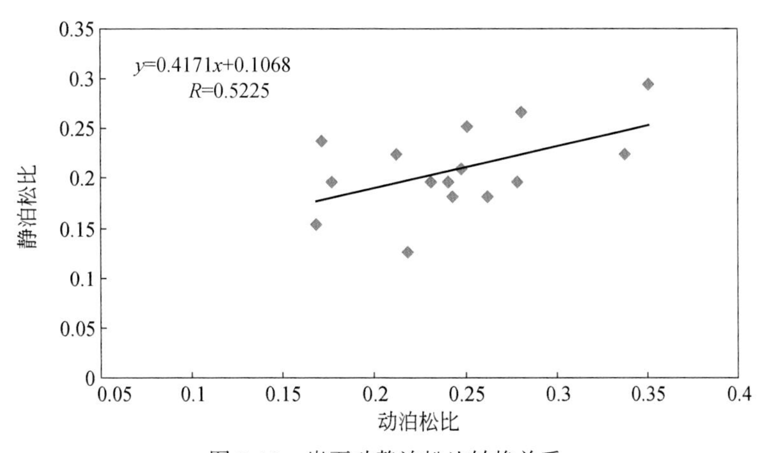

图3-13 岩石动静泊松比转换关系

利用前述建立的解释模型即可对研究区探井岩石力学参数剖面进行测井解释（图 3-14、图 3-15）。

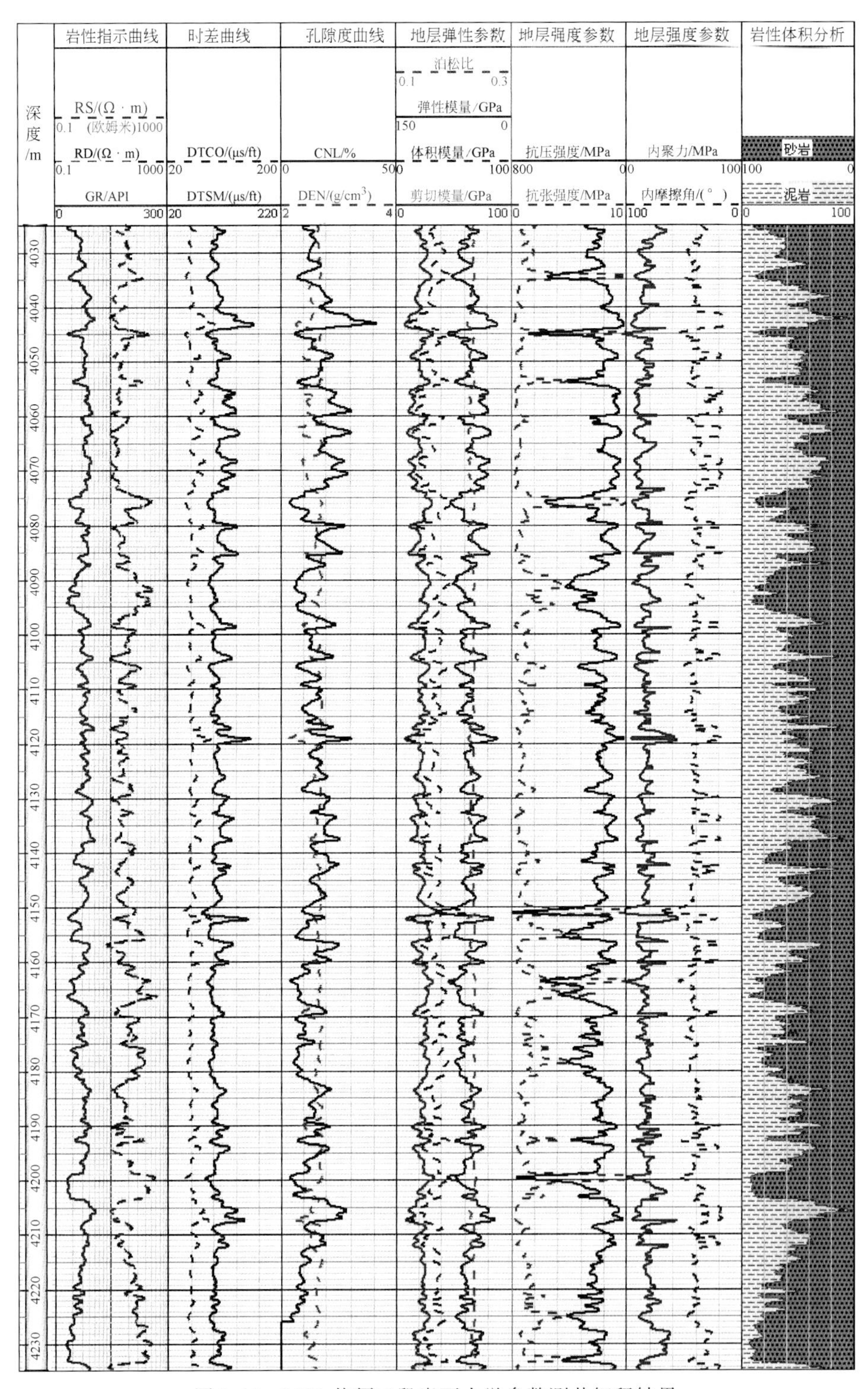

图 3-14　L150 井须三段岩石力学参数测井解释结果

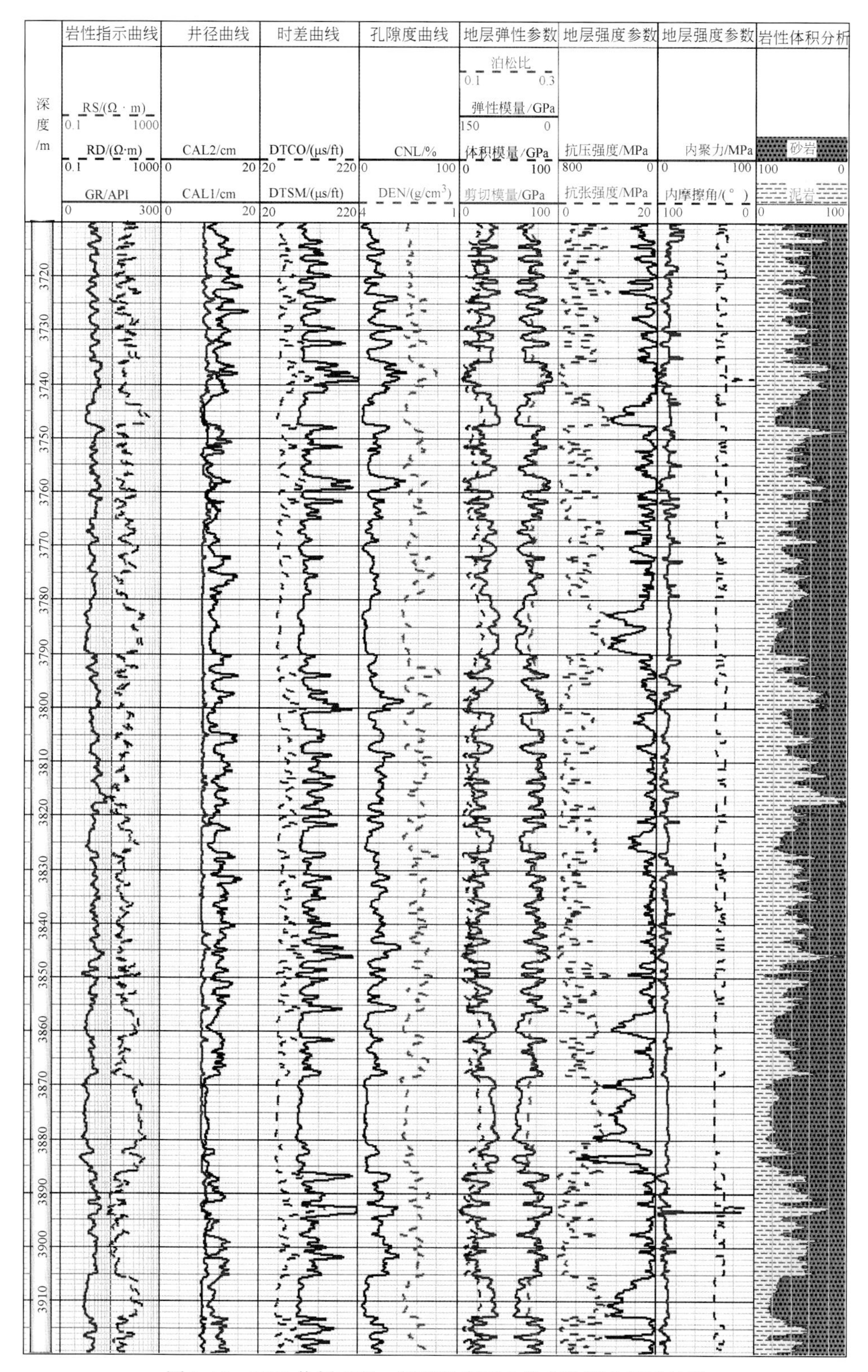

图 3-15　DY2 井须五段—须四段岩石力学参数测井解释结果

第4章　地应力解释评价

4.1　概　　述

地应力是指存在于地壳岩体中的内应力。它是由地壳内部的垂直运动和水平运动的力及其他因素的力引起的介质内部单位面积上的作用力。

沉积盆地中的岩层是处于三轴应力状态下的，其来源比较复杂，一般认为主要由上覆岩层重力、地层压力、构造活动力等方面构成。由于地质情况非常复杂，各个因素之间并不是独立的，而是相互作用、相互影响的。通常是为了方便研究而把地应力作如下分类。

原地应力：是指地层岩石未经人工干预前的岩层或地层原始状态下所具有的内应力。有学者又将原地应力称为初始应力或固有应力。在油田应力场研究中，原地应力是指未对岩层进行钻探活动之前，地层中地应力的原始大小。

构造应力：对于构造应力定义有几种不相同的说法。在构造地质学研究中，构造应力是指导致构造运动、产生构造形变、形成各种构造形迹的那部分应力。这种构造应力的影响使两个水平方向的应力不相等。在油田应力场的研究中，构造应力常指由于构造运动引起的地应力的增量。

重力应力：指由于上覆岩层的重力作用于下伏岩层之上的应力。由其所引起的水平地应力分量称为重力应力水平分量。

有效应力：盆地中任一孔隙性岩石，其外在负荷总是被岩石骨架和孔隙流体所“承受”（Gretener，1979）。因此，有效应力是指沉积岩石骨架所“承受”的地应力。流体所“承受”的力为地层压力。Terzaghi（1923）提出了著名的有效应力公式：

$$S = \sigma + P_b \tag{4-1}$$

式中，S 为岩石所“承受”的地应力，MPa；σ 为岩石骨架有效应力，MPa；P_b 为岩石孔隙流体压力，MPa。

由于岩石骨架的胶结作用和颗粒间的支撑作用，使得孔隙流体不必“完全承担”其应受的那部分力（Handin et al.，1963）。因此，式（4–1）可修正为

$$S = \sigma + \alpha P_b \tag{4-2}$$

式中，α 为修正系数（也称孔隙弹性系数）。

有效应力是矢量，有大小和方向。实践证明，式（4-2）即使对于孔隙度小于1%的结晶岩石也是适用的（Gretener，1979）。但由于石油与天然气行业中所研究的地层埋藏较深，许多专家学者对上述有效应力公式提出了质疑和修正（李传亮，1998，2002；周大晨，1999，2001；李培超等，2002；李传亮、杜文博，2003）。

垂直应力和水平应力：上覆岩层的重力作用于下伏岩层之上的应力，叫做垂直应力，

也叫垂向应力；而另外两个应力基本上是水平的，称为水平应力。一般认为垂直应力由重力应力所构成，水平应力则由重力应力水平分量和构造残余应力所构成。

古地应力和现今地应力：在地质力学中将地应力分为古地应力和现今地应力。古地应力泛指燕山运动以前的地应力，有时也特指某一地质时期的地应力（包括岩石变形时的应力）；现今地应力是相对古应力而言的，是目前存在的或正在变化的地应力。目前地应力一般是岩层在地质历史中经过多期变形、破裂后（应力集中、释放过程）到目前还“剩余”的应力。由于现今构造还在不断活动，严格来讲现今地应力随着时间是在不断“变化”的“场”，由于变化速度差异，在大部分沉积盆地中，相当一段时间内（按人类活动时间作参照系），由于变化速度小，通常认为其是相对“稳定”的。

残余构造应力：根据塑性力学，物质受到超过其屈服极限的外力作用时，要产生塑性变形。这时，在卸载过程中只有弹性变形恢复，而塑性变形保持不变。外力卸除以后，在物体内部会留下不能恢复的永久变形（残余变形）和残余应力。对于油田所研究的地层岩石来说，是指在较强烈的构造运动结束后，经过漫长的地质年代，仍然有由于地质体的残余变形而残留的部分构造应力，并且保存到现在。即古构造应力的残余，是现代地应力的一部分。关于残余应力的大小，存在与否，仍是一个有争议的问题。一部分人认为，构造残余应力很小，可以忽略（朱兴珊，1994）。安欧分别对龙门山断裂带、鲜水河断裂带、红河断裂带、安宁河断裂带的残余应力进行了测量，认为残余应力随深度的增加而增加，测试结果显示，残余应力梯度在 10^{-3} MPa/m 这个数量级上（安欧、高国宝，1993a，1993b，1996a，1996b）。

地应力状态：所谓“应力状态”是指应力的大小和方向。含油气盆地构造的形成和发展演化是在一定的地应力状态作用下的产物。只有弄清含油气盆地、含油气区块的地应力场状态，才能正确认识古构造形迹的发生及演化历史，才能有效地分析和解决油气勘探开发的有关问题。王平（1992）对应力状态是这样描述的：力使物体产生形变的作用称为力的内效应。物体在受到互相抵消的一对（或几个）外力作用时才产生力的内效应。这时物体内部各质点间的相互作用力发生了改变，这种改变称为附加内力。附加内力的分布密度称为应力。对于物体内部的某一点来说，附加内力同时产生于各个方向，它们数量不同，但相互间有一定关系，其总体称为应力张量，也称应力状态。那么对于油气田来说，这个物体就是地质体，即地层岩石，地层岩石内部某一个单元体所受的附加内力的大小及方向即为地应力状态。

王平（1992）把地层岩石单元上复杂的应力状态简化为三个方向的主应力，即垂直方向主应力（σ_z）和两个水平方向主应力（σ_x，σ_y），在不考虑有关层面及层理面和早期破裂面（天然裂缝）等力学结构面的条件下，可归结为三种应力状态（图 4-1）（Van der，1979）。

（1）第一类地应力状态（Ⅰ类）：最大主应力取垂直方向（即 $\sigma_z>\sigma_y>\sigma_x$），包括Ⅰa 和Ⅰb 两种亚类。

Ⅰa类：σ_y 和 σ_x 都是正值，达到破裂条件时，出现正断层，其走向平行于原始倾角为 60°左右。有共轭的两组断层，但往往只有一组比较发育（图 4-1，Ⅰa）。

Ⅰb 类：最小地应力值 σ_z 是负值（张应力），产生的断裂是近于直立的平行于 σ_y 的张断裂或张性剪切断层（图 4-1，Ⅰb）。

（2）第二类地应力状态（Ⅱ类）：最小主应力取垂直方向（即 $\sigma_x>\sigma_y>\sigma_z$），产生逆断层，其走向平行于 σ_y，原始倾角 30°左右。有共轭的两组断层，但一般只有一组占优势

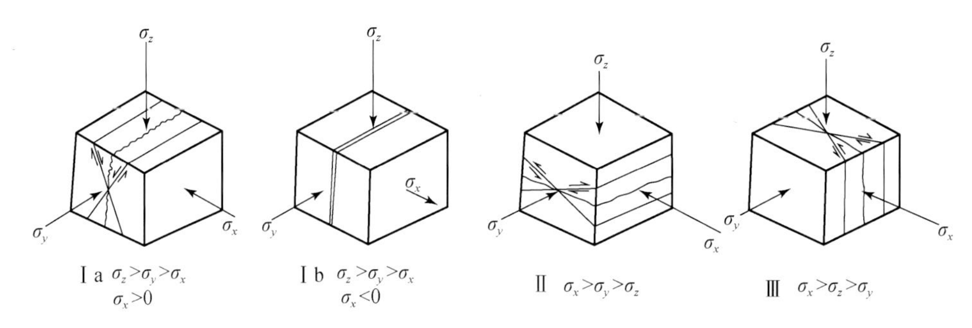

图 4-1 地应力状态类型图（王平，1992）

（图 4-1，Ⅱ）。

（3）第三类地应力状态（Ⅲ类）：中间主应力取垂直方向（即 $\sigma_x>\sigma_z>\sigma_y$）。主要断裂为平移（走滑）断层，断面近直立，走向与最大主应力轴夹角 30°左右，可能有共轭的两组断层。

地下岩体实际的地应力状态要复杂得多，往往是多种应力耦合叠加的结果，但为方便研究，均简化为三轴应力状态来分析问题。

由于地层岩石的孔弹性系数和地层孔隙流体压力是地应力（有效应力）研究的基础。本章将全面介绍地应力解释及其方向确定的实验法、压裂法及测井法等。下面将首先对研究区地层的岩石孔弹性系数和地层孔隙流体压力进行研究。

4.2 岩石孔弹性研究

4.2.1 概述

岩石孔弹性系数（Biot 系数）是岩石等多孔介质的一个非常重要的特性，Biot 系数实际反映的是孔隙空间对岩石整体性质的贡献，它是孔隙弹性特征中最重要的参数之一。在油气田的勘探开发中具有重要意义。岩石的孔弹性系数与岩石所受到的应力、岩石孔隙压力密切相关，是权衡孔隙压力对有效应力的作用程度的一个重要参数。而有效应力又是在水力压裂设计，以及出砂趋势预测、钻井过程中的井眼轨迹优化设计及井壁稳定性分析计算过程中的关键参数（张保平等，1996）。

对于 Biot 系数的研究，国内外学者开展了大量研究（马中高，2008）。Kilmentos、李生杰等对岩石孔隙弹性性质相关的一些参数进行了实验研究，在测量岩石性质随围压和孔隙压力的变化时，分析了 Biot 系数的变化规律（Kilmentos et al.，1995；葛洪魁等，2001；李生杰，2005；李智武等，2006；马丽娟、郑和荣，2006）。Geertsma 和 Smit（1961）、Krief 等（1990）、Nur（1992）、Murphy 等（1993）以及 Nur 等（1998）研究了纯砂岩的 Biot 系数与干燥岩石模量的关系。

图 4-2 为 Biot 系数与孔隙度关系模型及前人提出的一些模型结果对比。其中，

Geertsma 与 Smit 提出纯砂岩经验关系式（Murphy et al.，1993）：

$$\alpha = 1 - 1/(1 + 50\phi) \quad 0 \leqslant \phi < 0.3 \tag{4-3}$$

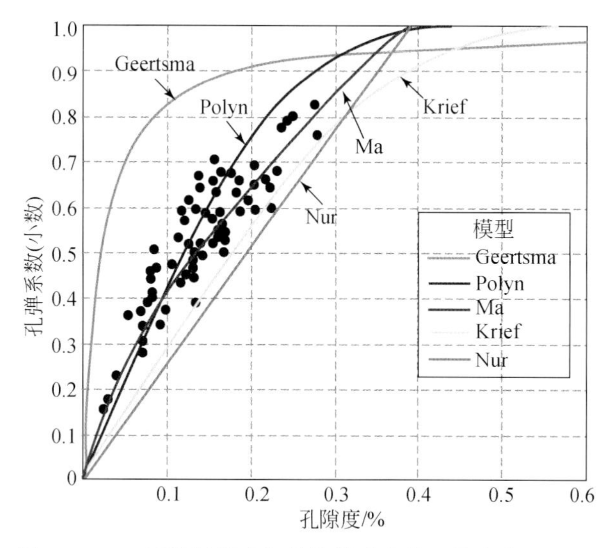

图4-2 Biot 系数新模型与其他模型比较（马中高，2008）

根据临界孔隙度概念，Nur 等在实验数据基础上得出了线性 Biot 系数模型（Nur，1992；Nur et al.，1998）：

$$\alpha = \phi/\phi_c \qquad \phi \leqslant \phi_c \tag{4-4}$$

$$\alpha = 1 \qquad \phi > \phi_c \tag{4-5}$$

在 Pickett（1968）的经验结果和其他结果——干燥岩石的泊松比与矿物的泊松比接近的基础上，Krief 等（1990）认为 Biot 系数应该是一个连续的函数：

$$\alpha = 1 - (1 - \phi)^{3/(1-\phi)} \tag{4-6}$$

由于 Biot 孔隙弹性系数与孔隙度及孔隙结构有关，上述 Biot 系数公式只适用于理想的砂岩地层，在复杂岩性地层中计算误差较大。

前人研究成果表明，Biot 系数实际上反映的是孔隙空间对岩石整体性质的贡献，它与孔隙度有关并随围压的增大而减小。在临界孔隙度分析的基础上，葛洪魁等（2000）给出了 Biot 系数（α）的预测模型：

$$\alpha = 1 - (1 - \phi/\phi_c)^n \tag{4-7}$$

式中，ϕ 为岩石孔隙度，%；ϕ_c 为临界孔隙度，%；n 为刚度系数。

对不同的岩石有不同的临界孔隙度，Nur 的文献给出了常见岩石的临界孔隙度值（Nur et al.，1998），对于砂岩孔隙度 $\phi \approx 0.4$。

该模型没有考虑围压的影响。当考虑围压因素作用后，Biot 系数可由下式确定：

$$\alpha = \frac{1 - (1 - \phi/\phi_c)^n}{1 + \beta P_c} \tag{4-8}$$

式中，P_c 为有效围压，MPa；β 为围压影响系数。

4.2.2 实验及测井解释

本书基于实验结果（中石化西南分公司，2008），利用其测量岩石的体积压缩系数和骨架颗粒压缩系数，用下式即可计算得到岩石的孔弹性系数：

$$\alpha = 1 - \frac{C_s}{C_b} \tag{4-9}$$

式中，C_s 为颗粒压缩系数；C_b 为体积压缩系数。

实验中分两步获得 C_b 和 C_s。首先在保持孔隙压力不变的情况下，增加围压，求得 C_b；然后围压和孔压同时以相同的速度增加，求得 C_s，即求取各实验阶段（C_b 和 C_s 测量阶段）的应力应变曲线斜率，即得到 C_b 和 C_s 的值（图 4-3、图 4-4），进而由式（4-9）计算得到岩石的孔弹性系数 α。

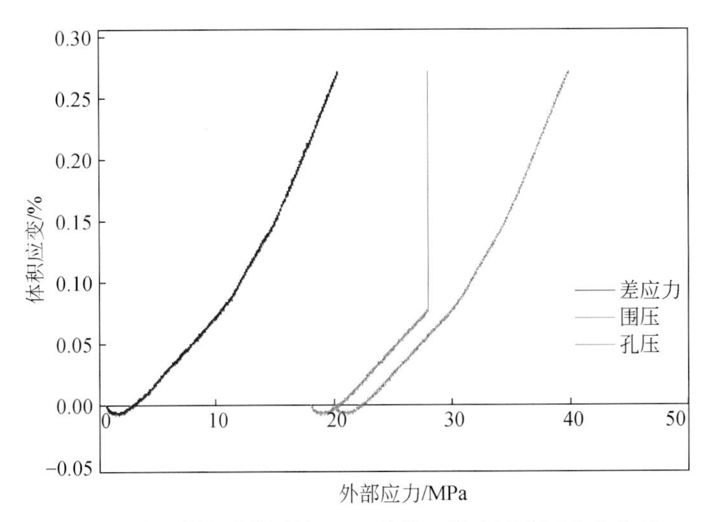

图 4-3 CX560 井孔弹性系数测量 εv-σ 曲线（据中石化西南分公司，2008）

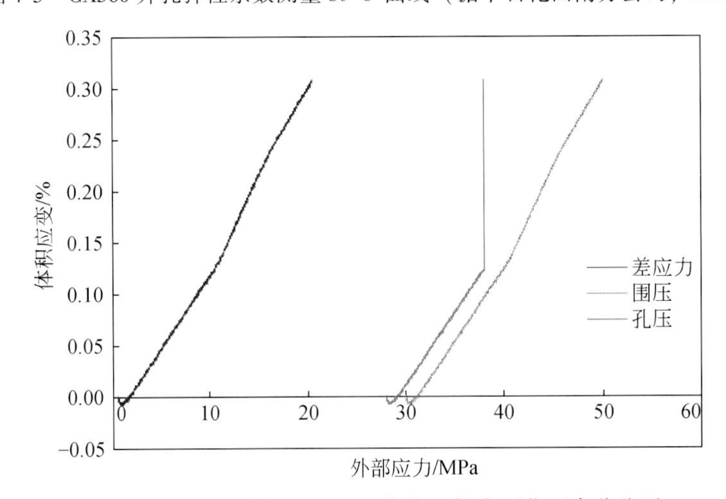

图 4-4 X856 井孔弹性系数测量 εv-σ 曲线（据中石化西南分公司，2008）

在实验测试的基础上，对岩石孔弹性系数与声波时差、岩石体积密度等参数间的相关性进行单参数、多参数的逐步统计分析，同时考虑超压地层区和常压地层区，对其统计分析并建立解释模型（图4-5）。

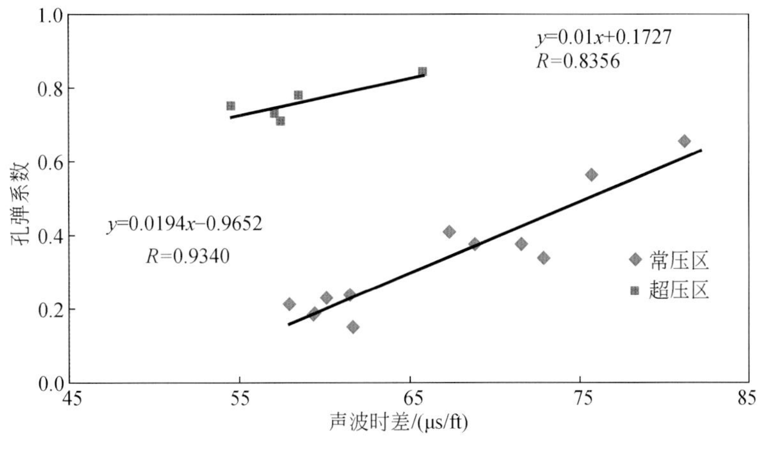

图4-5 实验孔弹系数与声波时差关系

4.3 地层压力解释

地层孔隙压力在地应力模型中是非常重要的，如何准确预测地层的孔隙压力一直是地质及钻井工程人员面临的一大技术难题。传统方法一般是参考邻井来预测地层孔隙压力。地应力分析研究表明，地层孔隙压力与井筒垮塌及破裂压力之间有着密切的关系。关于地层孔隙压力的预测，对于早期勘探地区，在没有测井曲线资料的情况下，可以选择对地震数据中的速度数据的分析，基本能够确定地层孔隙压力的大小；而对于已经钻井且有测井资料的地区，则可通过分析测井资料及实测地层压力资料，较为准确地计算和预测地层孔隙压力。在目前的国内外石油钻探领域，尤其是钻探深部地层时，用测井资料估算地层孔隙压力得到了广泛应用。下面就本书中涉及的利用测井资料计算地层孔隙压力的方法作简要介绍。

4.3.1 等效深度法

1. 基本概念

地层孔隙压力又称地层压力，它是指地层孔隙中的流体所具有的压力。地层内所含流体主要是地层水，在开启的孔隙系统中，一般属于正常静水压力系统，其压力与埋藏深度及地层水的平均密度的乘积成正比。

$$P_p = 0.001 \cdot \bar{\rho}_{流体} \cdot g \cdot h \tag{4-10}$$

式中，P_p 为正常静水压力值，MPa；$\bar{\rho}_{流体}$ 为地层水平均密度，g/cm^3；h 为目标点深度，m；

g 为重力加速度，取 9.80665m/s^2。

当地层正常的沉积环境发生变化时，如高速沉积、遇低渗透地层和构造运动引起断层遮挡等，造成排水速率跟不上沉积速度时，就会出现上覆地层载荷随深度的继续增加而地层没有被及时压实的情况，结果使岩层孔隙度增大，岩石颗粒间的骨架应力减小，孔隙中的流体压力增高，形成异常高压地层。地层异常压力不但与泥岩压实程度密切相关，而且还与地层孔隙度参数有关。所以有许多测井法可用来估算地层孔隙压力，其中声波测井受井眼及地层条件影响较小，能较可靠地反映出地层孔隙度参数的变化。

2. 泥页岩正常压实趋势线建立

泥页岩正常压实趋势线是利用 Eaton 法、等效深度法预测地层孔隙压力的核心和基础。对于不含气的纯岩石地层，声波时差的大小取决于岩性、压实程度、孔隙度及孔隙中的流体含量，在岩性、地层水性质变化不大的情况下，声波时差测井计算地层孔隙度的公式为

$$\phi = \frac{\Delta t - \Delta t_{ma}}{\Delta t_f - \Delta t_{ma}} \tag{4-11}$$

对于表层泥页岩，取 $\Delta t = \Delta t_0$，则表层泥页岩的孔隙度 ϕ_0 可以表示为

$$\phi_0 = \frac{\Delta t_0 - \Delta t_{ma}}{\Delta t_f - \Delta t_{ma}} \tag{4-12}$$

令任意测井深度的泥页岩声波时差为 Δt_L，则该深度的泥页岩的孔隙度 ϕ_L 可以表示为

$$\phi_L = \frac{\Delta t_L - \Delta t_{ma}}{\Delta t_f - \Delta t_{ma}} \tag{4-13}$$

式中，Δt_f 为孔隙流体的声波时差值，μs/ft；Δt_{ma} 为泥页岩骨架的声波时差值，μs/ft。

在正常压实情况下，泥页岩孔隙度随深度 H 的增加而减小，且具有如下衰减关系式：

$$\phi = \phi_0 \times e^{-C_p \cdot H} \tag{4-14}$$

式中，C_p 为压实系数。

将 $\phi_0 = \frac{\Delta t_0 - \Delta t_{ma}}{\Delta t_f - \Delta t_{ma}}$、$\phi_L = \frac{\Delta t_L - \Delta t_{ma}}{\Delta t_f - \Delta t_{ma}}$ 代入式（4-14）化简得

$$\Delta t_L - \Delta t_{ma} = (\Delta t_0 - \Delta t_{ma}) e^{-C_p \cdot H} \tag{4-15}$$

由于 $\Delta t_0 e^{-C_p \cdot H} \gg \Delta t_{ma}(1 - e^{-C_p \cdot H})$，则

$$\Delta t_L \approx \Delta t_0 e^{-C_p \cdot H} \tag{4-16}$$

由式（4-16）可进一步得到：

$$H = \frac{1}{C_p}\ln\Delta t_0 - \frac{1}{C_p}\ln\Delta t_L \tag{4-17}$$

利用式（4-17）可以作出地层埋藏深度与声波时差的关系图（H-lnΔt），进而建立正常压实趋势线，确定可能存在的异常压力地层段。

声波时差法建立地层压力剖面时，关键是建立好正常压力趋势线，而建立压实趋势线的关键是取准纯泥岩层段的声波时差。泥质层声波时差的取值原则（“三取三不取”）：①取纯的泥页岩而不取其他岩性，主要是根据 GR、SP 及 CAL 曲线区分泥页岩和砂岩地层；②取井径正常井段而不取缩径和扩径井段，根据井径曲线剔除与标准井径相差 18% 的

部分，如选取高GR（NGS测井中的Th曲线鉴别泥岩层最好）、低电阻率、扩径小于6cm、厚度大于2m的泥岩层段；③每个泥岩层取曲线上的平均特征值而不取尖峰值和“周波跳跃”值。另外，要注意煤层等特殊层段的影响。

等效深度预测地层压力实际上是一种图版法，其是利用已有地层压力测试数据与相应深度段的声波时差偏离幅度大小（图4-6、图4-7）建立关系图版（图4-8），可由此计算出地层孔隙压力。

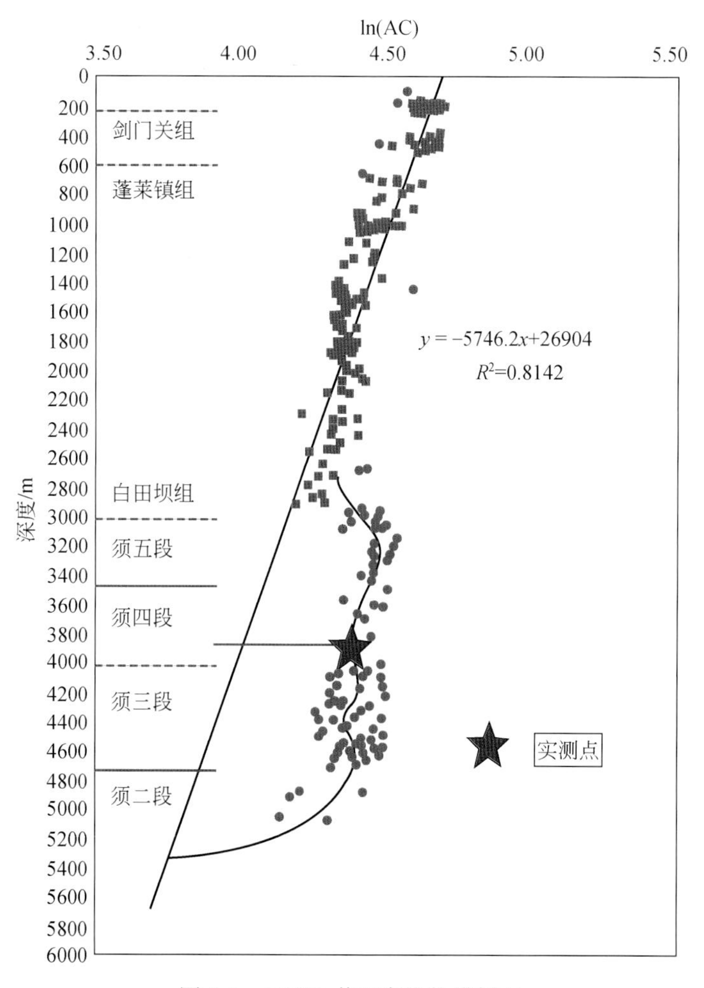

图4-6 CX560井压实趋势线剖面

4.3.2 Eaton法

Eaton（1972）根据墨西哥湾等地区经验及在测井方法实验的基础上建立计算地层孔隙压力梯度与测井参数之间的关系，其原理是压实观察参数的实际值和正常趋势值的比率与地层孔隙压力的关系是由上覆压力梯度的变化决定的。Eaton法是目前比较常用的一种预测地层压力的经验关系法（Eaton，1975）。该方法综合考虑了除压实作用以外其他高压

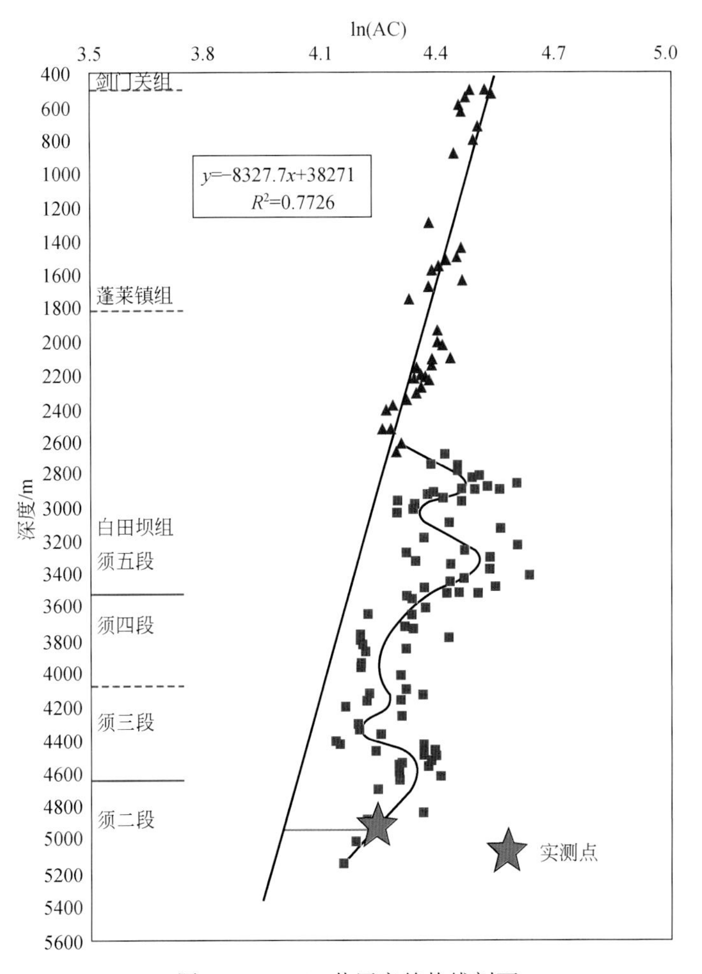

图 4-7 CG561 井压实趋势线剖面

形成机制作用，并总结和参考了钻井实测压力与各种测井信息之间的关系，因而是一种比较实用的方法。

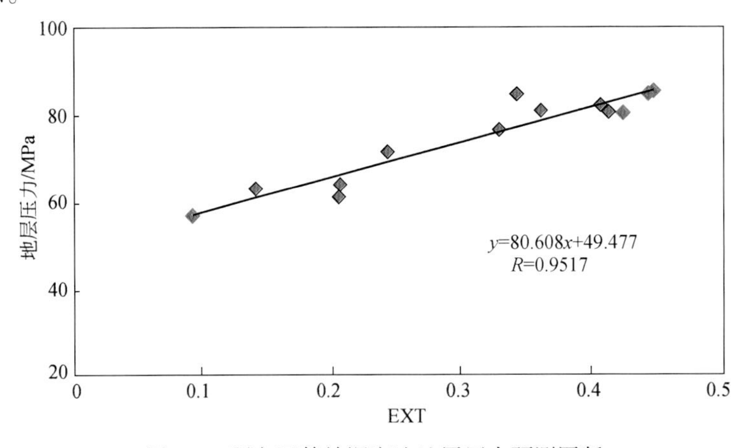

图 4-8 研究区等效深度法地层压力预测图版

其估算地层孔隙压力公式的基本形式为

$$P_{\mathrm{p}} = P_0 - (P_0 - P_{\mathrm{w}})\left(\frac{V_{\mathrm{n}}}{V}\right)^c \tag{4-18}$$

式中，P_{p} 为地层压力梯度，g/cm³；P_0 为上覆地层的静岩压力梯度，g/cm³；P_{w} 为地层水静液柱压力梯度，g/cm³；V 为观察点测井实测值；V_{n} 为同一深度正常压实趋势线上的对应值；c 为压实指数，对于不同的数据类型指数 c 的变化范围差异较大。对于同一种数据，指数 c 的值可随岩性、成岩作用程度等变化。伊顿法简单，精度也较高，得到了广泛应用。要运用伊顿法预测地层压力必须获得垂向应力、地层水静液柱压力、压实指数、实测声波时差和压实趋线上的声波时差等多项参数。

其中关于压实指数的确定，以前的大多数研究由于受实测资料限制，往往都将其处理为一常数，其计算结果一般也能达到工程需要精度。本书，将实测压力资料与测井计算的数据进行反推压实指数 c，发现 c 指数不是一个固定的数值，它随着声波时差的减少具有逐渐增大的趋势，与反映地层特性的声波曲线的关系较好，图 4-9 是测井计算的压实系数 c 随声波时差的变化情况，它表明二者具有较好的非线性关系，相关系数为 0.8579，拟合出的乘幂式精度可以满足计算要求，由此建立的 Eaton 法预测地层孔隙压力的非线性方程为

$$\begin{cases} P_{\mathrm{p}} = P_0 - (P_0 - P_{\mathrm{w}})\left(\dfrac{Ac_{\mathrm{n}}}{Ac}\right)^c \\ c = 2072.5Ac^{-1.606} \end{cases} \tag{4-19}$$

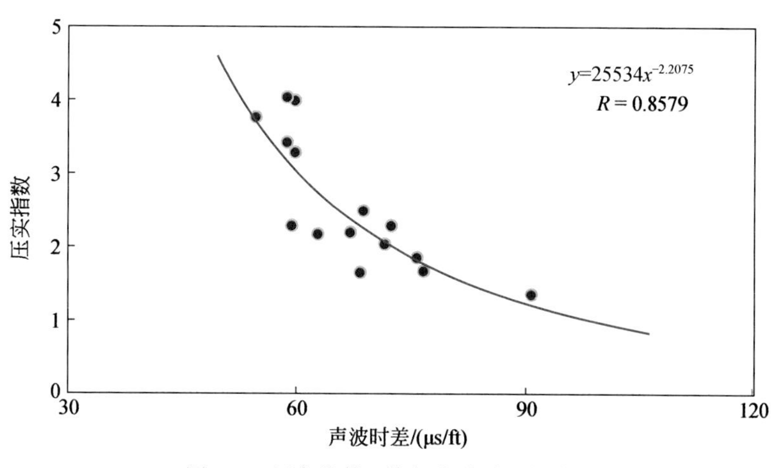

图 4-9　压实指数 c 值与声波时差的关系

利用上述地层孔隙压力预测模型得到地层孔隙压力，并与实测地层压力数据进行对比分析（图 4-10），平均相对误差为 4.56%（表 4-1），因此，所建立的地层孔隙压力模型的预测结果精度较高，能够满足工程要求。

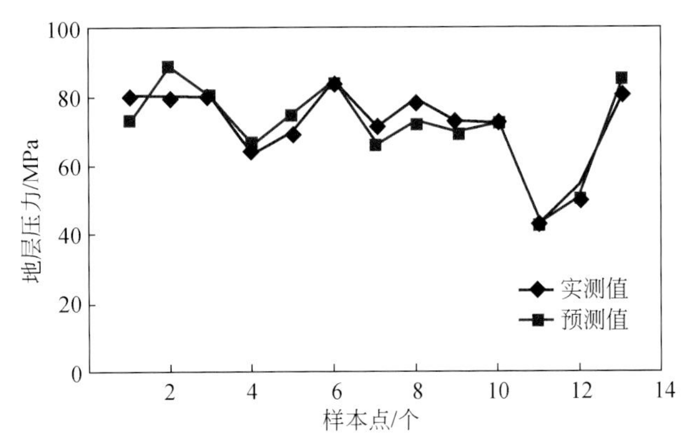

图 4-10　地层孔隙压力实测值与计算值对比图

表 4-1　地层孔隙压力实测值与计算值对比

井号	层位	AC /（μs/ft）	ACN /（μs/ft）	静水压力 /MPa	压实指数	上覆岩层压力 /MPa	地层压力/MPa		相对误差 /%
							实测值	预测值	
CX560	须三段	68. 52	51. 79	45. 08	1. 73	109. 64	69. 87	74. 87	7. 15
X851	须二段	60. 15	50. 49	47. 38	3. 72	116. 52	80. 46	80. 92	0. 58
X853	须二段	53. 00	49. 74	48. 75	8. 71	122. 82	80. 23	73. 54	8. 34
	须二段	60. 94	49. 40	49. 37	2. 58	124. 44	80. 76	89. 15	10. 39
	须三段	76. 61	53. 86	41. 52	1. 26	103. 93	63. 86	65. 71	2. 90
CH100	须二段	59. 25	51. 74	45. 17	5. 14	112. 48	78. 94	73. 56	6. 82
CH127	须二段	57. 72	52. 06	44. 61	5. 21	111. 60	72. 48	69. 52	4. 08
CH138	须二段	58. 91	51. 80	45. 06	4. 20	112. 55	73. 24	72. 90	0. 46
CH139	须五段	67. 11	59. 92	31. 86	2. 38	78. 97	43. 01	43. 12	0. 25
CH148	须四段	75. 92	58. 24	34. 43	1. 92	85. 91	55. 00	50. 81	7. 62
CG561	须二段	59. 99	49. 98	48. 30	3. 95	120. 34	85. 30	84. 57	0. 86
CL562	须二段	58. 91	49. 54	49. 11	3. 56	120. 77	82. 08	85. 77	4. 50
CF563	须三段	76. 75	53. 19	42. 66	1. 81	102. 02	71. 44	66. 25	7. 26

4. 3. 3　层速度–有效应力法

1. 沉积压实过程力学关系

研究沉积压实过程中的应力–应变关系，一方面是为了解释异常高压地层孔隙压力的形成机制，另一方面是为了更科学地确定地层孔隙压力。岩石的应力–应变关系分为两种：1 压实加载曲线关系；2 压实后的卸载曲线关系（高德利等，2004）。

（1）原始加载曲线：沉积过程中，随上覆岩层压力的增加，沉积物逐渐压实，垂直有效应力增加，孔隙度减小。垂直有效应力与孔隙度的关系为原始加载曲线。平衡压实与不平衡压实过程中的力学关系符合原始加载曲线。图4-11（a）为墨西哥湾地区一条原始压实加载曲线，反映的是泥岩垂直有效应力与声速的关系，而声波传播速度又主要受孔隙度大小的变化而变化。

（2）卸载曲线：压实过程中或压实后，若因某种原因孔隙压力升高或上覆压力减小，造成垂直有效应力减小而孔隙度增大，该过程称为卸载过程。因岩石并非完全弹性，卸载过程中垂直有效应力-孔隙度关系与原始加载曲线不同。图4-11（b）是某地区所取泥岩在室内测得的声速-垂直有效应力关系，因岩样从地下取出后已经卸载，在模拟地下应力条件下测得的不同声速-垂直有效应力值必定在卸载曲线上。

2. 沉积压实力学关系的应用

若沉积物在压实过程中垂直有效应力一直保持增加的状态，压实及成岩以后仍保持着压实过程中的最大值，则应按加载情况确定垂直有效应力。如果由于像水热增压或地层剥蚀等原因发生垂直有效应力降低的卸载现象，且目前的垂直有效应力值仍低于原始压实过程中曾经有过的最大值，在进行地层孔隙压力检测时应对卸载情况加以考虑。

3. 有效应力法模型建立

1）简易计算模型的建立

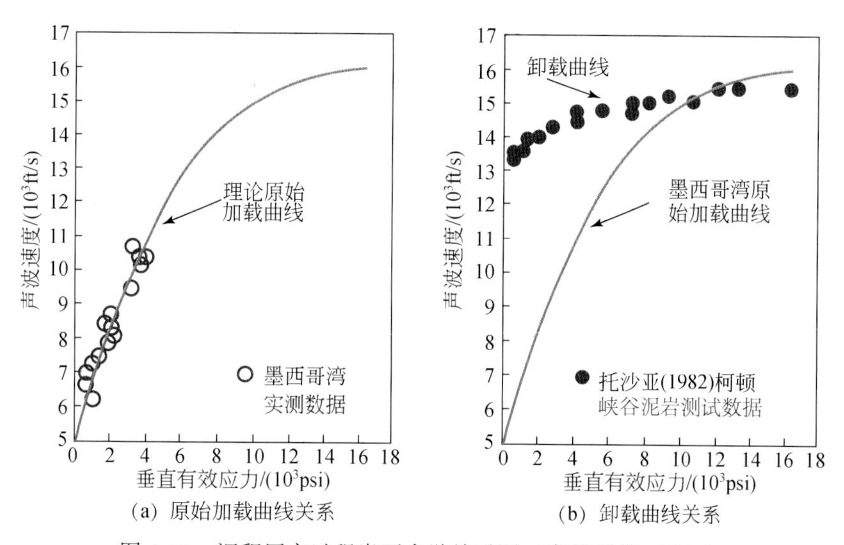

（a）原始加载曲线关系　　（b）卸载曲线关系

图4-11　沉积压实过程岩石力学关系图（高德利等，2004）

对单一岩性，声速主要是孔隙度和垂直有效应力的函数；对处于原始加载应力状态下的泥岩地层，其孔隙度又是垂直有效应力的函数，故对于泥岩地层来讲，声速主要是垂直有效应力的函数，在不考虑其他影响层速度的因素以及上下地层间的逻辑关系条件下，层速度和地层孔隙压力之间为简单的一一对应关系，即一个层速度点对应一个地层孔隙压力点，速度高算出的地层孔隙压力低，速度低算出的地层孔隙压力高。而实际上这种函数关系是一种比较复杂的非线性的关系。实践表明，采用如下形式的线性-指数组合的经验模型，可以合理地描述泥质沉积物的声速与垂直有效应力的函数关系：

$$\begin{cases} V_p = a + kP_e - be^{-dP_e} \\ P_p = P_0 - \alpha \cdot P_e \end{cases} \tag{4-20}$$

式中，V_p 为声速，m/s；P_e 为垂直有效应力，MPa；P_p 为地层孔隙压力，MPa；a，k，b，d 为与地层有关的经验系数。

式（4-20）系数的确定思路如下：根据上部正常压实段的声波速度 V_p 和在正常孔隙压力条件下计算的相应的有效应力 P_e，再利用实测的地层孔隙压力数据及相应的声波时差测井数据进行非线性回归求得。

该方程能很好地反映泥质沉积物压实过程中声波速度随垂直有效应力的变化。在某一特定地区，若建立了以上速度模型，则可以利用该模型通过地层的声波测井速度求其垂直有效应力，再利用有效应力定理公式求取地层孔隙压力。尽管单点计算模型计算简单，但是该模型没将影响层速度的诸多因素（地层孔隙压力、孔隙度、岩性等）考虑在内，因此其仅对泥岩为主的地层剖面的地层压力预测较为适用。

2）考虑多因素的综合计算模型建立

传统的简易计算模型在利用声速计算 P_p时没有将岩性、孔隙度、孔隙流体类型等影响因素系统地考虑进来。声速低不一定意味着存在高压，低速也有可能是岩性较软或孔隙度较高引起的。影响声速的因素较多，Han 等（1986）对孔隙度、泥质含量对声波速度的影响规律进行了分析研究发现，影响砂泥岩中声波传播速度主要有三个因素：孔隙度、泥质含量和有效应力。此外研究还发现，仅用泥质含量来表征岩性的影响还不够，相同泥质含量的砂泥岩其矿物组成、颗粒粗细、胶结物等不一定相同。因此，可以将地层密度引入，从而建立多因素影响的地层孔隙压力综合计算预测模型：

$$\begin{cases} V_p = A_0 + A_1\rho + A_2\phi + A_3\sqrt{V_{sh}} + A_4(P_e - e^{-A_5P_e}) \\ P_p = P_0 - \alpha \cdot P_e \end{cases} \tag{4-21}$$

式中，A_0、A_1、A_2、A_3、A_4、A_5为方程中的经验系数。

（1）多元非线性回归

根据上述思路，对于式（4-21）中的方程系数，根据研究区实际资料，采用非线性最小二乘法拟合回归，可建立研究区声速与有效应力的数学模型：

$$V_p = 2.2505 + 0.9869\rho - 9.719\phi - 0.9056\sqrt{V_{sh}} + 2.6432(P_e - e^{-6.5048P_e}) \tag{4-22}$$

图 4-12 为考虑地层岩性和孔隙度等因素影响下，根据式（4-22）获得的地层声速与有效应力的关系图。图 4-13 是依据所建立的声速预测模型反求地层压力结果与实测地层压力结果对比图，其预测精度较高。

（2）支持向量机法

①基本原理

支持向量机（Support Vector Machine，SVM）是在统计学习理论基础上发展起来的一种机器学习方法。SVM 最初是用来解决模式识别问题，用其分类算法实现较好的泛化能力，随着 Vapnik 的 ε 不敏感损失函数的引入（Vapnik，1999），SVM 已经扩展到用于解决

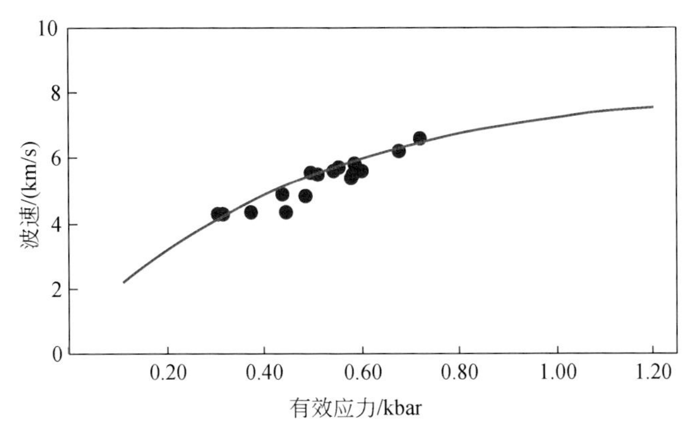

图4-12　声波速度与有效应力的关系图

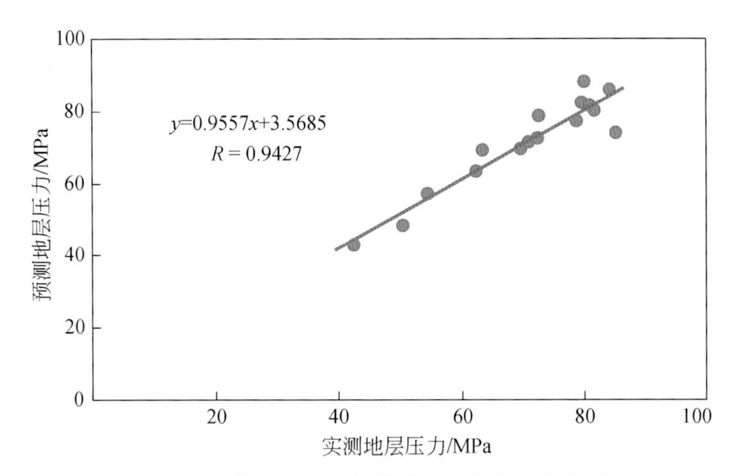

图4-13　实测地层压力与预测地层压力相关关系图

非线性回归估计问题。

本书中采用的SVM基本思想是通过内积函数定义的非线性变换将输入空间变换到一个高维空间，再在这个高维空间中寻找输入变量和输出变量之间的一种线性关系，选择合适的核函数能够很方便地实现数据从输入空间到对应的非线性高维空间的转换。支持向量回归机通过选择一些训练点（支持向量）最终能够产生一个稀疏估计函数，从而根据输入数据来估计输出。由于支持向量回归机是通过在风险误差与模型复杂性之间选取折中，近似地实现了Vapnik的结构风险最小原则，因此，相比基于经验风险最小的神经网络模型，支持向量回归机实现的是全局最优化（Cristianini and Taylor，2000；史清江、王延江，2004；邓乃杨、田英杰，2004）。

SVR算法用来实现输入数据跟输出数据之间的非线性拟合，其拟合函数f可通过以下形式来表达：

$$f(x, w) = w\phi(x) + b = (w, \phi) + b \tag{4-23}$$

式中，w为权值矢量；ϕ（x）是一个非线性映射，生成一个和输入向量x同维的向量；b

为偏差；(w, ϕ) 为 w 和 ϕ 的内积。

SVR 最优化问题就是寻找一个函数，在规定误差内能够估计出几乎接近目标的输出，同时最小化 w 模型参数，使其具有更强的泛化能力。优化目标等价于一个最基本的凸二次规划问题，其形式如下：

$$\min_{w, b} \frac{1}{2} \| w \|^2 \tag{4-24}$$

$$s.t. \begin{cases} \{[w \cdot \phi(x_i)] + b\} - y_i \leqslant \varepsilon, \ i = 1, \cdots, l, \\ y_i - \{[w \cdot \phi(x_i)] + b\} \leqslant \varepsilon, \ i = 1, \cdots, l. \end{cases} \tag{4-25}$$

式中，ε 为规定误差；y 为目标值。

考虑到允许有拟合误差的情况，引入松弛因子 ξ_i，ξ_i^*，则带有松弛因子的同等最优化问题可表示为

$$\begin{aligned} &\min_{w, b, \xi, \xi^*} \frac{1}{2} \| w \|^2 + C \sum_{i=1}^{l} (\xi_i + \xi_i^*) \\ &s.t. \begin{cases} y_i - w \cdot \phi(x_i) - b \leqslant \varepsilon + \xi_i \\ w \cdot \phi(x_i) + b - y_i \leqslant \varepsilon + \xi_i^* \\ \xi_i, \ \xi_i^* \geqslant 0 \end{cases} \end{aligned} \tag{4-26}$$

式中，ξ_i，ξ_i^* 为松弛因子；C 为惩罚系数，它是控制训练错误率与泛化能力的一个折中系数，用来惩罚超出误差的数据点，并作为误差与优化目标之间的权重。再采用拉格朗日乘数法，引入核函数，这样就得到一个等价的二次规划问题，形式如下：

$$\min_{\alpha, \alpha^*} -\frac{1}{2} \sum_{i, j=1}^{l} (\alpha_i - \alpha_i^*)(\alpha_j - \alpha_j^*) k(x_i, x_j) - \varepsilon \sum_{i=1}^{l} (\alpha_i - \alpha_i^*) + \sum_{i=1}^{l} y_i (\alpha_i - \alpha_i^*) \tag{4-27}$$

$$s.t. \sum_{i=1}^{l} (\alpha_i - \alpha_i^*) = 0, \ \alpha_i, \ \alpha_i^* \in [0, C]$$

式中，α_i，α_i^* 为拉格朗日乘子，互为对偶。于是，用式（4-23）表示的回归函数表达式可写成：

$$f(x, \alpha_i, \alpha_i^*) = \sum_{i=1}^{l} (\alpha_i - \alpha_i^*) k(x, x_i) + b \tag{4-28}$$

式中，函数 f 完全由 α_i，α_i^* 决定。根据 SVM 回归函数的性质，只有少数的 α_i，α_i^* 不为 0，这些参数对应的向量称为支持向量，偏差 b 也可由标准支持向量计算得到。由于式（4-28）描述的是一个凸规划问题，其任一解均为全局最优解，故无局部极值问题。另外，式中的核函数 $k(x, x_i)$ 是一个必须满足 Mercer 条件的函数。核函数有很多形式，在本书中采用能够很好地解决复杂非线性问题的径向基 RBF 核函数：

$$K(x, x_i) = \exp\left(-\frac{\| x - x_i \|^2}{2\sigma^2}\right) \tag{4-29}$$

最终得到支持向量回归机的估计函数，形式如下：

$$f(x) = \sum_{i=1}^{l} (\alpha_i - \alpha_i^*) \exp\left(-\frac{\| x - x_i \|^2}{2\sigma^2}\right) + b \tag{4-30}$$

②SVR 拓扑网络结构

SVR 的拓扑网络结构由支持向量决定，克服了传统的神经网络拓扑结构（权值及隐层数）的选择在很大程度上依赖经验取值的缺点。较好地解决了小样本、非线性、高维数和局部极小点等实际问题，具有很强的泛化能力（张亚军等，2007）。本书中的 SVR 模型实现可采用如图 4-14 所示的结构实现，其中 $\alpha_i y_i$ 为网络网络权重，x_1，x_2，…，x_n 为输入矢量，y 为网络输出，而隐节点个数为支持向量机个数。

③地层孔隙压力预测模型的建立

利用支持向量机预测地层孔隙压力的理论基础是有效应力定理和声波速度模型，利用支持向量机在解决小样本非线性回归问题上的优势，分析测井资料与地层上覆岩层压力、垂直有效应力的相关性，最终通过相关测井资料来预测地层孔隙压力。

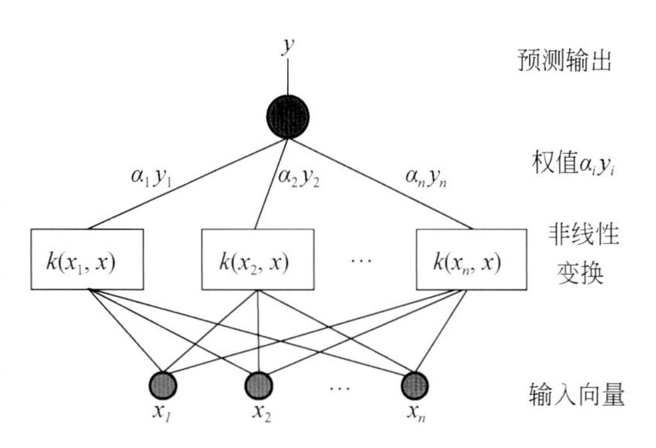

图 4-14　支持向量机拓扑结构示意图

输入输出矢量选取及样本归一化：据前人对地层孔隙压力预测所做研究可知（Eberhart－Phillips et al.，1989；樊洪海，2001；李生杰，2005），影响地层孔隙压力的因素有很多，如声波时差、孔隙度、泥质含量以及地层密度等。因此本书主要采用这四个因素作为决策模型的输入变量，而目标输出为地层有效应力值，得到地层有效应力值之后，再根据 Terzaghi 定理可以求出地层孔隙压力大小。地层孔隙压力预测流程图如图 4-15 所示。

由于各个参数间的量纲不同，为避免核函数在内积计算时引起计算困难，因此使用前需要进行归一化预处理，使各参数都处于［0，1］之间。

$$X = \frac{x - x_{\min}}{x_{\max} - x_{\min}},\ X \in [0,\ 1] \tag{4-31}$$

式中，x、X 分别为归一化前后的变量值；$x_{\min}$、$x_{\max}$ 分别为变量极小值、极大值。

决策模型参数优选：学习样本集建立后，地层孔隙压力预测模型的确定，主要是选择合适的 SVR 参数，即惩罚系数 C 与核函数基宽 γ 等，它们的合理确定直接影响模型的精度和推广能力。本书使用交叉验证网格搜索方法来确定优化参数，方法如下：将样本数据首先分成 n 个同样大小数量的子集。先用 n-1 个子集作为训练样本得到一个判决函数，用它预测那个没有参加训练的子集，这样总共循环 n 次。直到所有子集都作为测试样本被预测一遍，取 n 次预测所得准确率的平均值作为最终的准确率值。因此可以避免人为选取 C 和 γ 所带来的主观误差。本书中最优参数值分别选为 $C=32$、$\gamma=1$、$\varepsilon=0.0625$。

决策模型建立：根据已定的输入输出参数构建建模数据（X_i，Y_i）（$i=1$，2，…，k），然后寻找输入参数（X）与输出参数（Y）之间的非线性映射关系：$Y_i=f(X_i)$ ［f：$R^n \to R$］。根据前述 SVR 理论，选取适当的精度参数 C、γ 及 ε，并代入 RBF 核函数，通过求解一个二次规划问题得出 α_i，α_i^*，b 之后，即可得到需要的决策模型。

④模型预测效果

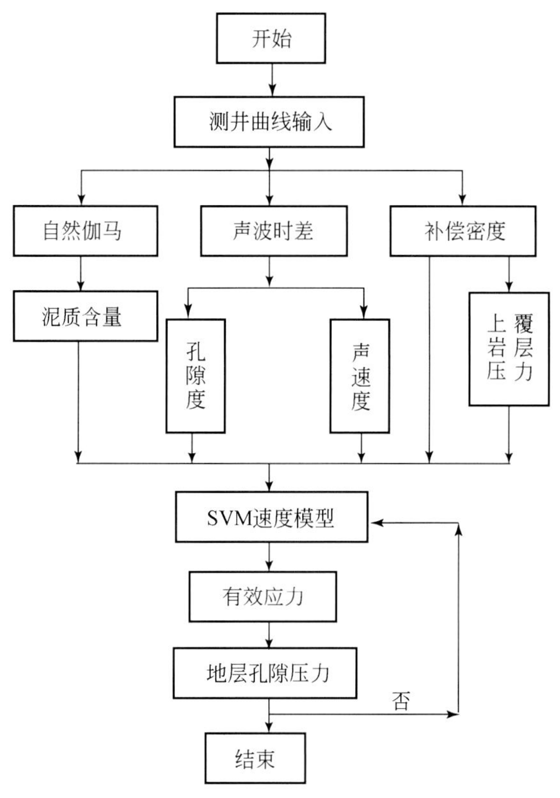

图 4-15　地层孔隙压力 SVM 预测流程图

利用支持向量机进行垂直有效应力的计算，首先要选取一口或几口具有代表性的已知钻井，并用这些井的测井、测压资料作为样本数据，从中提取上述 4 个输入特征向量并计算出对应的目标输出，组成训练样本数据，然后利用前面提出的方法构建支持向量机。在训练支持向量机的过程中，通过选取不同的核函数、惩罚系数和控制误差，使支持向量机达到最优，训练完成之后，它的基本机构也就定下来，即可用于其他井的地层孔隙压力预测（图 4-16）。

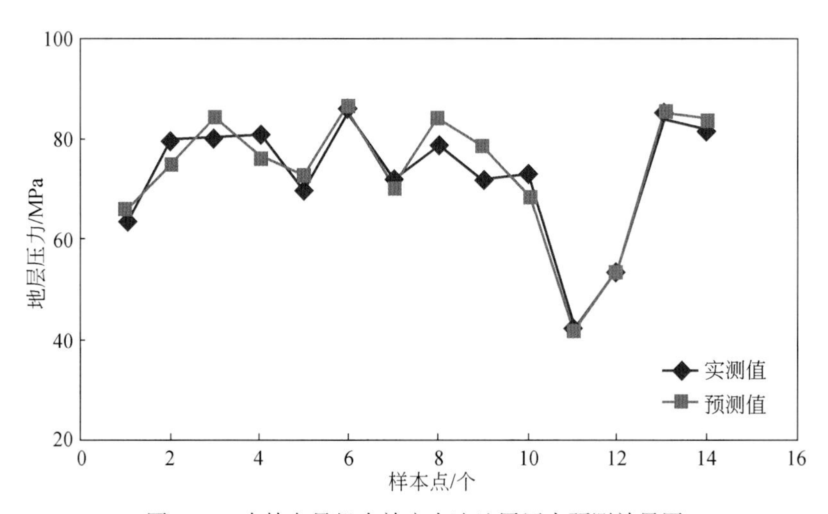

图 4-16　支持向量机有效应力法地层压力预测效果图

4.4 地应力大小确定

目前现今地应力研究的方法很多，限于现场资料和开展的研究工作，主要介绍本书使用的评价方法（周文，2006）。

4.4.1 岩心测试

1. 差应变法

1）基本原理

差应变分析测试是通过对岩心样品（定向和非定向均可）进行主应变的方向及大小试验，并由此确定就地主应力的方向及大小。

基本理论依据为：岩样从地下应力状态下取出，由于消除了地下应力作用而引起岩石中产生的“卸载”微裂缝张开（图4-17）。它们张开的方向和密度正比于从地下取出岩样的就地应力状态。因此取心过程中的应力释放而造成的微裂缝的优势分布就是地应力状态的直观反映。

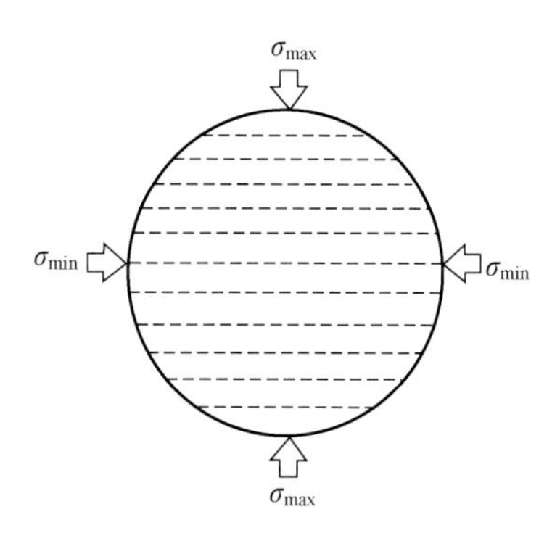

图4-17 岩心应力释放（卸载）产生的微裂隙分布示意图

在试验时，对试样加围压，该压缩过程可看作岩石的应力释放时岩石膨胀的逆过程。当岩石的力学性质为各向同性，且知道其中一个主应力值时，则可利用主应变的比值关系确定地应力的大小。

将钻井取心加工成平行于岩心轴向的立方形岩块，将每组三个成45°角的应变片贴在三个相互垂直的平面上，将其放入岩心夹持器。进行重复加载试验，加三向等围压，同时测得各方向的应变量，并由此确定主应变特征及其对应的地应力值。

2）测试结果

采用国产WEW-600E万能材料实验机、等压舱（中国石油开发研制）、UCAM-8BL应变仪（日制）、微机等仪器设备，对须家河组地层进行三块岩心的差应变测试及分析，测试结果分析曲线如图4-18～图4-20所示。

图4-18为CF563井岩心差应变测试结果图，其最大主应力方向对应的应变最大，变形强度点对应其应力大小为104MPa，分析为水平应力；最小主应力方向对应的应变最小，同样变形强度点对应其应力大小为90MPa，为水平应力；剩余的为中间应力（垂向）88MPa。

差应变法测试得到须家河组水平最大主地应力梯度平均为0.030MPa/m；水平最小主地应力梯度平均为0.020MPa/m；垂向主地应力梯度平均为0.026MPa/m。测试结果表明：须家河组地应力水平最大主应力值大于垂向主应力值（表4-2）。

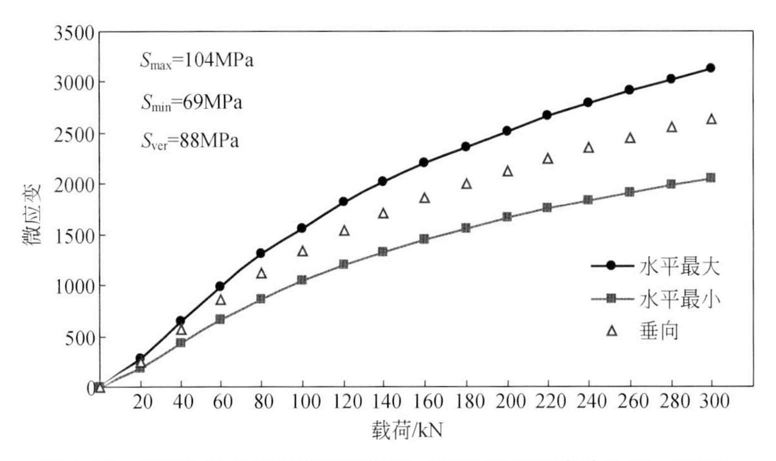

图 4-18　CF563 井差应变测试结果图（据中石化西南分公司，2004）

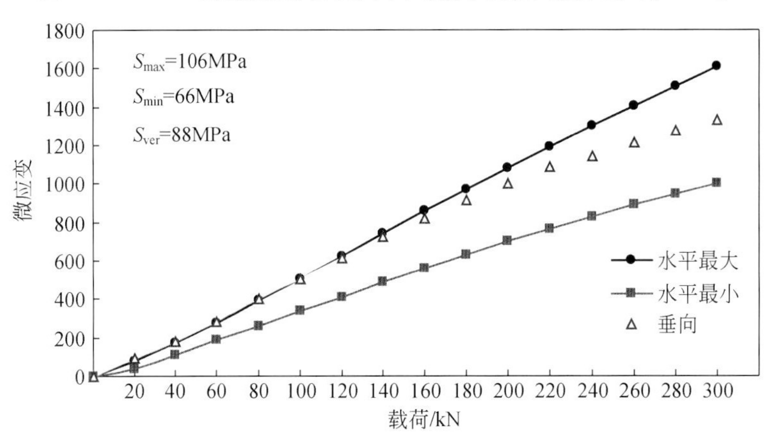

图 4-19　CH127 井差应变测试结果图（据中石化西南分公司，2004）

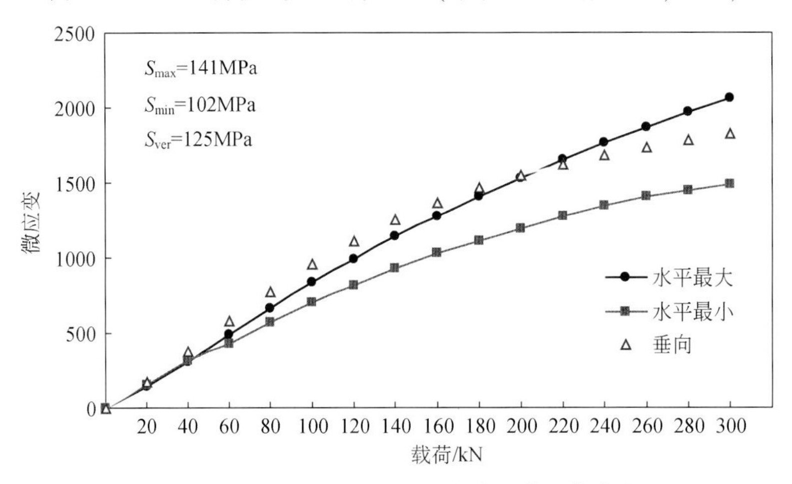

图 4-20　CX560 井差应变测试结果图（据中石化西南分公司，2004）

表 4-2　须家河组差应变法测试地应力值结果表

井号	岩心编号	应力梯度/（MPa/m）			地应力值/MPa		
		垂向	水平最大	水平最小	垂向	水平最大	水平最小
CH127	1-54/57	0.026	0.031	0.019	88	106	66
CX560	5-35/67	0.026	0.029	0.021	125	141	102
CF563	5-25/55	0.026	0.031	0.020	88	104	69
平均		0.026	0.030	0.020	100.33	117	79

2. 声发射法

1935年凯瑟从金属材料的反复加载试验中发现，声发射现象只有在应力达到第一次加载时的最大应力水平之后，才会有明显的增加，在此之前很少，甚至没有出现声发射现象，它反映声发射具有不可逆性，人们为了纪念凯瑟，将这种性质定义为“凯瑟效应”（周思孟，1998）。之后，Obert 和 Duvall 发现岩石中也存在声发射现象（陈景涛，2008）。所谓凯瑟（Kaiser）效应，即是指材料在重复加载过程中声发射活动的消失，一直到应力达到先前所施加的最大应力水平之后，声发射活动才重新恢复这一物理现象（Kaiser，1953）。声发射材料内部的声源快速能量释放产生的一种瞬态弹性波的现象，其产生的基本过程是当岩石受力变形时，岩石中原来存在的或新产生的裂纹周围地区产生应力集中，应变能较高，当外力增加到一定大小时，在有裂缝的缺陷地区发生微观屈服或变形，裂缝扩展，从而使应力松弛，储藏能量的一部分将以弹性波（声波）的形式释放出来。

近年来，利用声发射技术中的 Kaiser 效应估计岩石先前所受的最大应力，正受到越来越大的重视（Hardy，1981），目前的声发射监测装置已经可以进行 AE 计数、声源定位、能量分布、频谱分析、时间序列等方面的研究。

Goodman 首先对岩石材料的 Kaiser 效应进行了研究（Goodman，1963），因而有可能利用岩石在温度、压力条件下的声发射活动特性估计地应力的大小和方向，确定出裂纹失稳扩展的应力场强度因子（K_I）以及失稳扩展时扩展增量和扩展速率的函数关系。Kanagawa 等（1976）是第一个将这一效应应用于估计地应力的大小。他们根据声发射活动对时间（或载荷）的响应曲线上斜率的突然变化，来确定试件先前所承受的最大应力值，其估计误差在15%之内。但试验中有15%的试件，由于 Kaiser 效应显示的不清楚，而无法确定其先前的最大应力。Yoshikawa 和 Mogi（1978）为此提出了所谓两次重复加载法，可解决试验过程中 Kaiser 效应显示不明显的问题。在此方法中，试件被重复加载两次，两次加载过程中声发射率之差在应力达到先前最大应力水平时会明显增加。试验表明，用这种方法所确定的先存最大应力，只比实际值低4%，偏差为±5%。Boyce（1981）建议一种更简单的方法，即在声发射活动对应力的响应曲线上，对水平“静止”部分和线性增加部分分别做两条切线，两切线的交点就对应着先存最大应力值。据作者叙述，这种方法的精确度可达100%。这些方法虽然在确定先存最大应力时具有较高的精确度，但遗憾的是，所有试验都是在单向预加载的情况下进行的。实际上，岩石在地下处于三向受力状态。在此情况下，围压对 Kaiser 效应的影响必须加以考虑和研究（张大伦，1984）。

利用岩石声发射资料计算地应力值的方法是目前实验室确定地应力的重要方法之一，

称为 AES 法，其基本原理如下：

首先确定出 Kaiser 效应点对应的正应力值，按下列公式进行地应力值的估算和方位确定。

1）最大水平主应力的估算

$$\sigma_{\mathrm{H}} = \frac{\sigma_x + \sigma_y}{2} + \frac{\sqrt{2}}{2}\sqrt{(\sigma_x - \sigma_{xy})^2 + (\sigma_{sy} - \sigma_y)^2} \tag{4-32}$$

2）最小水平主应力的估算

$$\sigma_{\mathrm{h}} = \frac{\sigma_x + \sigma_y}{2} - \frac{\sqrt{2}}{2}\sqrt{(\sigma_x - \sigma_{xy})^2 + (\sigma_{sy} - \sigma_y)^2} \tag{4-33}$$

3）应力方向的估算

$$\tan 2\alpha = (\sigma_z + \sigma_y - 2\sigma_{xy})/(\sigma_z - \sigma_y) \tag{4-34}$$

此时 2α 应满足关系式：

$$\frac{(\sigma_{\mathrm{s}} - \sigma_{xy})\sec 2\alpha}{1 - \cos 2\theta_{x,\ xy} + \sin 2\theta_{x,\ xy}\tan 2\alpha} > 0 \tag{4-35}$$

并规定计算出的应力值压应力为正，张应力为负，α 角及由主应力方向逆时针施转到 σ_x 的方向为正，反之为负。如果式（4-35）中的值小于零，则所求的 α 为最小水平主应力的应力方位角。

式（4-32）～式（4-35）中的参数含意如下：

σ_x、σ_{xy}、σ_y 分别为 0°、45°、90°三个方向的正应力值，MPa；σ_{H} 为最大水平主应力，MPa；σ_{h} 为最小水平主应力，MPa；α 为最大水平主应力的方位角；$\theta_{x,\ xy}$ 为 σ_x 与 σ_{xy} 的夹角。

本书进行了 6 组（共 54 个样）声发射试验。通过单轴应力加载，声波检测仪器接收到声发射的特征参数（包括声发射次数、事件率和能量强度），并通过应力与时间的关系得到应力与声发射的特征参数关系（图 4-21、图 4-22）。通过对各样品试验曲线的分析发现一般出现 4、5 个 Kaiser 效应点，其中第一个 Kaiser 效应点一般较弱。

将各样品测试的 Kaiser 效应点对应的应力分量代入前述公式可计算出试验样品各级次相对应的地应力值（表 4-3）。对于根据各级应力分量计算出的地应力，丁原辰（2000）认为目前声发射法测量的古应力值是岩石记忆的各主要构造运动期的最大主应力值，是不包含当时孔隙压力的最大主应力值，实际是当时的最大主应力与当时孔隙压力之差，也即是当时的有效最大主应力值。从这个意义上说，也可以认为测的是差应力。对于古应力，由于无法知道当时的孔隙压力，通常将该有效最大主应力值视为最大主应力值（丁原辰，2000），其方法是基于丁原辰和张大伦（1991）提出的岩石声发射“广义抹录不净现象”。

众所周知，目前测定岩石 Kaiser 效应多采用现场获取的岩样进行单轴压缩试验。而实际岩心是位于地下一定深度处，受上覆岩层重力和构造残余应力的共同作用而处于三向应力状态。因此，根据单轴压缩试验所获得的岩石声发射特征点应力值是否能代表岩石所处位置所受的地应力，在以往的研究成果中尚无充分的考虑和说明。对于石油行业来说，声发射测试样品都是取自井下几千米，其在井下即是处于三轴应力状态。对于砂岩、泥质砂岩类，其单轴抗压强度一般低于千米以下所受的自重应力值，故用单轴压缩所测得的

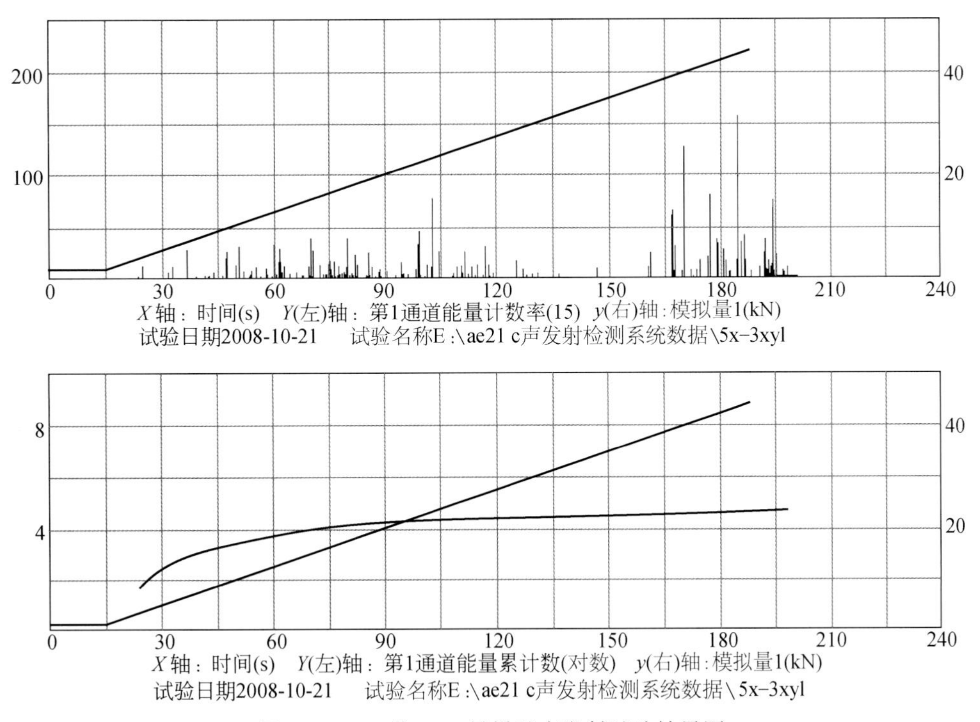

图 4-21　X5 井 3xy1 号样品声发射试验结果图

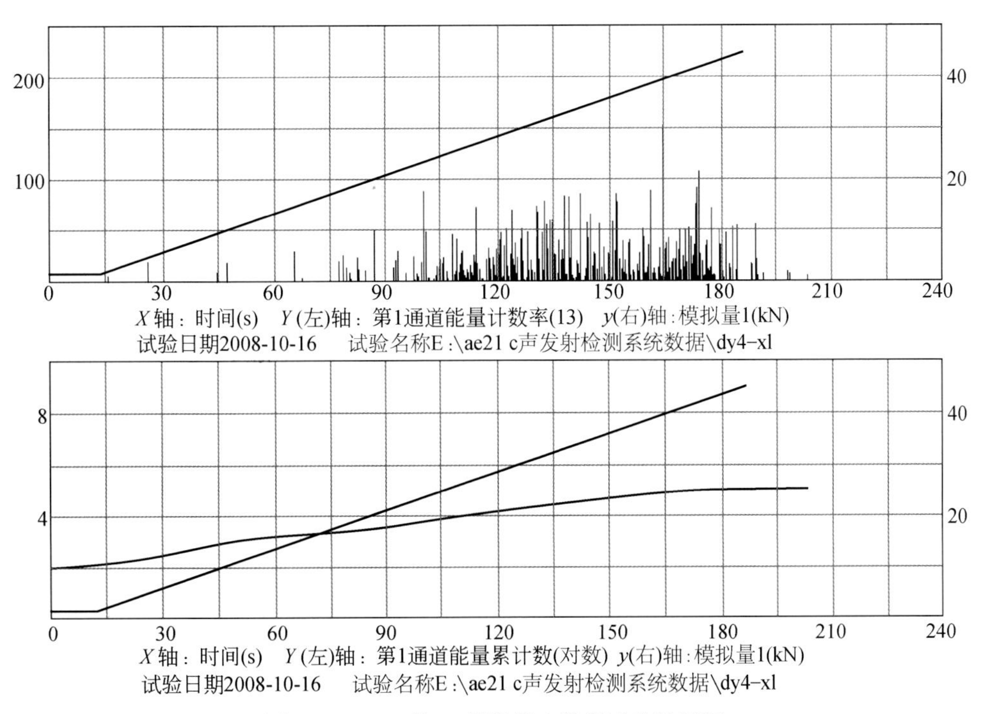

图 4-22　DY4 井 x1 号样品声发射试验结果图

Kaiser 效应特征点应力值必然小于岩石在井下实际所受的地应力值。也就是说，单轴压缩条件下测定的岩石 Kaiser 效应特征点应力值与岩石实际所受的地应力值之间存在一定程度的误差，这种误差会随深度的增加而加大（刘峥、巫虹，2004）。

表 4-3　研究区须家河组砂岩声发射试验结果表

编号	层位	岩性	级次	水平主应力/MPa	
				σ_{max}	σ_{min}
X5-1	须四段	灰白色细砂岩	一	9. 0588	8. 4743
			二	18. 118	15. 195
			三	30. 69	27. 462
			四	42. 432	42. 019
X5-2	须二段	灰白色中粒岩屑砂岩	一	8. 2426	7. 8294
			二	19. 584	15. 774
			三	30. 975	30. 391
			四	47. 375	44. 966
X5-3	须二段	浅灰色细粒岩屑砂岩	一	8. 5382	7. 2227
			二	18. 802	17. 973
			三	32. 744	28. 542
			四	49. 353	41. 677
D2-1	须三段	灰白色细砂岩	一	16. 98	15. 51
			二	24. 15	23. 58
			三	36. 28	34. 46
			四	52. 9	47. 15
D2-2	须二段	灰白色中粒岩屑砂岩	一	19. 84	14. 66
			二	26. 46	22. 71
			三	36. 57	33. 29
			四	53. 084	47. 262
D4-1	须四段	深灰色中砂岩	一	18. 41	14. 66
			二	22. 89	20. 82
			三	35. 98	33. 61
			四	47. 863	43. 858

许多学者详尽地研究了常规三轴压缩下岩石的声发射（Scholz，1968；Mogi，1974；Bacon，1975；Byerlee，1978）。随着差应力的增加，岩石平均声发射率也增加，并且与岩石的非弹性变形有直接关系（陈颙，1981）。

岩石的 Kaiser 效应的本质乃是岩石受原地应力作用所形成的特定的微裂纹在达到原应力的荷载作用下重新活动和延展的客观反映，那么在围压条件下岩石受地应力作用形成的微裂纹在围压消除后的单轴压缩状态更易扩展则是毫无疑问的。反映在声发射特征上，单轴压缩条件下 Kaiser 效应特征点应力值必然较实际地应力值低。因此，要获得井下某一深度处的地应力值必须通过模拟该测试样品实际所受的围压进行的三轴 Kaiser 效应测试才可得到。但是，岩石三轴声发射试验测试较为复杂，现场一般不采用。因此，如何利用单轴压缩条件下所获得的岩石 Kaiser 效应特征值按某一规律校正到三轴条件下的地应力值是一个值得研究的问题。李志明、张金珠（1997）提出了单轴声发射测试的围压校正理论关系式，刘峥、巫虹（2004）在大量试验的基础上，对比同种单轴压缩与围压条件下三轴试验，也认为岩石三轴声发射特征点应力值与单轴声发射特征点应力值有如下关系：

$$\left(\frac{\sigma_{3A}}{\sigma_{1A}}\right)^2 = \frac{\sigma_t + S_t}{S_t} \tag{4-36}$$

式中，σ_{3A} 为岩石三轴状态下声发射效应点的应力值，MPa；σ_{1A} 为岩石单轴状态下声发射效应点的应力值，MPa；σ_t 为岩石所受围压，MPa；S_t 为岩石抗拉强度，MPa。

但是，实际井下岩石除了处于三轴应力状态下，还存在孔压的影响，因此，单轴条件下岩石声发射校正到井下三轴条件不光要考虑围压的影响，还应该考虑孔压的影响，所以，三轴条件下的应力值应是围压和孔压的复合函数，且需要考虑孔隙弹性影响：

$$\sigma_{pc} = f(\sigma_0,\ p_c,\ p_p,\ \alpha) \tag{4-37}$$

式中，σ_{pc} 为测试样品实际围压下 Kaiser 效应点应力，MPa；σ_0 为零围压下 Kaiser 效应点应力，MPa；p_c 为测试样品实际围压，MPa；p_p 为测试样品实际孔压，MPa；α 为孔隙弹性系数，无量纲；f 为函数关系式。

4.4.2　压裂法

水力压裂法用来测量现场应力时，主要是依据整个过程中记录下的压力随时间的变化（图 4-23），结合有关的岩石力学参数，就可以求出原地主应力大小。在国外，水力压裂法早在 20 世纪 40 年代就用于石油工业。我国 20 世纪 50 年代首先在玉门引进此法，但用于应力测量是 20 世纪 60 年代的事。目前压裂法测量的深度已达 5km（Haimson and Voight 1976）。

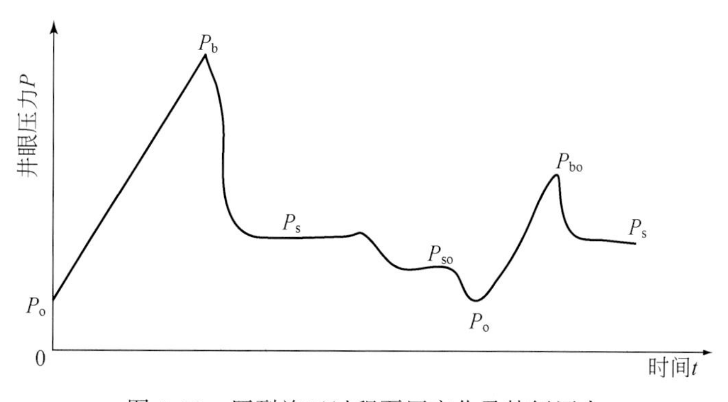

图 4-23　压裂施工过程泵压变化及特征压力

1957 年 Hubbert 和 Willis 发表了水力压裂产生的张破裂与周围现场应力关系的理论研究。之后，Scheidegger（1962）、Kchle（1964）、Fairhust（1963）进一步从理论上将其完善，考虑了压裂过程中围岩孔隙压力的效应，注意到压裂液渗入围岩将会影响应力计算。Gretener（1965）认为压裂液渗入围岩对破裂压力的影响是无法精确估计的。Haimson（1968）从理论上分析了压裂液渗入的影响，他指出由于压裂液渗入岩层，将会降低破裂压力。为了验证理论假说，海姆森等进行了大量的室内试验，试验结果表明，所有产生的破裂都是张性的，与理论推测相符合。此外，还有学者在室内研究出现剪破裂的问题（Solberg et al.，1977）。

尽管如此，利用压裂施工资料确定地应力的方法仍是目前最直接、最可靠的方法之一。通常，微型压裂施工数据因其消除了邻层，岩性变化等因素影响而相对更为好用。其计算原理如下：

设在完全弹性条件下，井眼平行某个主应力（一般为垂直方向）钻进时，设水平最大有效应力为 σ_{max}；水平最小有效应力为 σ_{min}；井眼液压为 P_w；地层压力为 P_b（图 4-24），依据弹性力学理论，井周围岩应力分布可由 Fairhurst 方程（Fairhurst，1968）表示为

$$\sigma_\theta=\frac{1}{2}(\sigma_{max}+\sigma_{min})\left(1+\frac{r_a^2}{r_i^2}\right)-\frac{1}{2}(\sigma_{max}-\sigma_{min})\left(1+3\frac{r_a^4}{r_i^4}\right)\cos2\theta \\ -\tau_{xy}\left(1+\frac{3r_a^4}{r_i^4}\right)\sin2\theta-P_w\frac{r_a^2}{r_i^2} \tag{4-38}$$

$$\sigma_r=\frac{1}{2}(\sigma_{max}+\sigma_{min})\left(1-\frac{r_a^2}{r_i^2}\right)+\frac{1}{2}(\sigma_{max}-\sigma_{min})\left(1-4\frac{r_a^2}{r_i^2}+3\frac{r_a^4}{r_i^4}\right)\cos2\theta \\ +\tau_{xy}\left(1+\frac{3r_a^4}{r_i^4}-\frac{4r_a^2}{r_i^2}\right)+P_w\frac{r_a^2}{r_i^2} \tag{4-39}$$

$$\tau_{r\theta}=-\frac{1}{2}(\sigma_{max}-\sigma_{min})\left(1+2\frac{r_a^2}{r_i^2}-3\frac{r_a^4}{r_i^4}\right)\sin2\theta+\tau_{xy}\left(1+\frac{3r_a^4}{r_i^4}-\frac{4r_a^2}{r_i^2}\right) \tag{4-40}$$

式中，r_i为距井眼中心的径向距离，mm；r_a为井眼半径，mm；

对于井壁，$r_i\rightarrow r_a$，有

$$\begin{aligned}&\sigma_r=P_w\\&\sigma_\theta=(\sigma_{max}+\sigma_{min})-2(\sigma_{max}-\sigma_{min})\cos2\theta-4\tau_{xy}\sin2\theta-P_w\\&\tau_{r\theta}=0\end{aligned} \tag{4-41}$$

当 $\theta=0$ 时，σ_θ 为最小值，即

$$\sigma_\theta=3\sigma_{min}-\sigma_{max}-P_w \tag{4-42}$$

如果地层中通过压裂，在井壁出现垂直开裂时，按最大拉应力理论，当 $\sigma_\theta\leqslant-\sigma_t$（岩石抗张强度）时，岩石产生破裂，得到孔壁破裂的应力条件为

$$\sigma_{max}=3\sigma_{min}-P_f+\sigma_t \tag{4-43}$$

如果岩体内孔隙压力为 P_p，式（4-43）变为

$$\sigma_{max}=3\sigma_{min}-P_f+\sigma_t-\alpha\cdot P_p \tag{4-44}$$

1）最小水平主应力（或 σ_{min}）的确定

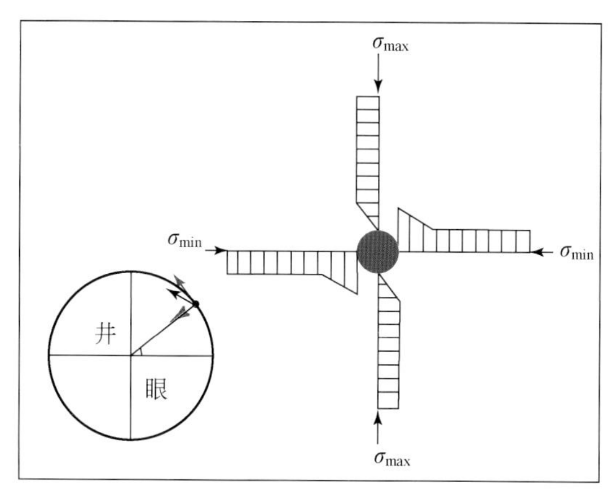

图4-24　圆形井眼周围应力分析

$$\sigma_{min} = P_{so} + \rho \cdot g \cdot h - \alpha \cdot P_p - P_m \tag{4-45}$$

式中，ρ 为压裂液密度，g/cm^3；h 为压裂段井深，m；P_{so} 为瞬时停泵压力，MPa；P_p 为地层压力，MPa；P_m 为沿程摩阻，MPa。

当停注时，式（4-45）中 $P_m=0$，则

$$\sigma_{min} = P_{so} + \rho \cdot g \cdot h - \alpha \cdot P_p$$

2）地层条件下岩石抗张强度 σ_t 的确定

$$\sigma_t = P_e - P_{so} \tag{4-46}$$

式中，σ_t 为岩石的抗张强度，MPa；P_e 为延伸压力，MPa。

3）最大主应力计算

当 σ_{min} 确定为最小主应力之后，最大主应力 σ_{max} 的计算公式为

$$\sigma_{max} = \sigma_{min} + 4\sigma_t \tag{4-47}$$

4）中间应力值计算

在孔壁垂直开裂条件下，σ_2 可由下式计算：

$$\sigma_2 = \frac{1}{3}(\sigma_1 + P_f - \sigma_t) \tag{4-48}$$

5）破裂压力值计算

$$P_f = P'_f + \rho \cdot h \cdot g - P_m \tag{4-49}$$

式中，P'_f 为破裂时地面泵压值，MPa。

6）地层压力的确定

在计算地应力的公式中涉及孔隙压力（即地层压力）值，一般由实测结果获取。对于无实测资料井，根据相邻井的压力系数平均值来求取；或者利用等效深度法计算。

7）判别主应力方向

通过用密度测井资料逐层计算得到的岩石平均密度，在计算出垂直应力 σ_v 值，通过与三个应力值进行对比分析，来判断各主应力方向。通常有下述两种情况：

(1) $\sigma_2 \approx \sigma_v$，即反映出中间主应力与垂直应力相当的情况，说明中间应力为垂直应力。

（2）$\sigma_{min} < \sigma_v$，反映 σ_{min} 为水平主应力之一，这时要确定余下的两个主应力方向，再通过 σ_v 与 σ_{max} 和 σ_2 对比，确定哪个应力为垂向应力。

值得注意的是，在水力压裂过程中，液体注入井筒时会对井壁产生内压，以及液体渗入岩层并向地层内流动时所产生的附加应力场，这些对井周应力分布存在影响，而当压裂液不渗入或渗入很少时，流体渗滤的影响则可忽略（陈家庚等，1982；梁利喜，2008）。

8）裂缝闭合应力求取

另外，对于水平最小主应力的求取，通常认为压裂施工关泵后的裂缝闭合压力直接反映了水平最小主应力的大小（王鸿勋，1988；李稼祥、张文泉，1993；任希飞、王连捷，1980；葛洪魁等，1998a），正确分析裂缝闭合压力是确定水平主应力大小的关键。一般利用如下三种技术手段确定裂缝闭合压力的大小：①阶梯注入测试；②回流测试分析；③闭合递减试验（压降分析法）。

其中，以阶梯注入与回流测试相结合所得分析结果相对更准确，但必须进行繁杂的施工。压降分析裂缝闭合压力，通常利用识别时间平方根曲线、函数曲线的斜率变化来实现（Nolte，1982）。Guo 等（1993）研究表明：P_w-lg$(t+\Delta t)/\Delta t$、P_w-lgΔt、lg$(P_w - P_a)$-Δt 三种方法能够给出较为合理的闭合压力值。其中，P_w 为井底压力；t 为注入时间；Δt 为停泵后起算的时间；P_a 为井底压力的渐进值。对于 P_w-lg$(t+\Delta t)/\Delta t$ 法来说，曲线的线性关系明显，闭合压力点易于识别，通常取曲线拐点处的压力值为 P_d 值［图 4-25（a）］；对于 P_w-lgΔt 法来说，取曲线上开始偏离直线处的压力值作为 P_d 值［图 4-25（b）］比较合理；

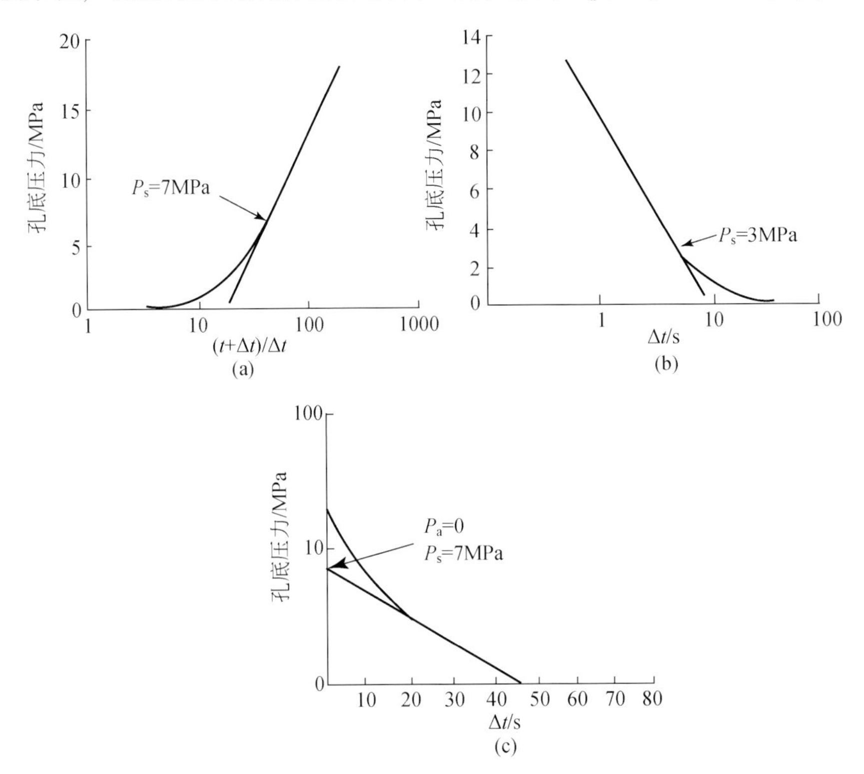

图 4-25　水力压裂裂缝闭合压力的识别方法（Guo et al.，1993）

$\lg(P_w - P_a)$-Δt 法［图 4-25（c）］同样能够给出可靠的 P_d 值，只是在压裂试验曲线的第一注入周期上确定的 P_d 值偏低，应在后继注入周期上所确定的 P_d 值更趋合理些。

实践表明，对于造壁性能不足以有效控制滤失的压裂液，平方根曲线可以提供较好的闭合显示，而对于具有造壁性能的压裂液来说，G 函数曲线可以给出较好的显示。依据川西地区须家河组地层现有压裂施工资料，本书主要是采用 G 函数法、平方根法和双对数法（图 4-26 ~ 图 4-28）进行裂缝闭合压力求取，并最终实现研究区须家河组地应力量值的确定（表 4-4）。

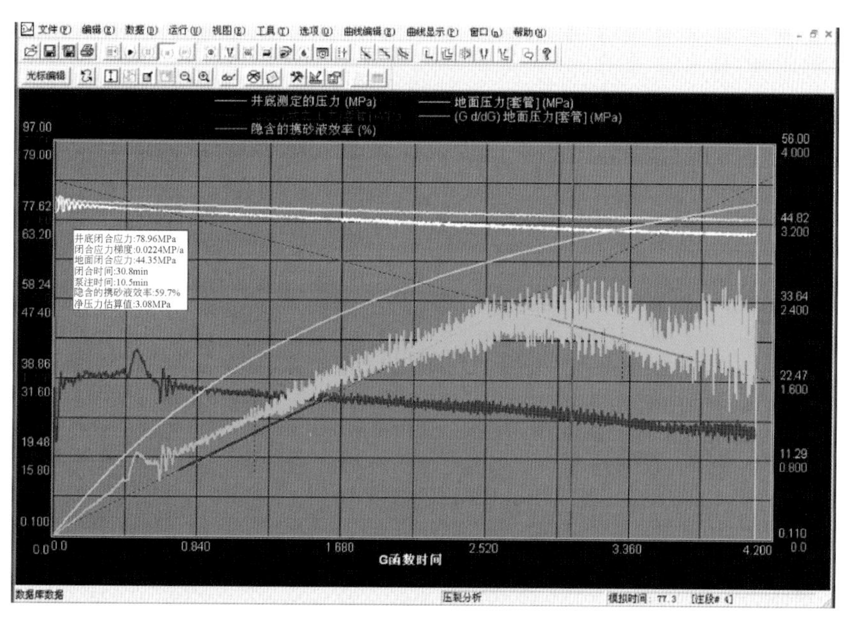

图 4-26　G 函数曲线

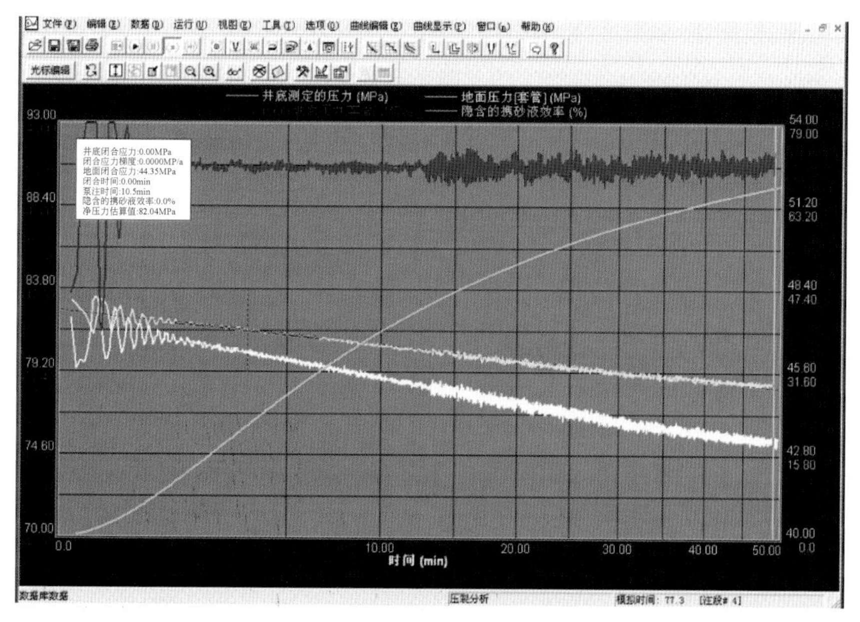

图 4-27　平方根曲线

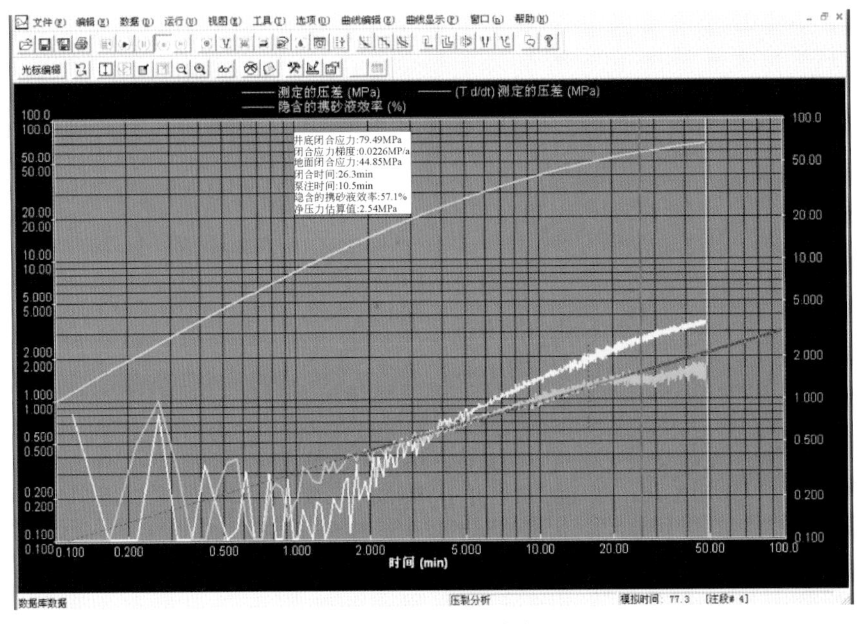

图 4-28　双对数曲线

表 4-4　压裂资料计算地应力结果

井号	施工段中深/m	破裂压力/MPa	孔弹系数	沿程摩阻/MPa	等效深度法地层压力/MPa	主应力/MPa		
						水平最小	水平最大	垂直
CX568	3416	77.644	0.336	32.110	65.232	56.720	76.091	63.023
CX560	3524	53.320	0.458	34.888	78.219	45.407	53.000	47.663
CX565	3565.93	63.761	0.403	29.36	59.613	61.073	101.910	76.761
CX565	3978.43	102.184	0.169	22.5	55.938	82.236	141.875	101.576
DY3	4558.5	108.01	0.184	7.39	44.673	79.19	127.88	99.03

4.4.3　测井解释

关于利用试验方法测定地应力，因其测量数量有限，不能得到连续的地应力剖面，而测井资料具有连续性好，分辨率高的特点，因此可通过测井资料获得连续的地应力剖面。但是，地应力的计算是一个比较复杂的问题，目前尚没有一个适合所有地区和所有情况的统一模式。能反映地应力物理本质和实际规律的计算公式，习惯上称为地应力模式或计算模型（魏周亮，2005）。到目前为止，许多国内外学者已提出了一些地应力模式，取得了显著的进展。普遍采用以垂向应力为主应力且等于上覆岩层重量的假设，发展了多种计算模式。发展最早的比较成熟的计算模式为单轴应变模式，此模式包含金尼克模式、Mattews 和 Kelly 模式、Anderson 模式，这些计算模式具有很大的实用性。黄荣樽（1984）在进行地层破裂压力预测新方法的研究中，提出了一个新的地应力计算模式，即黄氏模式，可以解释我国常见的三向应力不等的现象，但该模式未考虑岩石刚性对水平应力的影响。1988年石油大学分析了黄氏模式的不足并提出组合弹簧模式，但此模式忽略了岩石非线性特征，也未考虑热应力影响。葛洪魁等（1998b），考虑了热应力的影响，提出了葛式地应力经验公式。目前，具有代表性的地应力计算模型主要有以下几种。

1. 莫尔-库仑破坏模式

此模式由最大主应力、最小主应力之间的关系给出。其理论基础是莫尔-库仑破坏准则，即假设地层最大原地剪应力是由地层的抗剪强度决定的。在假设地层处于剪切破坏的临界状态的基础上，给出了地应力计算模式：

$$\sigma_1 - P_p = \sigma_c + N_\varphi(\sigma_3 - P_p) \tag{4-50}$$

式中，σ_1 为水平方向主应力；σ_c 为抗压强度；P_p 为孔隙压力；N_φ 为三轴应力系数，$N_\varphi = \tan^2(\pi/4 + \varphi/2)$。

当忽略地层强度时（认为破裂沿原有裂缝或断层发生），且垂向应力为最大主应力时，破坏模式变为

$$\sigma_1 - P_p = (\sigma_3 - P_p)/N_\varphi \tag{4-51}$$

该模式有一定的物理基础，比较适合松软的泥页岩地层，但其地层处于剪切破坏的临界状态的假定，不具备普遍的意义。

2. 单轴应变模式

这一类经验关系发展最早，该经验关系式假设由于水平方向无限大，地层在沉积过程中只发生垂向变形，水平方向的变形受到限制，应变为0，水平方向的应力是由上覆岩层重量产生的，则有 $\varepsilon_x = \varepsilon_y$，根据胡克定律有如下几种模型。

1）金尼克模型

$$\sigma_H = \sigma_h = \frac{\nu}{1-\nu}\sigma_v \tag{4-52}$$

式中，σ_H 为地层最大水平主应力；σ_h 为地层最小水平主应力；σ_v 为地层垂向应力；ν 为地层岩石泊松比。

此模式是根据胡克定律得到的，模型是针对均匀的、各向同性的、无孔隙的地层而提出的，没有考虑地层孔隙压力的影响。

2）Matthews & Kelly 模型

Matthews 和 Kelly（1967）在 Hubber 和 Wilis 研究的基础上，结合钻井过程中水力压裂提出了该模型：

$$\sigma_H = K_i(\sigma_v - P_p) + P_p \tag{4-53}$$

式中，K_i为骨架应力系数；P_p为地层孔隙压力。

此模型虽然考虑了地层孔隙压力的影响，但认为 K_i是不随深度变化的常数，故不适合于实际情况。此外，K_i需要用邻井的压裂资料确定，所以此模式未被推广使用。

3）Terzaghi 模型

$$\sigma_H - P_p = \sigma_h - P_p = \frac{\nu}{1-\nu}(\sigma_v - P_p) \tag{4-54}$$

Terzaghi 根据井壁处岩石应力分布，以及多孔弹性理论，假定地层是线弹性的各向同性的孔隙介质，则在水平方向的应变为 0，即 $\varepsilon_x = \varepsilon_y = 0$，以及有效地应力定义得到 Terzaghi 模型。此模型与 Matthews & Kelly 模型的不同之处是垂向应力梯度随深度而变化，式（4-53）中的 K_i 为 $\nu/(1-\nu)$。

4）Anderson 模型

1973 年，Anderson 等通过 Biot 多孔介质弹性变形理论导出：

$$\sigma_{\mathrm{H}} = \frac{\nu}{1-\nu}(\sigma_{\mathrm{v}} - \alpha P_{\mathrm{p}}) + \alpha P_{\mathrm{p}} \tag{4-55}$$

式中，α 为 Biot 弹性系数。

5）Newberry 模型

1985 年，Newberry 针对低渗透性且有微裂缝的地层，修正了 Anderson 模型：

$$\sigma_{\mathrm{H}} = \sigma_{\mathrm{h}} = \frac{\nu}{1-\nu}(\sigma_{\mathrm{v}} - \alpha P_{\mathrm{p}}) + P_{\mathrm{p}} \tag{4-56}$$

单轴应变模式意味着两个水平方向的地应力值大小相等，均小于垂直方向的地应力大小，这与大部分的地应力实测结果不符。这主要是没有考虑水平方向构造应力的影响。

3. 各向异性地层模式

上述单轴应变模式主要特点是假设地层中最大水平主应力和最小水平主应力相等，且不考虑存在构造应力。这类模式通常只适用于弱构造运动地层，如盆地腹部地层的地应力估计除此之外，还有一类计算模型，它认为地层是各向异性的，地层在各个方向上有构造应力，而且是不相等的，这类代表模型主要包括以下几种。

1）黄氏模型

黄荣樽（1984）进行地层破裂压力预测新方法的研究中，提出了一个新的地应力计算模式，即

$$\begin{cases} \sigma_{\mathrm{h}} = \left(\dfrac{\nu}{1-\nu} + \beta_1\right) \times (\sigma_{\mathrm{v}} - \alpha P_{\mathrm{p}}) + \alpha P_{\mathrm{p}} \\ \sigma_{\mathrm{H}} = \left(\dfrac{\nu}{1-\nu} + \beta_2\right) \times (\sigma_{\mathrm{v}} - \alpha P_{\mathrm{p}}) + \alpha P_{\mathrm{p}} \end{cases} \tag{4-57}$$

式中，β_1 和 β_2 为反映两个水平方向上构造应力大小的两个系数，对于给定的地区是一个定值。

该模式认为地下岩层的地应力主要是由上覆岩层压力和水平方向的构造应力产生，且水平方向的构造应力与上覆岩层的有效应力成正比。在同一断块内系数 β_1 和 β_2 为常数，即构造应力与垂向有效应力成正比。

该模式考虑了构造应力的影响，可以解释在我国更常见的三向应力不等且最大水平应力大于垂向应力的现象。但该模式没有考虑地层刚性对水平地应力的影响，对不同岩性地层中地应力的差别考虑不充分。

2）组合弹簧模型

1988 年，石油大学在分析黄氏模型存在不足的基础上，假定地层岩石为均质、各向同性的线弹性体，并假定在沉积及后期地质构造运动过程中，地层和地层之间不发生相对位

移。所有地层两个水平方向的应变均为常数。由广义胡克定律有

$$\begin{cases}\sigma_h = \dfrac{\nu}{1-\nu}(\sigma_v - \alpha P_p) + \dfrac{E\varepsilon_h}{1-\nu^2} + \dfrac{\nu E\varepsilon_H}{1-\nu^2} + \alpha P_p \\ \sigma_H = \dfrac{\nu}{1-\nu}(\sigma_v - \alpha P_p) + \dfrac{E\varepsilon_H}{1-\nu^2} + \dfrac{\nu E\varepsilon_h}{1-\nu^2} + \alpha P_p\end{cases} \tag{4-58}$$

式中，ε_H 和 ε_h 分别为岩层在最大和最小水平应力方向的应变；E 为地层岩石弹性模量。

该模式意味着地应力不但与泊松比有关，而且与地层的弹性模量成正比，其可以解释砂岩地层比相邻页岩地层具有更高的地应力现象。但其缺陷在于：各岩层水平方向应变相等的假设在构造运动剧烈地区受到一定的限制，并且使用该模式对具有非线性或大变形地层来说已没有意义。

3）葛式模型

葛洪魁等（1998b）在考虑了上覆岩层重力、地层孔隙压力、地层岩石泊松比、弹性模量、地层温度、构造应力对水平地应力的影响等情况下，针对水力压裂垂直缝和水平缝提出了不同的地应力计算新模式。

适用于水力压裂裂缝为垂直裂缝（最小地应力在水平方向）的模式：

$$\begin{cases}\sigma_h = \dfrac{\nu}{1-\nu}(\sigma_v - \alpha P_p) + K_h\dfrac{E(\sigma_v - \alpha P_p)}{1+\nu} + \dfrac{\alpha^T E\Delta T}{1-\nu} + \alpha P_p \\ \sigma_H = \dfrac{\nu}{1-\nu}(\sigma_v - \alpha P_p) + K_H\dfrac{E(\sigma_v - \alpha P_p)}{1+\nu} + \dfrac{\alpha^T E\Delta T}{1-\nu} + \alpha P_p\end{cases} \tag{4-59}$$

适用于水力压裂裂缝为水平裂缝（最小地应力在垂直方向）的模式：

$$\begin{cases}\sigma_h = \dfrac{\nu}{1-\nu}(\sigma_v - \alpha P_p) + K_h\dfrac{E(\sigma_v - \alpha P_p)}{1+\nu} + \dfrac{\alpha^T E\Delta T}{1-\nu} + \alpha P_p + \Delta\sigma_h \\ \sigma_H = \dfrac{\nu}{1-\nu}(\sigma_v - \alpha P_p) + K_H\dfrac{E(\sigma_v - \alpha P_p)}{1+\nu} + \dfrac{\alpha^T E\Delta T}{1-\nu} + \alpha P_p + \Delta\sigma_H\end{cases} \tag{4-60}$$

式中，α 和 α^T 分别为地层岩石的有效应力系数和线膨胀系数；ΔT 为地层温度的改变量；K_h 和 K_H 分别为地层最小水平地应力、最大水平地应力的构造应力系数，在同一断块内可视为常数；$\Delta\sigma_h$ 和 $\Delta\sigma_H$ 分别为考虑地层剥蚀的最小和最大水平方向地层应力附加量，在同一断块内可视为常数。

其中，可将模型中的各参数分解为：水平应力的重力分量为 $\dfrac{\nu}{1-\nu}\sigma_v$、热应力分量为 $\dfrac{\alpha^T E\Delta T}{1-\nu}$、构造应力分量为 $K_h\dfrac{E(\sigma_v - \alpha P_p)}{1+\nu}$ 和 $K_H\dfrac{E(\sigma_v - \alpha P_p)}{1+\nu}$、地层孔隙压力分量为 $\dfrac{1-2\nu}{1-\nu}\alpha P_p$、地层剥蚀所造成的附加应力为 $\Delta\sigma_h$ 和 $\Delta\sigma_H$。

该模式有如下几个特点：

（1）考虑因素比较全面。包括上覆岩层重力、地层孔隙压力、地层岩石的泊松比和杨氏模量、地层温度变化、构造应力对水平地应力的影响。

（2）适用范围广。不仅适用于三向地应力不等的地区，而且分别适用于水力压裂裂缝为垂直裂缝、水平裂缝的情况。

（3）模式中各参数物理含义明确，并有一定的理论基础。

（4）比较符合地应力分布变化规律：①在地层倾角不太大的地区，垂向应力与上覆岩层重力基本相等；

②在同一地区，岩性基本相同时，三向地应力均随深度线性增加；

③地层泊松比增大其水平应力的重力分量增大；

④由于构造运动的方向性，大部分情况下两水平方向的构造应力分量不等。在同样的构造载荷作用下，构造应力分量随杨氏模量的增大而增大，随泊松比的增大而减小。也就是说在软地层中产生的构造应力分量小，在硬地层中产生的构造应力分量大，而且在深度跨度不太大的情况下，相同岩性中的构造应力分量随深度线性增大。

4）斯伦贝谢模型

$$\begin{cases}\sigma_h = \dfrac{\nu}{1-\nu}\sigma_v - 2\eta P_p + \left(\dfrac{E}{1-\nu^2}\right)\varepsilon_{H2} + \left(\dfrac{E\nu}{1-\nu^2}\right)\varepsilon_{H1} \\ \sigma_H = \dfrac{\nu}{1-\nu}\sigma_v - 2\eta P_p + \left(\dfrac{E}{1-\nu^2}\right)\varepsilon_{H1} + \left(\dfrac{E\nu}{1-\nu^2}\right)\varepsilon_{H2}\end{cases} \tag{4-61}$$

式中，$\eta = \dfrac{\alpha(1-\nu)}{2(1-\nu)}$

$$\varepsilon_{H2} = \frac{\sigma_H - (A_1\sigma_v + 2\eta P_p + A_2A_3)}{A_2A_6} \tag{4-62}$$

$$\varepsilon_{H1} = \frac{\sigma_H - \sigma_h}{A_5} + \varepsilon_{H2} \tag{4-63}$$

其中，$A_1 = \dfrac{\nu}{1-\nu}$，$A_2 = \dfrac{E}{1-\nu^2}$，$A_3 = \dfrac{\sigma_H - \sigma_h}{A_5}$，$A_4 = \dfrac{E\nu}{1-\nu^2}$，$A_5 = A_2 - A_4$，$A_6 = \eta$。

5）多孔弹性水平应变模型

该模型为水平应力估算最常用的模型，它以三维弹性理论为基础（马建海、孙建孟，2002）。

$$\begin{cases}\sigma_h = \dfrac{\nu}{1-\nu}\sigma_v - \dfrac{\nu}{1-\nu}\alpha_{vert}P_p + \alpha_{hor}P_p + \dfrac{E}{1-\nu^2}\xi_h + \dfrac{\nu E}{1-\nu^2}\xi_H \\ \sigma_H = \dfrac{\nu}{1-\nu}\sigma_v - \dfrac{\nu}{1-\nu}\alpha_{vert}P_p + \alpha_{hor}P_p + \dfrac{E}{1-\nu^2}\xi_H + \dfrac{\nu E}{1-\nu^2}\xi_h\end{cases} \tag{4-64}$$

式中，σ_h为最小水平主应力，MPa；σ_H为最大水平主应力，MPa；σ_v为总垂直应力，MPa；α_{vert}为垂直方向的有效应力系数（Biot 系数）；α_{hor}为水平方向的有效应力系数（Biot 系数）；ν 为泊松比；P_p 为孔隙压力，MPa；E 为杨氏模量，MPa；

ξ_h为最小水平主应力方向的应变；ξ_H为最大水平主应力方向的应变。

6）双轴应变模型

双轴应变模型是多孔弹性水平应变模型的一个特例，该特例以构造因子作输入参数，取代最大水平主应力方向的应变（ξ_H）（马建海、孙建孟，2002）。

$$\begin{cases}\sigma_h = \dfrac{\nu}{1-\nu K_h}\left[\dfrac{\nu}{1-\nu}(\sigma_v - \alpha_{vert}P_p + \alpha_{hor}P_p)\right] + \dfrac{E}{1-\nu K_h}\xi_h \\ \sigma_H = K_h\sigma_h\end{cases} \tag{4-65}$$

式中，K_h为非平衡构造因子，反映的是构造应力作用下最大水平应力和最小水平应力的地区经验关系；σ_h为最小水平主应力，MPa；σ_H为最大水平主应力，MPa；σ_v为总垂直应力，MPa；α_{vert}为垂直方向的有效应力系数（Biot 系数）；α_{hor}为水平方向的有效应力系数（Biot 系数）；ν为泊松比；P_p为孔隙压力，MPa；E为杨氏模量，MPa；ξ_h为最小水平主应力方向的应变。

7）ADS 法

利用声波时差及密度测井资料计算出地层泊松比、杨氏模量、剪切模量、体积模量值等力学参数后，可以利用测井资料间接求得现今地应力值（即 ADS 法），（周文，1998；谢润成等，2008a，2008b，2008c），计算公式如下：

$$\begin{cases}\sigma_x = \mu_g \dfrac{\nu}{1-\nu}\sigma_v + \mu_g \dfrac{1-(1+\mu_g)\nu}{1-\nu}\left(1-\dfrac{C_{ma}}{C_b}\right)P_p \\ \sigma_y = \dfrac{\nu}{1-\nu}\sigma_v + \dfrac{1-2\nu}{1-\nu}\left(1-\dfrac{C_{ma}}{C_b}\right)P_p\end{cases} \tag{4-66}$$

式中，σ_x、σ_y分别为x、y方向水平应力，MPa；σ_v为垂向应力，MPa；μ_g为地层水平骨架应力的非平衡因子，无量纲；ν为泊松比；P_p为孔隙压力，MPa；C_{ma}、C_b分别为岩石骨架压缩、岩石体积压缩系数。

其中μ_g可以利用双井径资料获取，即用井眼的应力变形来反映构造应力的变化，计算公式如下：

$$\mu_g = 1 + k\left[1-\left(\frac{d_{min}}{d_{max}}\right)^2\right]\frac{E_b}{E_{ma}} \tag{4-67}$$

式中，d_{min}、d_{max}分别为测点井眼直径的最小值、最大值，cm；E_b、E_{ma}分别为岩石、岩石骨架的杨氏模量，MPa；k为刻度系数。

当然μ_g也可以利用实测应力值进行反推。

测井资料求取地应力方法方便易于推广，但这种间接的计算方法与实际的地应力值有一定的偏差，需要利用其他方法对其结果进行校正（井壁崩落法、差应变法、压裂法等）。本书采用 ADS 模型进行测井地应力计算，模型中涉及的岩石孔弹系数及地层孔隙压力采用前述方法计算，而垂直应力计算一般利用密度曲线积分，具体如下。

垂直主应力是通过对体积密度测井曲线的积分求取的，如果没有密度测井，则从声波提取伪密度曲线，通过对伪密度曲线的积分求取上覆地层压力大小。在实际工作中，由于一些井段没有测井曲线，如表层和海水环境。对于表层或浅部地层的密度曲线，可以用幂函数关系来拟合。其基本原理如下。

对经过预处理好的密度散点数据进行等间距插值，然后采用下面的公式计算上覆岩层压力梯度散点数据：

$$G_{oi} = \left(\rho_w h_w + \rho_o h_o + \sum_{i=1}^{n}\rho_{bi}\Delta h\right)\Big/\left(h_w + h_o + \sum_{i=1}^{n}\Delta h\right) \tag{4-68}$$

式中，G_{oi}为一定深度上的上覆岩层压力梯度，g/cm^3；ρ_w为海水密度，g/cm^3；h_w为海水深度，m；ρ_o为上部无密度测井地层段平均密度，g/cm^3；h_o为上部无密度测井地层段平均深度，m；ρ_{bi}为测井曲线对应深度点的密度散点数据，g/cm^3；Δh为深度间隔，m。

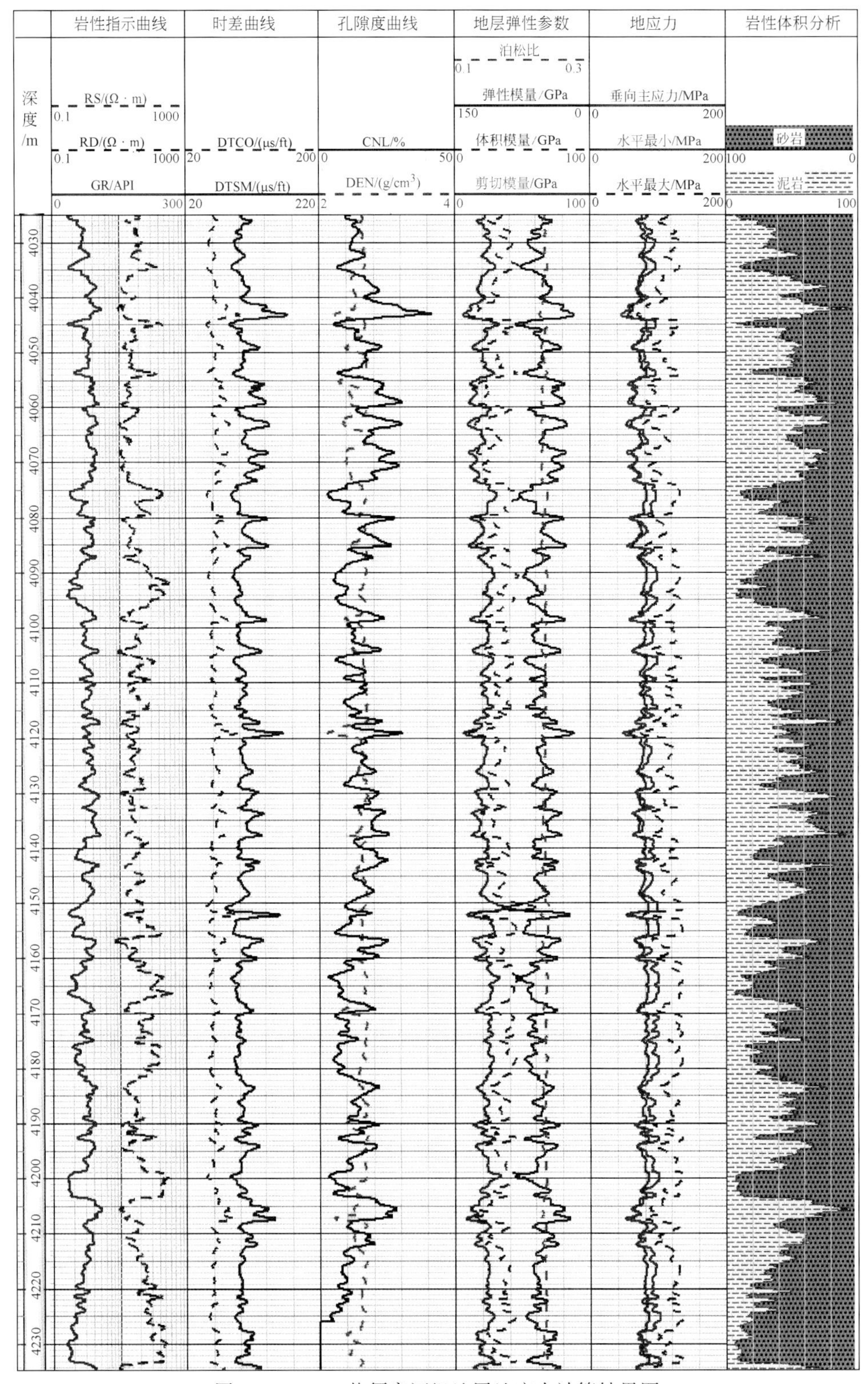

图 4-29　L150 井须家河组地层地应力计算结果图

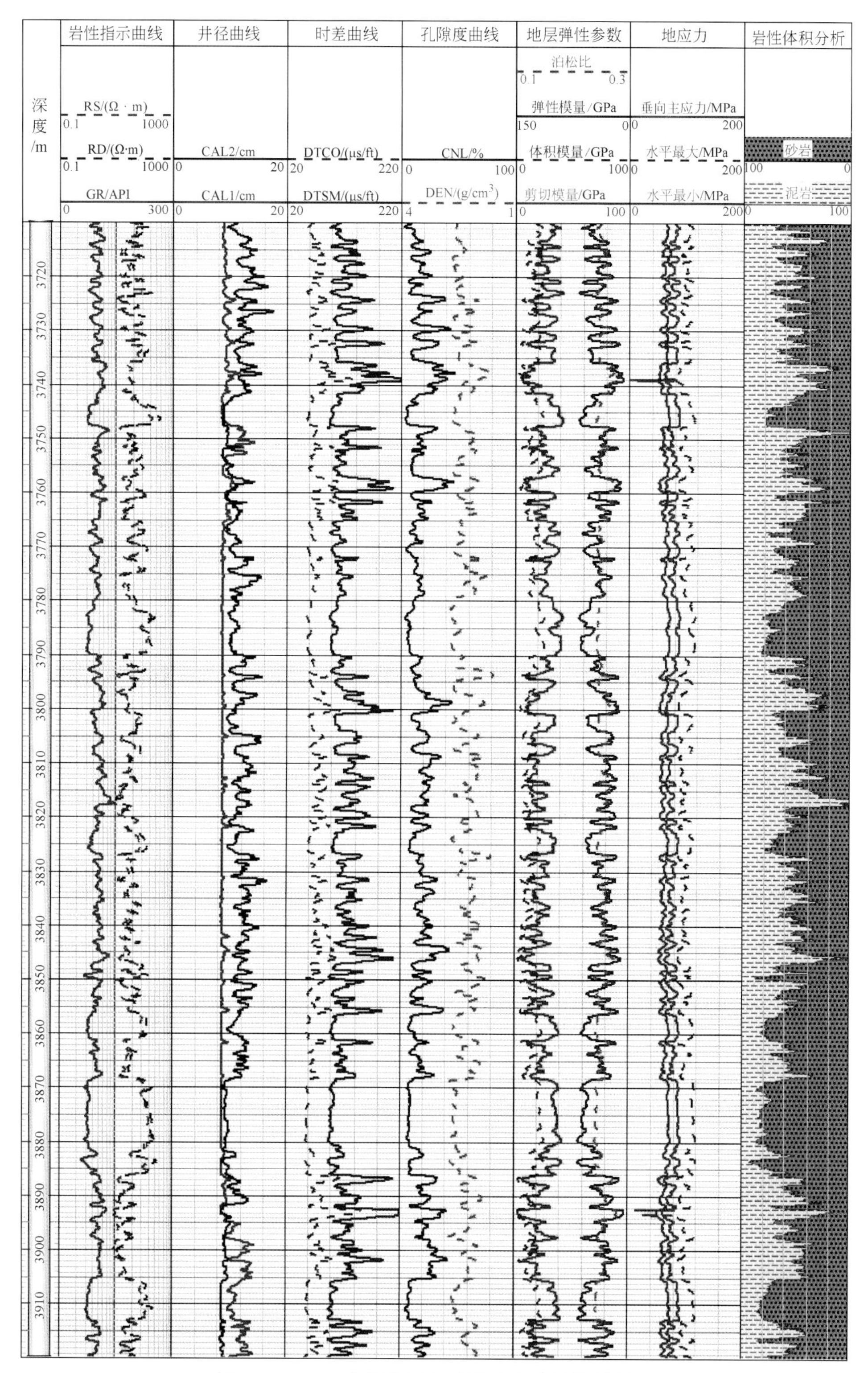

图4-30 DY2井须家河组地层地应力计算结果图

由测井密度散点数据得出上覆岩层压力梯度数据后，可由式（4-68）将已有数据回归为深度的函数进行外推，得到浅部或深部无密度测井数据的地层段上覆岩层压力梯度，进而再由下式得到整个地层连续的单井垂直主应力剖面。

$$G_{oi} = A + BH - Ce^{-DH} \tag{4-69}$$

式中，A、B、C、D 为模型回归系数。

$$\begin{cases} S_v = 10^{-3} \cdot G_{oi} \cdot g \cdot H \\ \sigma_v = S_v - P_b(h) \end{cases} \tag{4-70}$$

式中，S_v 为上覆岩层压力，MPa；σ_v 为垂直主应力，MPa；$P_b(h)$ 为埋深 h 时对应的地层孔隙压力，MPa。

另外，为了能更真实地反映地应力场分布情况，本书采用前述差应变法和压裂法对测井计算出的地应力结果加以校正，其最终地应力计算结果如图 4-29、图 4-30 所示。

4.5 地应力方向分析

4.5.1 岩心实验测试

1. 波速各向异性法

岩石波速各向异性确定地应力方向的基本原理为：地层中的岩石处在三向应力作用状态下，当钻井取心时岩心脱离原来的应力状态，自身将产生应力释放。在应力释放过程中岩石会形成许多十分微小的裂隙，微裂隙发育程度与地应力大小及方向具有内在成因关系（图 4-17），即应力释放所形成的裂隙被空气所充填，而岩石与空气波阻值相差很大，于是岩心中优势微小裂隙的存在使得声波在岩心的不同方向上传播的速度不同，且存在明显的各向异性，据此可得到不同方向声波传播速度。由于岩石在最大主应力方向上声波传播速度最慢，反之，在所受应力最小的方向上，声波传播速度最快，而应力释放使岩石中微裂缝产生沿垂直最大主应力方向优势分布，所以此原理可以得到主应力方向，速度最慢方向就是最大主应力方向（图 4-31、图 4-32）。

2. 黏滞剩磁法

黏滞剩磁法具体原理见周文（2006）。由于岩心为非定向取心，因此需要采用波速各向异性与黏滞剩磁相结合确定主地应力方向。首先利用波速各向异性确定岩心中的水平最大主应力方向，其次利用岩石可记录其形成时的黏滞剩磁特征，确定出标志线相对地理北极的磁偏角（图 4-33 ~ 图 4-35），找出岩石中最大主应力方向与黏滞剩磁方向的关系，从而得到水平最大主应力方向（表 4-5）。

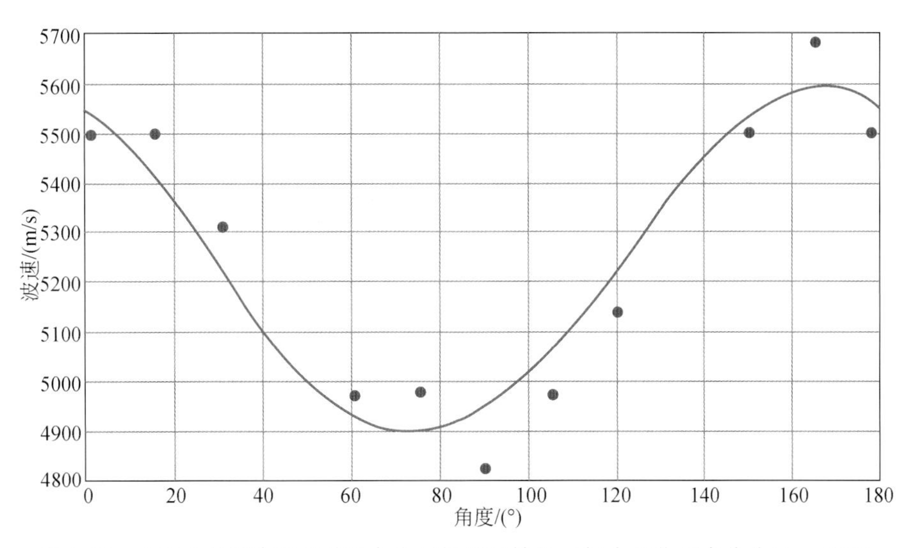

图 4-31　CX560 井须家河组波速各向异性测试结果（据中石化西南分公司，2004）

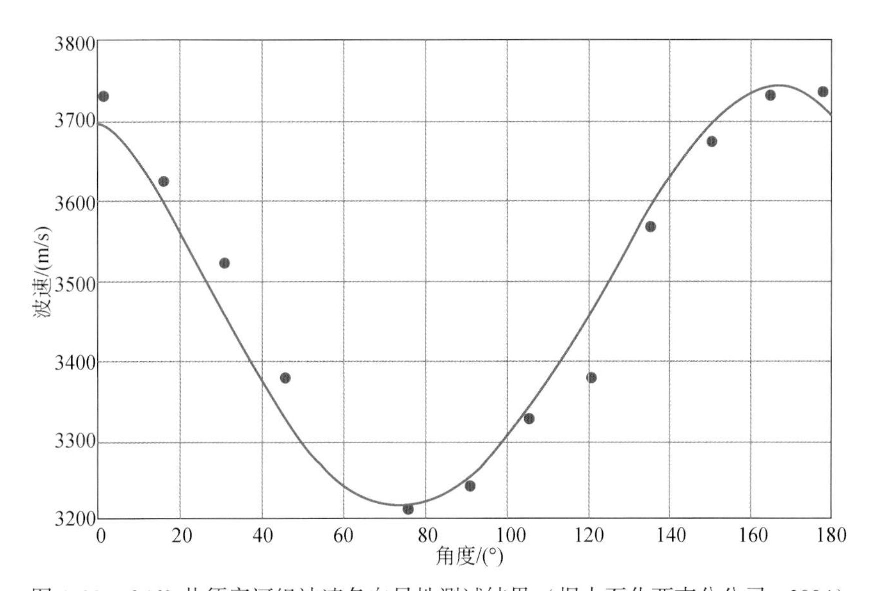

图 4-32　C563 井须家河组波速各向异性测试结果（据中石化西南分公司，2004）

表 4-5　研究区须家河组黏滞剩磁主应力测量结果

井号	岩心编号	层位	标志线方位 /（°）	磁倾角 /（°）	最大主应力方向（NE）/（°）	最小主应力方向（NE）/（°）
C127	1-54/57	须四段	102.3	58.0	102	12
C560	5-35/67	须二段	99.5	55.3	100	10
C563	5-25/55	须五段	91.7	51.0	92	2
平均					98	8

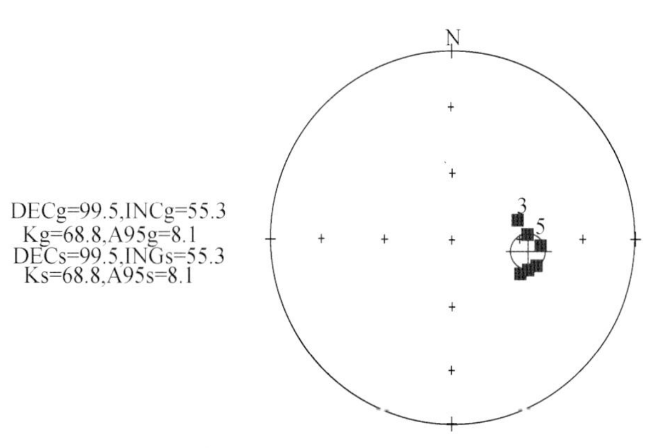

图 4-33　C560 井黏滞剩磁统计结果（Fisher 统计）（据中石化西南分公司，2004）

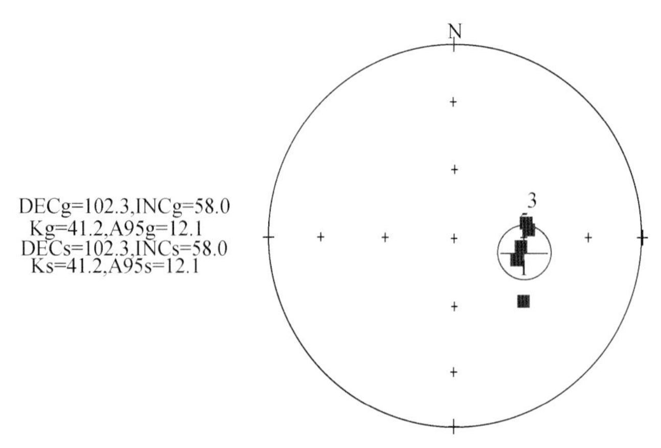

图 4-34　C127 井黏滞剩磁统计结果（Fisher 统计）（据中石化西南分公司，2004）

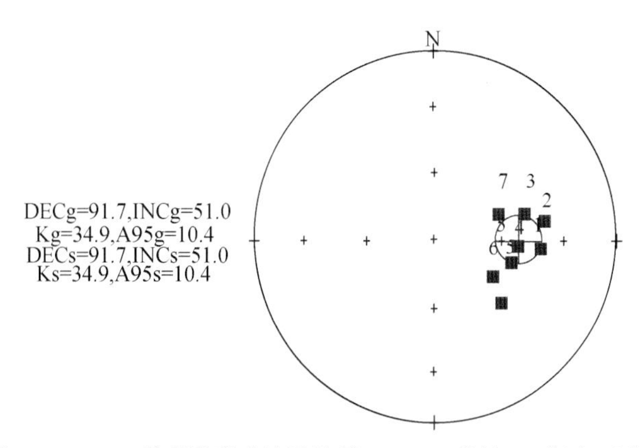

图 4-35　C563 井黏滞剩磁统计结果（Fisher 统计）（据中石化西南分公司，2004）

黏滞剩磁测量结果表明：研究区须家河组水平最大主应力方向在 NE92°～102°，平均水平最大主应力方向为 NE98°，平均水平最小主应力方向为 NE8°。

3. 差应变法

差应变法测量的原理是基于取自深钻孔中的均质无天然裂缝的岩心，在三向主应力的作用下，岩心取出后不同方向的卸载程度也不同。原地应力的现今释放产生了与卸载程度成比例的微裂缝性应变，重新用等围压加载时，不同方向的恢复应变也有所区别，具有最大应变值的方向是岩心原来受到最大主应力作用的方向。

测试岩心加工成至少有三个彼此正交的平面，每个平面上至少要贴三片应变片，其中两片与棱平行，第三个应变片位于前两个应变片的角平行分线上，与前两个应变片的夹角均为 π/4。把岩心密封后，放入围压室中，加压时同时记录标准岩样和测试岩心的应变。由于标准岩样应力应变关系已知，可以给出一条理论应力-应变曲线。在每个围压值下的应变测试都可以给出 9 个应变值，由这 9 个应变值可以计算出描述该时刻的应变状态所必需的、可以不等的 6 个应变分量，即

$$
\begin{cases}
\varepsilon_{xx} = \varepsilon_1 \\
\varepsilon_{yy} = \varepsilon_3 \\
\varepsilon_{zz} = \varepsilon_6 \\
\varepsilon_{xy} = \varepsilon_2 - (\varepsilon_1 + \varepsilon_2)/2 \\
\varepsilon_{xz} = \varepsilon_8 - (\varepsilon_7 + \varepsilon_9)/2 \\
\varepsilon_{yz} = \varepsilon_5 - (\varepsilon_4 + \varepsilon_6)/2
\end{cases}
\tag{4-71}
$$

根据这 6 个应变分量，可以计算出这一点该时刻的应变值和主应变方向。根据地磁定向的结果及标志线，即可确定最大主应力的地理方位（表 4-6）。

表 4-6　差应变地应力方向的测定结果（据中石化西南分公司，2004）

编号	井号	岩心编号	最大水平主应力方向/（°）	最小水平主应力方向/（°）
1	CH139	3-42/60	85	135
2		3-5/60	82	139
3		4-52/80	88	126
4		4-69/80	17	109
5		4-68/80	22	106
6		4-74/80	34	94
7	CH127	2-69/96	28	120
8		4-4/58	65	140
9		7-2/109	58	135
10		7-26/109	44	108
11		7-33/109	80	123
12		7-85/109	45	143

4.5.2 特殊测井

利用测井资料分析地应力方向主要有井壁崩落分析、诱导缝分析及 DSI 快横波方位分析等方法。对于井壁崩落分析，主要是在声电成像（CAST & EMI、FMI）及地层倾角测井资料上，通过分段统计椭圆井眼垮塌崩落方向来确定最小水平主应力的方向，与之垂直的则为最大水平主应力方向。根据井眼崩落形成的椭圆井眼特征，椭圆井眼的长轴方向为井眼崩落方向且为最小主应力方向，与之相垂直的方向为最大主应力方向（图 4-36、图 4-37）。

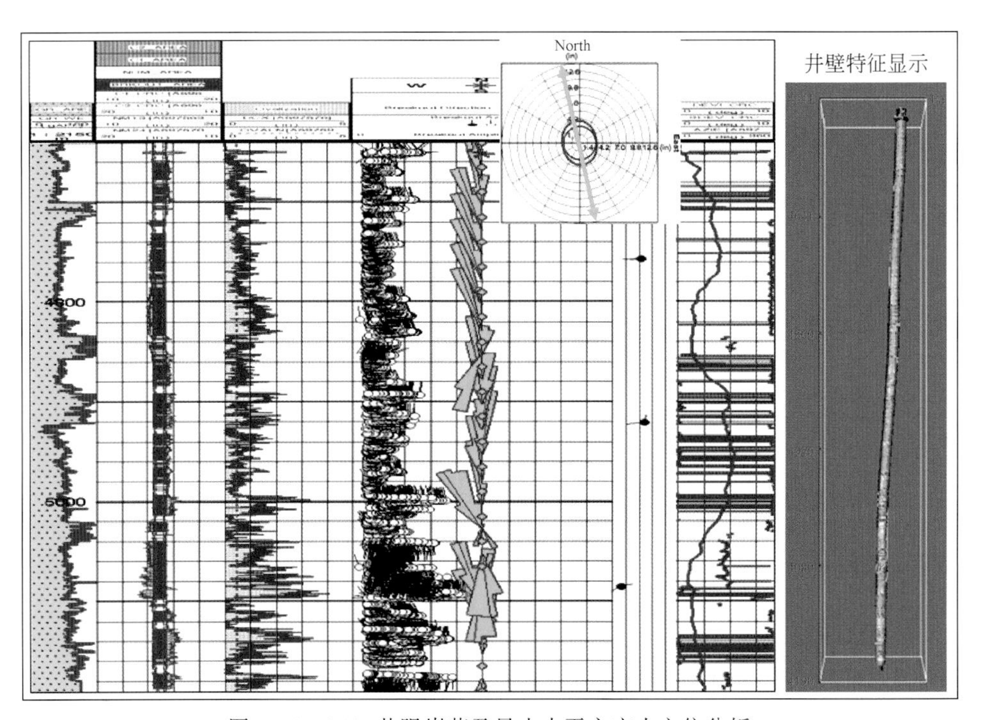

图 4-36　C561 井眼崩落及最小水平主应力方位分析

压裂诱导缝及应力释放缝分析，主要是钻井过程中当泥浆比重过大导致地层发生破裂时可产生垂直的压裂缝，压裂缝的方向代表了现今最大水平主应力的方向；在地层被钻开时因就地应力释放可能产生应力释放缝，它是钻井过程中产生的诱导缝，该应力释放缝的走向代表了现今最大水平主应力的方向（图 4-38）。

此外，在偶极横波测井（DSI）中，不仅能获得纵波及横波的时差用于岩石力学特性分析，而且还可以通过偶极横波测井资料确定地层中现今地应力的方向。各向异性是指地层物理性质在不同的方位上存在差异。地层的层界面、裂缝、椭圆井眼、地应力等因素都可能产生各向异性，当地层出现各向异性时将导致横波发生分离而形成快慢横波，其中快横波的方位指示单组系高角度裂缝的走向或最大水平主应力的方向。排除非地应力因素影响后，则可直接由快横波的方位确定地层中现今最大水平主应力的方向（图 4-39）。

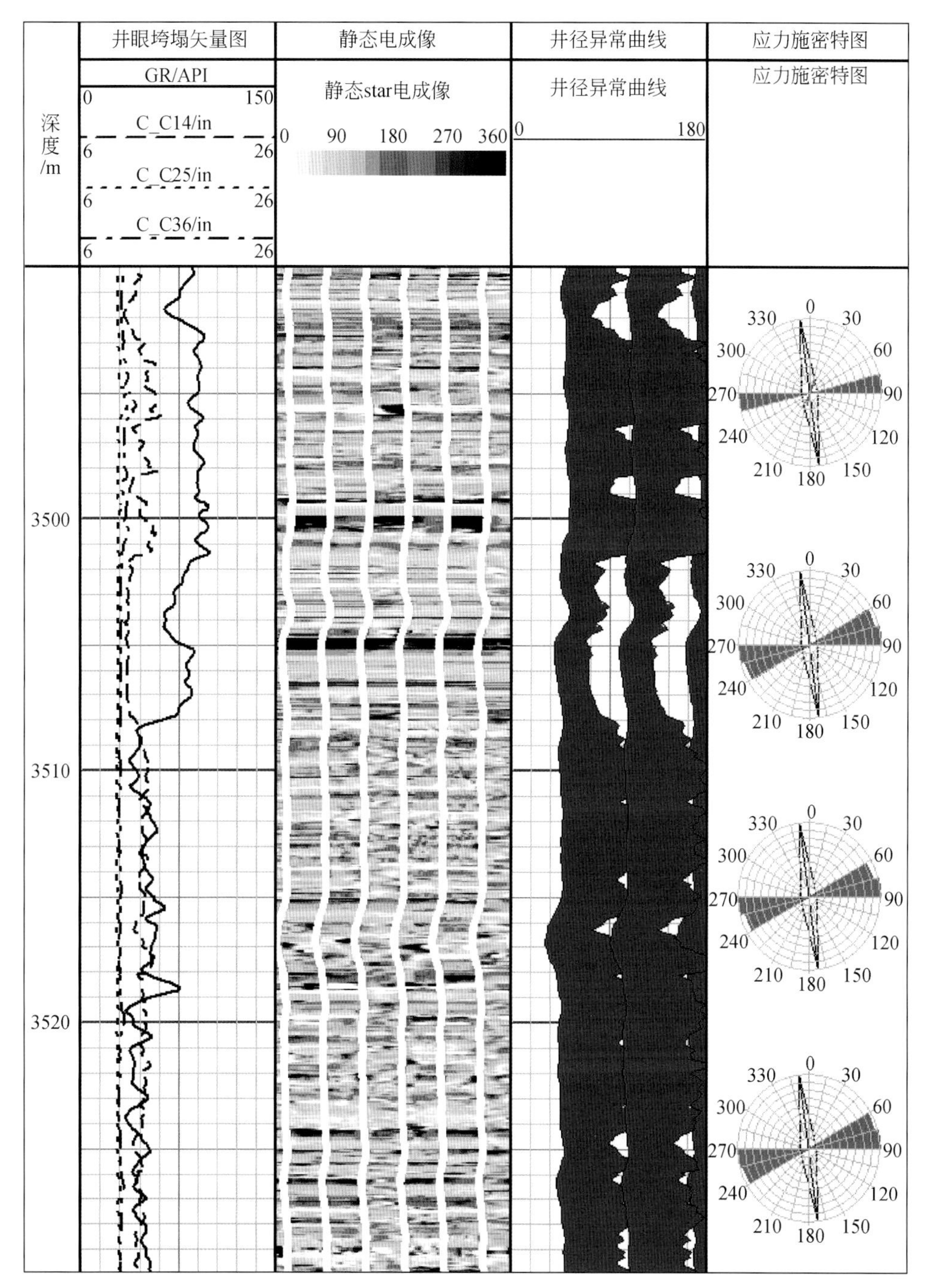

图4-37　X5井须家河组地层井壁崩落地应力方向处理成果

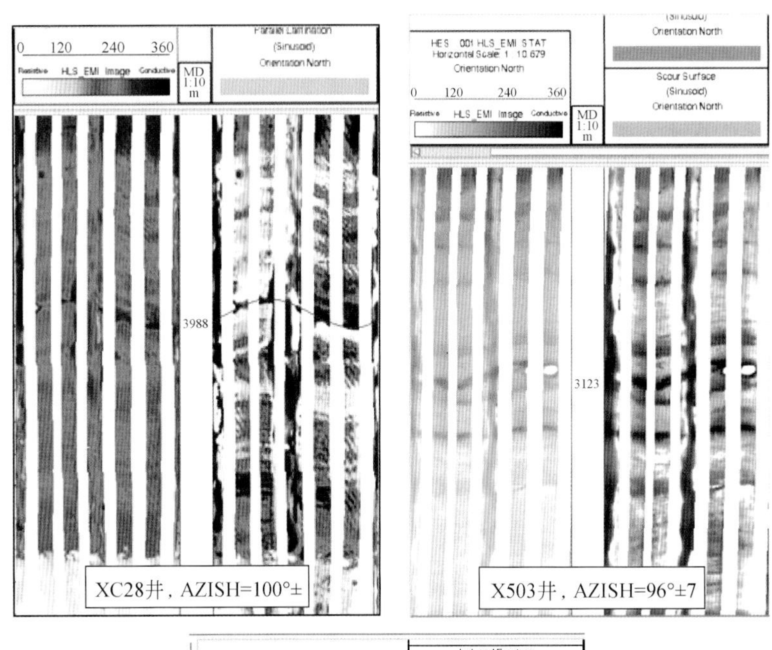

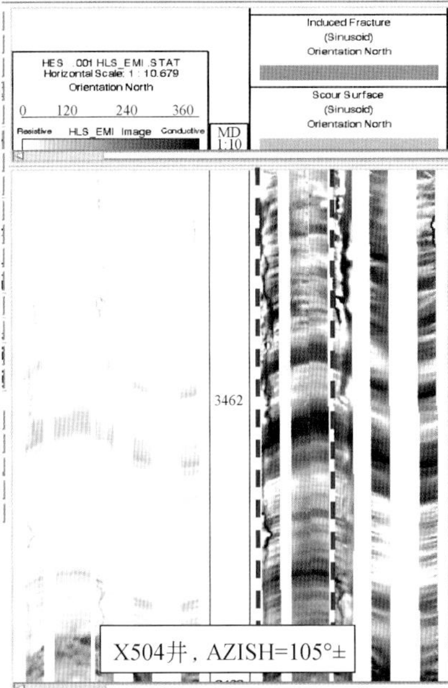

图4-38　须家河组井壁应力扩径图

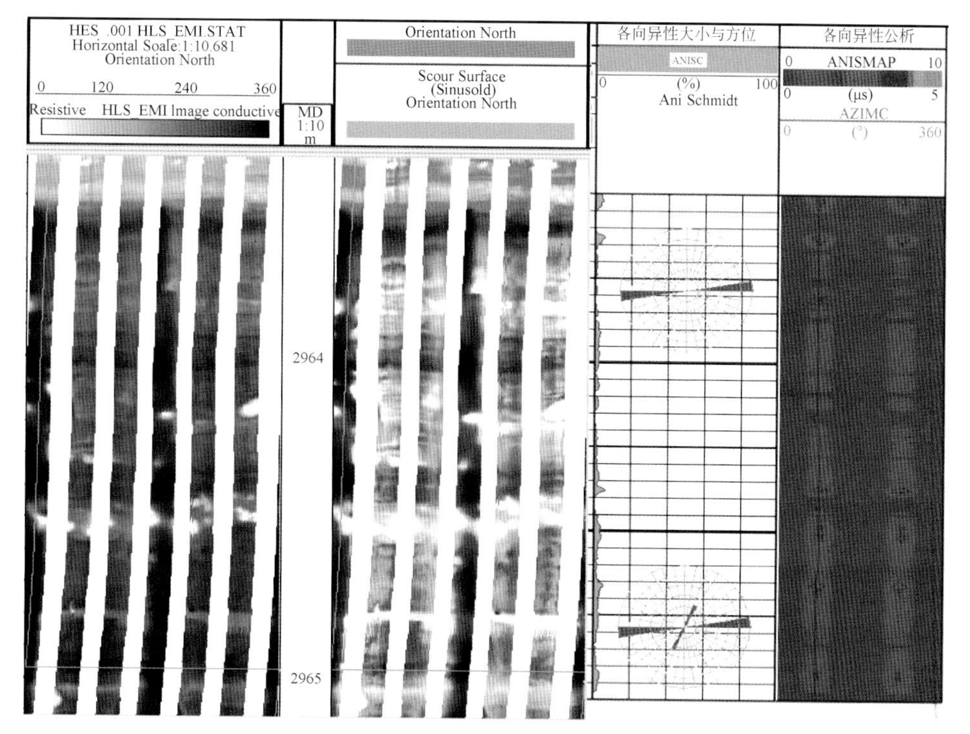

图4-39　新页HF-1井各向异性解释图

第5章　直井井眼失稳研究

在钻井过程中，表现最突出的问题是井壁稳定性问题。井壁稳定性是指钻井过程中井壁的张性破坏（井漏）和剪切破坏（井塌）问题。在钻井过程中，当钻井液密度低于地层的坍塌压力时，有可能导致缩径或井壁坍塌掉块；当钻井液密度高于地层的破裂压力时，井壁则容易出现漏失。井壁不稳定是钻井工程中经常遇到的井下复杂情况之一，包括井眼缩径、坍塌、卡钻，特别是在新地区的勘探井、深井与超深井中，常常由于没有掌握井下地层的组成与特性，钻井、钻井液技术与地层不匹配，造成井眼失稳，从而导致卡钻、划眼、泥包钻头等各种井下复杂事故，甚至使油气井报废。而且，井壁稳定性问题也会给完井后的固井及油气开采等带来一系列的困难，尤其是井漏、井喷对储层的伤害极大。因此，井壁稳定性研究是保证安全钻井及后续施工措施顺利进行的基础。

井壁失稳是地层原地应力状态、井筒液柱压力、地层岩石力学特性、钻井液性能以及工程施工等多因素综合作用的结果。通常，井壁稳定性的研究需要从力学和化学两个方面来综合分析。

（1）力学方面，由于强烈的地质构造运动形成的高地应力，在钻开地层形成井眼后，产生径向应力失衡引起井壁的不稳定。

（2）化学方面，即分析钻井液化学因素对井壁稳定的影响。一方面需要分析钻井液与地层的水化作用，钻井滤液和矿物与地层中的黏土矿物进行离子交换并径向扩散，使井筒周围的泥页岩产生应力不平衡，导致缩径或者井塌。如以伊/蒙混层为主的地层在蒙脱石吸水体积膨胀而伊利石体积不变的情况下导致严重的坍塌掉块。另一方面，泥页岩的层理及裂隙发育也是化学性井塌的主要原因。以伊利石为主的硬脆性泥页岩地层在地质构造运动下裂隙发育，分散性强。钻井时，钻井滤液在毛管力作用下会进入微裂隙内部，促使泥页岩分散，导致井塌。层理与裂缝越发育，与钻井液滤液接触面越大，则水化程度越强，由于水化后岩石不同部位的应力强度不同，造成井眼围岩应力失稳而垮塌。

从发生机理来说，井壁失稳可归结为两方面的原因，一方面是地层钻开后井内钻井液柱的压力取代了所钻岩层对井壁的支撑、破坏了地层原有的应力平衡，引起井周应力重新分布，从而导致井壁失稳；另一方面钻井液进入地层导致地层孔隙压力变化，并引起地层水化，强度降低，进而加剧井壁失稳。因此，井壁失稳既是力学问题，又是化学问题，但归根结底还是力学问题，即井周应力状态与地层岩石强度的平衡问题（黄荣樽等，1995；邓金根、张洪生，1998；刘向君、罗平亚，1999a；陈勉、金衍，2005）。本章主要对引起研究区井壁失稳的力学因素进行分析，从非完整（破裂）井壁识别及应力分布模拟、泥页岩水化膨胀试验等方面分析评价单井井壁稳定性。

5.1　地层破裂、坍塌压力预测

5.1.1　地层破裂压力预测

地层破裂压力是合理确定井身结构、安全钻井和确定压裂施工压力等的重要依据。这一参数的获取目前有两种途径，一是室内岩石力学实验或油气井现场水力压裂施工，二是从测井资料中提取地层破裂压力。目前，用测井资料估算砂泥岩剖面地层破裂压力的方法与技术较为成熟。而碳酸盐岩地层由于原生孔隙很小，次生孔隙（如裂缝、缝洞、孔洞）的发育使岩石的刚性大大减弱，并且其非均质性强，造成用测井资料计算碳酸盐岩破裂压力难度较大。

目前国内外定量计算地层破裂压力公式主要包括以下几个方面。

Hubbert-Willis（1957）：

$$P_f = P_p + (0.33 \sim 0.5)(S_v - P_p) \tag{5-1}$$

Matthews-Kelly（1967）：

$$P_f = P_p + K_i(S_v - P_p) \tag{5-2}$$

Eaton（1975）：

$$P_f = P_p + \left(\frac{\nu}{1-\nu}\right)(S_v - P_p) \tag{5-3}$$

Anderson（1973）：

$$P_f = 2a(S_v - aP_p)/(1-\nu) - aP_p \tag{5-4}$$

Stephn（1992）：

$$P_f = P_p + \left(\frac{\nu}{1-\nu} + \alpha_g\right)(S_v - P_v) \tag{5-5}$$

Terzaghi（1923）：

$$P_f = [2\nu P_p + \alpha(1-3\nu)S_v]/(1-\nu) \tag{5-6}$$

Haimson-Fairhurst（1970）：

$$P_f = (3\sigma_h - \sigma_H + \sigma_t - 2\eta P_p)/2(1-\eta) \tag{5-7}$$

黄荣樽（1984）：

$$P_f = P_p + \sigma_t + \left(\frac{2\nu}{1-\nu} - \alpha_g\right)(S_v - P_p) \tag{5-8}$$

魏氏公式（魏周亮，2005）：

$$P_f = \beta \cdot P_p + \frac{\nu}{1-\nu}(S_v - \alpha P_p) + \alpha_g \tag{5-9}$$

谭廷栋（1990）：

$$\begin{aligned} P_{fx} &= \frac{\nu}{1-\nu}S_v + \mu_b\left(\frac{1-2\nu}{1-\nu}\right)\alpha P_p \\ P_{fy} &= \frac{\nu}{1-\nu}S_v + \frac{1-2\nu}{1-\nu}\alpha P_p \end{aligned} \tag{5-10}$$

式中，P_f、P_{fx}、P_{fy} 分别为破裂压力、破裂压力上限、破裂压力下限，MPa；S_v 为上覆地层重力，MPa；α_g 为构造应力系数；η 为岩石渗透性系数；α 为 Biot 系数；β 为修正系数；K_i—随深度而变化的基岩应力系数。其他符号意义同前。

除上述公式外，许多学者针对不同的情况，提出了许多计算方法（冯启宁，1983；姜子昂等，1994）。不同的方法都有一定的适用范围，主要适用于砂泥岩地层，个别也可以适用于碳酸盐地层，但都有不完善的地方。

由于碳酸盐岩油气田通常埋藏较深，地质构造复杂、裂缝发育，不同类型储层的地层抗拉强度不同，既要考虑地应力以及地层孔隙压力对骨架应力的影响，又要考虑岩石的抗张强度对破裂压力的贡献。碳酸盐岩地层因隐性裂隙和裂缝的存在，可以近似认为在裂缝发育段其抗拉强度全为零，而在其他层段不为零，并考虑到不同储层类型其破裂压力不同以及钻井中需要防止井漏和压裂施工时对破裂压力值的要求不同。郑有成（2004）从三向地应力模型出发，在对谭氏破裂压力预测公式进行修正完善的基础上，经过一系列的推导之后建立了适合于碳酸盐岩地层特点的破裂压力预测模型：

$$P_f = \alpha P_p + \mu_g \frac{\nu}{1+\nu}(S_v - \alpha P_p) + C_1 \cdot C_2 \cdot S_t \tag{5-11}$$

式（5-11）第一项反映了地层孔隙压力对破裂压力的影响，第二项反映了由上覆地层压力和地层孔隙压力综合作用的垂直骨架应力对破裂压力的贡献，第三项反映了岩石抗张强度对破裂压力的影响，且各项前边的系数项反映了各自对破裂压力所起作用的大小。式中 $C_1=1$ 表示非裂缝性地层或孔隙性储层，否则 $C_1=0$；$C_2=1$ 表示压裂施工时计算的地层破裂压力；$C_2=0$ 表示用于钻井中为防止泥浆比重过大压漏地层而忽略地层抗张强度时计算的地层破裂压力（或漏失压力）。

周文（2006）认为井筒液压要使地层达到破裂（产生新的裂缝），其液压必须等于井眼附近最小周向应力和岩石抗张强度之和。在考虑压井液具有滤失性和岩石基质具有一定渗透性的基础上，利用井壁最小主应力公式，经推导得到如下井眼垂直破裂时破裂压力预测公式：

$$P_f = \left[3\sigma_h - \sigma_H + \sigma_t + \eta P_p\left(1 - \alpha\frac{1-2\nu}{1-\nu}\right)\right] / \alpha\eta\frac{1-2\nu}{1-\nu} \tag{5-12}$$

式中，岩石渗透系数为 $\eta = 1 - k_b/k_{ma}$；k_b 为无裂缝井壁岩石渗透率（在 $1\times10^{-3}\mu m^2$ 以下）；k_{ma} 为岩石骨架渗透率，一般取 1。如果压井液为非渗透液时，$\eta=1$。

图 5-1 是利用式（5-15）计算的川西地区部分井层的破裂压力与实际压裂施工得到的破裂压力进行对比的结果，该公式计算结果与实际地层破裂压力值非常接近，测井计算误差一般小于 4MPa。

由此，根据地层破裂压力公式可得到钻井时地层发生张破裂时所对应的当量（等效）泥浆比重 FP_{GM} 值：

$$FP_{GM} = FP/(0.0098 \times H) \tag{5-13}$$

式中，FP_{GM} 为地层发生张破裂时的等效泥浆密度，g/cm^3；H 为地层埋藏深度，m；FP 为地层破裂压力，MPa。

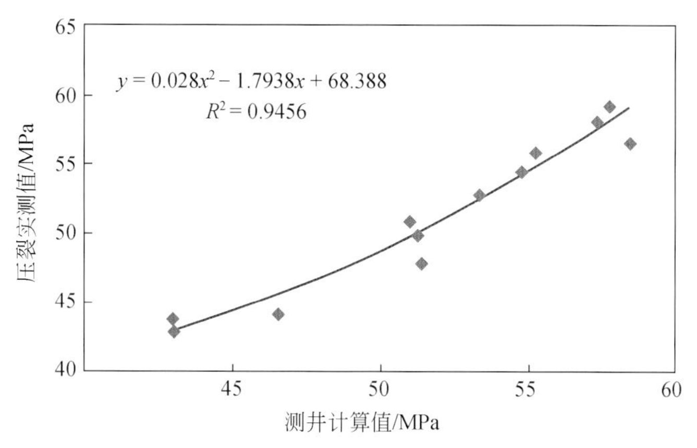

图5-1　测井计算与压裂实测破裂压力值对比关系

5.1.2　地层坍塌压力预测

当井壁失稳时，地层将产生坍塌，地层坍塌压力是指井壁产生剪切破坏时的临界井眼压力。从力学角度讲，造成井壁坍塌的原因主要是井内液柱压力太低，使得井壁周围岩石所受应力超过岩石本身的强度而产生剪切破坏造成的，此时，对脆性地层会产生掉块、井径扩大和卡钻，而对于塑性地层，则向井眼内产生塑性变形，造成缩径。因此，钻井液密度值合理与否是衡量钻井过程中井壁是否稳定的关键因素。所以，必须将地层坍塌压力作为确定合理钻井液密度值的依据之一。影响井壁不稳定的物理、化学因素及工程因素很多。国内外的研究表明：地应力是决定井壁稳定的主要因素，井壁坍塌与否与井壁围岩的应力状态、围岩的强度特性等密切相关，储层孔隙、裂缝越发育，其固有剪切强度越小，坍塌压力则越大；另外储层水平主应力差越大，其坍塌压力越大。有关岩石屈服（破坏）准则很多（吴德伦等，2002），这里只对研究中可能涉及的准则作相应介绍。

1. 张破裂准则

按照最大拉应力理论，井壁上的最小有效应力 σ_3 小于抗张强度时，即

$$\sigma_3 \leqslant -\sigma_t \tag{5-14}$$

井壁就开始破裂。

式中，σ_3 为最小有效主应力，MPa；σ_t 为岩石抗拉强度，MPa。

2. 井壁剪切破坏准则

1）纳维-库仑（Navier-Coulomb）准则

对于平面问题的剪切破坏通常采用纳维-库仑（Navier-Coulomb）准则判别，对三维空间的剪切破坏采用推广的 Misses 准则：

（1）纳维-库仑（Navier-Coulomb）准则在井壁崩落问题中的应用

假设潜在破裂面的摩擦滑动系数和内聚力分别为μ、S_o，σ_θ和σ_r是作用在潜在破裂面上的正应力和剪应力，则莫尔圆破裂包络线的斜率等于μ，截距等于S_o，在极坐标系下的纳维-库伦准则表示式如下：

$$\sigma_r = S_o - \mu\sigma_\theta \tag{5-15}$$

也就是说，将计算的井孔周围应力与式（5-15）中的应力对比，确定临界剪切破坏条件。借助莫尔圆的计算可以获得井孔周围的破裂位置和大小。当莫尔圆的半径$\{[(\sigma_\theta - \sigma_r)/2]^2 + \tau_{r\theta}\}^{1/2}$大于或等于自圆的中心到破裂线的距离时，则破坏即将发生。为了计算井周围破坏形状和大小，应用纳维-库仑破坏准则式（5-15），在给定现场地应力条件下，井壁岩石发生破坏的最大内聚力值由下式确定（Zoback M. D, et al., 1985）：

$$S_o = (1+\mu^2)^{\frac{1}{2}}\left[\left(\frac{\sigma_\theta - \sigma_r}{2}\right)^2 + \tau_{r\theta}\right]^{1/2} - \mu\left(\frac{\sigma_\theta + \sigma_r}{2}\right) \tag{5-16}$$

根据Byerlee的实验结果，大多数岩石的μ在0.6和1.0之间取值（Byerlee et al., 1978），而S_o从几兆帕到几十兆帕之间变化（Handin, 1963），所以选择变量S_o作为临界破坏条件。当把合适的井孔周围应力值和选定的μ值代入式（5-16）时，如果其右侧小于S_o，则是稳定的，如果等于或大于S_o，破坏可能发生。

（2）推广的Misses准则在井孔崩落问题中的应用

中间主应力对岩石的压缩破坏起重要作用（Mogi, 1974），可以用应力偏量不变量J_2和有效平均应力表示中间主应力σ_2对岩石破坏的影响，其表达式如下：

$$J_2^{\ 1/2} = \left\{\frac{1}{6}[(\sigma_1 - \sigma_2)^2] + [(\sigma_2 - \sigma_3)^2] + [(\sigma_3 - \sigma_1)^2]\right\}^{1/2} \tag{5-17}$$

$$S - P_p = \frac{\sigma_1 + \sigma_2 + \sigma_3}{3} - P_p \tag{5-18}$$

式中，$J_2^{1/2}$为应力偏量二阶不变量的平方根，称为均方根剪应力，也称为Misses有效剪应力；$S - P_p$为有效平均应力，MPa；P_p为孔隙压力，MPa。

Bradley（1979）进行了几种不同围压的岩石破裂强度实验研究，得到了$J_2^{1/2}$-$(S - P_p)$平面内的破裂曲线，也称为推广的Misses破裂模型。由此，Bradley定义一个有效崩落应力作为判断井眼崩落的量度：

$$(J_2^{1/2})_{ef} = (J_2^{1/2})_{rf} - (J_2^{1/2})_{bh} \tag{5-19}$$

式中，$(J_2^{1/2})_{ef}$为有效崩落应力，MPa；$(J_2^{1/2})_{rf}$为井壁上与$(S - P_p)$值对应点上的平均岩石抗剪强度，MPa；$(J_2^{1/2})_{bh}$为井壁上与$(S - P_p)$值对应点上的平均剪应力，MPa。

方程（5-14）右边大于零，井孔稳定，否则可能发生井孔崩落。当现场不能用平面应变模型处理时，可借助于式（5-19）在给定现场地应力和孔隙压力条件下预测垂直井孔是否发生崩落。

2）莫尔-库仑（Mohr-Coulomb）准则

根据莫尔-库仑的研究，岩石破坏时剪切面上的剪应力必须克服岩石的固有剪切强度C值（称为内聚力），加上作用于剪切面上的内摩擦阻力$\mu\sigma$，即

$$\tau \geqslant C + \mu\sigma \tag{5-20}$$

式中，μ为岩石的内摩擦系数，$\mu = \tan\varphi$；φ为岩石的内摩擦角，（°）；σ为法向正应力，

MPa。式（5-20）称为莫尔–库仑强度准则，可用两个以上不同围压的三轴压缩强度试验进行确定。

此外，式（5-20）亦可用 σ_1 和 σ_3 坐标图（图 5-2）上的直线来表示，因此，式（5-20）可根据主应力 σ_1 和 σ_3 改写成：

$$\sigma_1 = m\sigma_3 + \sigma_c$$

$$m = \tan\alpha = \cot\left(45° - \frac{\varphi}{2}\right)$$

σ_c 为单轴抗压强度，$\sigma_c = \dfrac{2C\cos\varphi}{1-\sin\varphi}$

$$\text{或}\ \sigma_1 = \sigma_3\cot^2\left(45° - \frac{\varphi}{2}\right) + 2C\cot\left(45° - \frac{\varphi}{2}\right) \tag{5-21}$$

当岩石孔隙中有孔隙压力 P_p 时，莫尔–库仑准则应用有效应力表示为

$$\sigma_1 - \alpha P_p = (\sigma_3 - \alpha P_p)\cot^2\left(45° - \frac{\varphi}{2}\right) + 2C\cot\left(45° - \frac{\varphi}{2}\right) \tag{5-22}$$

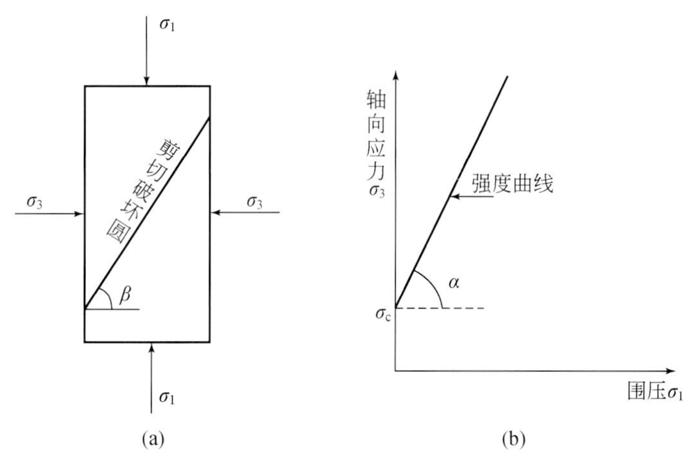

图 5-2　岩石剪切破坏和用主应力表示的强度曲线

3）德鲁克–普拉格（Drucker-Prager）准则

内聚力和内摩擦角是表征岩石是否破坏的两个重要参数。莫尔–库仑准则中没有考虑中间主应力 σ_2 的影响。如果计入 σ_2 的影响，有三维莫尔–库仑强度准则可以利用，不过公式十分复杂不便应用。两者所得结果相差不大，因此三维准则极少使用。这时可采用德鲁克–普拉格准则，其表达式如下：

$$\begin{aligned} J_2^{\frac{1}{2}} - RI_1 - K_f = 0 \\ I_1 = \sigma_1 + \sigma_2 + \sigma_3 \end{aligned} \tag{5-23}$$

当有孔隙压力时，采用 $I'_1 = (\sigma_1 + \sigma_2 + \sigma_3) - 3\alpha P_p$ 代替式（5-26）中的 I_1，则

$$J_2^{1/2} = \left\{\frac{1}{6}[(\sigma_1 - \sigma_2)^2] + [(\sigma_2 - \sigma_3)^2] + [(\sigma_3 - \sigma_1)^2]\right\}^{\frac{1}{2}} \tag{5-24}$$

对于 Drucker-Prager 准则来说，存在三种状态。

（1）内圆准则

$$K_{\mathrm{f}}=\frac{\sqrt{6}\,C\cos\varphi}{\sqrt{9+3\sin^2\varphi}}$$
$$R^2=\frac{6\sin^2\varphi}{9+3\sin^2\varphi} \tag{5-25}$$

（2）中圆准则

$$K_{\mathrm{f}}=\frac{2\sqrt{2}\,C\cos\varphi}{3+\sin^2\varphi}$$
$$R^2=\frac{8\sin^2\varphi}{3+\sin^2\varphi} \tag{5-26}$$

（3）外圆准则

$$K_{\mathrm{f}}=\frac{2\sqrt{2}\,C\cos\varphi}{3-\sin^2\varphi}$$
$$R^2=\frac{8\sin^2\varphi}{(3-\sin^2\varphi)^2} \tag{5-27}$$

在平面应变条件下，Drucker–Prager 准则中的参数 R 和 K_{f} 可由下式给出：

$$R^2=\frac{3\sin^2\varphi}{9+\sin^2\varphi}$$
$$K_{\mathrm{f}}=\frac{\sqrt{3}\,C\cos\varphi}{\sqrt{3+\sin^2\varphi}} \tag{5-28}$$

对钻开地层的井内应力状态获得后，还可以简单地应用井壁上径向应力 σ_r 与切向应力 σ_θ 满足的下述关系，判断井壁发生剪切崩落的条件：

$$\frac{\sigma_\theta-\sigma_r}{2}\geqslant\tau_{\mathrm{o}}\cdot\cos\varphi+\frac{\sigma_\theta+\sigma_r}{2}\cdot\sin\varphi \tag{5-29}$$

式中，τ_{o} 为黏滞力，MPa；φ 为内摩擦角，（°）。

对于某一地层来讲，岩石剪切破坏与否主要受岩石周向应力和径向应力控制，导致井壁失稳的关键是井壁岩石所受的周向应力 σ_θ 和径向应力 σ_r 的差值，差值越大，越易产生剪切破裂，井壁越易坍塌。故在井壁上最大切向应力方向，即最小主应力方向上产生剪切崩落。崩落的宽度与深度和岩石的内摩擦系数、黏滞力、地应力大小，以及泥浆柱与地层的压差等有关，且只在最小主应力方向形成拉长井径。

4）破裂准则优选

选择剪切破坏准则的目的是给出合理的最小安全泥浆密度。目前，Mohr-Coulomb 准则和 Druck-Prager 准则较为常用，但哪个准则更适合研究区地层值得考虑。

Mohr-Coulomb 准则只考虑了最大和最小主应力的作用，忽略了中间主应力的作用。Drucker-Prager 准则计入了中间应力的作用，并考虑了静水压力的影响，能够反映剪切引起的岩石材料的弹塑性特征，对于垂直井来说，中圆准则和内圆准则是比较一致的，随着井斜角的增加，这两个准则预测的泥浆密度较 Mohr-Coulomb 准则预测得高。外圆准则在水平井时与 Mohr-Coulomb 准则较一致，但是在直井时体现出了不正常的高稳定性。事实上，该准则将中间主应力加以考虑，从理论上更趋完善，但是从岩石力学实验和实际应用中发现，该准则的岩石强度计算值比真实三轴实验值大得多，在钻井中给出的最小泥浆密度偏低，不能维护井眼的稳定。已有研究发现，对于水平井和大斜度井，内圆准则和中圆准则所预测的最小泥浆密度与防止井壁崩落的安全泥浆密度基本相同，内圆准则所预测的值稍微要高一些，因为它假设岩石强度相对较弱，而 Mohr-Coulomb 准则预测值偏高。对于直井，这两个准则所预测的结果与 Mohr-Coulomb 准则预测结果基本一致。当井斜角增大时，这两个准则所预测的泥浆密度要比 Mohr-Coulomb 准则预测的泥浆密度要高一些（郑有成，2004）。

根据前述理论分析与比较，并考虑到所研究区须家河组地层胶结致密，岩石强度较高，本书采用 Mohr-Coulomb 准则对研究区须家河组地层井壁失稳进行判断。与其他破坏准则相比，该准则能给出安全泥浆密度范围。

3. 地层坍塌压力

假设地层是连续的、井眼周围处于平面应变状态，在完全弹性条件下，采用莫尔-库仑强度准则可导出计算地层坍塌压力（B_p）的公式：

$$B_p = P_p + \frac{[2\nu/(1-\nu)+K_t](1-\sin\varphi)}{2(P_o-P_p)\cdot\tau_s\cdot\cos\varphi} \tag{5-30}$$

式中，K_t为区域规则应力系数（可取为 1）；ν 为岩石泊松比，无量纲；P_p 为地层孔隙压力，MPa；P_o 为上覆岩层压力，MPa；τ_s 为岩石固有剪切强度，MPa；φ 为岩石内摩擦角（一般取为 30°）。

此外，也可以采用黄荣樽教授提出的地层坍塌压力与地应力和孔隙压力的关系式来计算地层坍塌压力（黄荣樽，1984），采用莫尔-库仑强度准则推出其公式为

$$B_p = \frac{\eta(3\sigma_H-\sigma_h)-2CK+\alpha P_p(K^2-1)}{(K^2+\eta)} \tag{5-31}$$

式中，σ_H 和 σ_h 分别为地层最大和最小水平地应力，MPa；η 为井壁岩石的非线性应力修正系数，$\eta=0.9\sim0.95$；α 为有效应力系数；C 为表征地层强度的黏聚力，MPa；$K=\cot\left(\frac{\pi}{4}-\frac{\varphi}{2}\right)$；其他参数意义同式（5-30）。

若考虑地层渗透作用，将考虑渗透作用时井壁坍塌处的三个主地应力，代入莫尔-库仑强度准则，则地层坍塌压力当量泥浆密度的计算公式为

$$B_pP_m = \frac{\eta[3\sigma_H-\sigma_h-(\xi-\varphi)P_p]+K^2P_p\varphi-2CK}{(1-\alpha+\varphi)K^2-\eta[\xi-\varphi-1-\alpha]}\times\frac{100}{H} \tag{5-32}$$

式中，$\xi=\alpha(1-2\nu)/(1-\nu)$；$\varphi$ 为地层孔隙度。

采用德鲁克-普拉格准则计算坍塌压力当量泥浆密度的公式为

$$B_pP_m = \frac{B-\sqrt{B^2-4b}}{2H}\times100 \tag{5-33}$$

其中，

$$B = 3\sigma_H - \sigma_h$$

$$b = \frac{1}{6}[(3\sigma_H - \sigma_h)^2 + (3\sigma_H - \sigma_h - \sigma_v)^2 + \sigma_v^2] - [R(3\sigma_H - \sigma_h + \sigma_v - 3\alpha P_p) + K_f]^2$$

R 和 K_f 同式（5-31）。φ 为岩石内摩擦角，°。

井壁产生坍塌崩落的另一个原因是井内钻井液柱压力小于低渗地层的孔隙压力，使井壁岩石产生拉伸崩落。它多发生于过渡带的欠压实超压低渗泥页岩层中，井壁的垮塌形态可能不具有长短轴之分，因为它是由高的孔隙压力驱使岩石向井眼内的变形造成的，这时井壁的失稳破坏主要由岩石的抗拉强度 σ_t 所决定，此时坍塌压力的当量钻井液密度计算式为

$$\rho_m = \frac{1}{H}(P_p - \sigma_t) \times 100 \tag{5-34}$$

5.2 井壁失稳研究

开展井壁稳定性研究，首先应区分完整井壁与非完整井壁。完整井壁是指井壁没有先存破裂、是“完好”的，而非完整井壁是指井壁存在天然破裂而不是“完好”的。从力学上来说，完整井壁与非完整井壁的井壁稳定性是明显不同的，完整井壁的分析与评价前人已开展过大量研究（Westergaard，1940；赵良孝，1985；张克勤，1991；Milard，1995；程远方、黄金樽，1993；邓金根、张洪生，1998；刘向君、罗平亚，1999a，1999b；李士斌等，1999；金衍、陈勉，2000；丰全会等，2000a，2000b；李克向，2002；李天太、高德利，2002；王桂华、徐同台，2005），而对于非完整井壁的分析评价首先应开展的是对天然破裂的识别。

5.2.1 非完整井壁识别

非完整井壁的识别主要是对天然破裂缝的识别，其采用的方法一般是岩心刻度测井的办法。研究中充分利用岩心及成像测井资料，并采用分形分维方法（*R/S*）进行井剖面破裂段的识别和预测。

从岩心观察（图 5-3 ~ 图 5-6）来看，研究区须家河组地层天然裂缝较为发育，按产状来分，主要有斜交缝、垂直裂缝，且有煤屑或方解石充填，存在饼裂现象。

此外，利用岩心刻度测井的办法可较为清楚地识别天然裂缝。大量现场测井和岩电实验结果表明，双侧向对裂缝特别敏感，因裂缝在钻井过程中泥浆的侵入会造成地层电阻率的下降，但下降幅度的大小与裂缝的张开度及裂缝的产状有密切而复杂的关系。裂缝张开度越大、角度越低，电阻率下降的幅度越大。实验还表明：水平缝和低角度缝使侧向呈负差异，即深侧向电阻率小于浅侧向电阻率；高角度缝和垂直缝造成双侧向正差异，电阻率下降幅度小于水平缝和低角度缝，裂缝角度在 72°左右电阻率差异消失。不过，在泥质含量较高的地层，因其背景值太低，会减弱电阻率降低的幅度。黄铁矿、泥质条带等高电导物质也会造成裂缝定性判别的多解性。

图5-3　CX560井中粒岩屑砂岩发育斜缝，充填煤屑

图5-4　X201井须家河组地层岩心饼裂

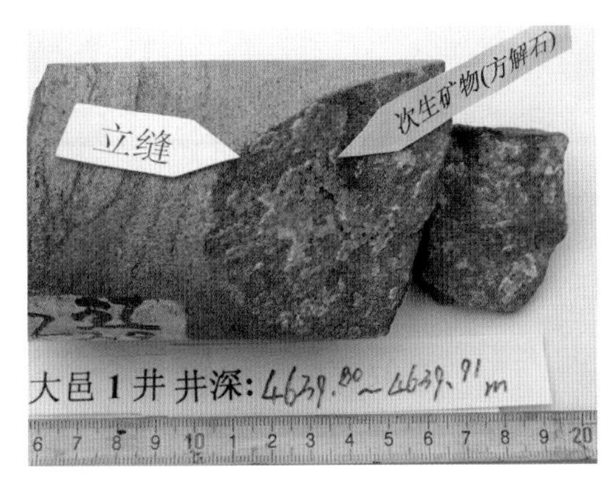

图5-5　DY1井高角度裂缝充填方解石

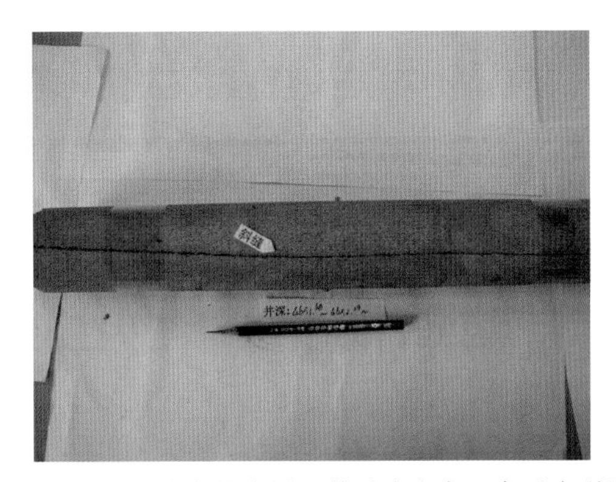

图5-6　DY1井中粒岩屑石英砂岩发育一条垂直裂缝

此外，阵列声波的测量信息量相当丰富，除了能提供常规测井的声波时差外，还可以得到横波及斯通利波的时差和全波列能量，根据声波时差和能量可以进行裂缝分析和评价。

裂缝段的波形曲线特征：波形曲线幅度的衰减与裂缝的产状关系密切，对于低角度缝纵波衰减明显，而对于角度较高的缝则横波衰减明显，网状缝和纵向延伸较远的缝则斯通利波衰减明显。图5-7为X853井须二段的主产层段阵列声波波形图，在井段5024～5030m声波全波的纵波、横波、斯通利波波形衰减明显，表现出低角度裂缝的存在。

但是要进行全井段的天然裂缝识别仅仅依靠有限的岩心资料、成像测井及全波列测井等资料是比较困难的，而常规测井资料对于每口井来说几乎都是齐全的，所以探索利用常规测井资料进行井剖面天然裂缝识别是可行的。

分形作为非线性科学的分支，近年来得到了突飞猛进的发展，尽管这一科学分支还远未成熟，但它已在众多领域得到尝试性的应用，并获得了不少有意义的成果。分形被用来描述、评价和预测参数在空间分布的复杂性，在经典欧几里得几何空间中无法描述的复杂几何体，运用分形几何学及统计学可以进行更准确、更客观地认识。胡宗全（2000）认为 R/S 能反映时间序列的变化程度，裂缝的存在常会导致测井曲线的复杂性升高，因此，

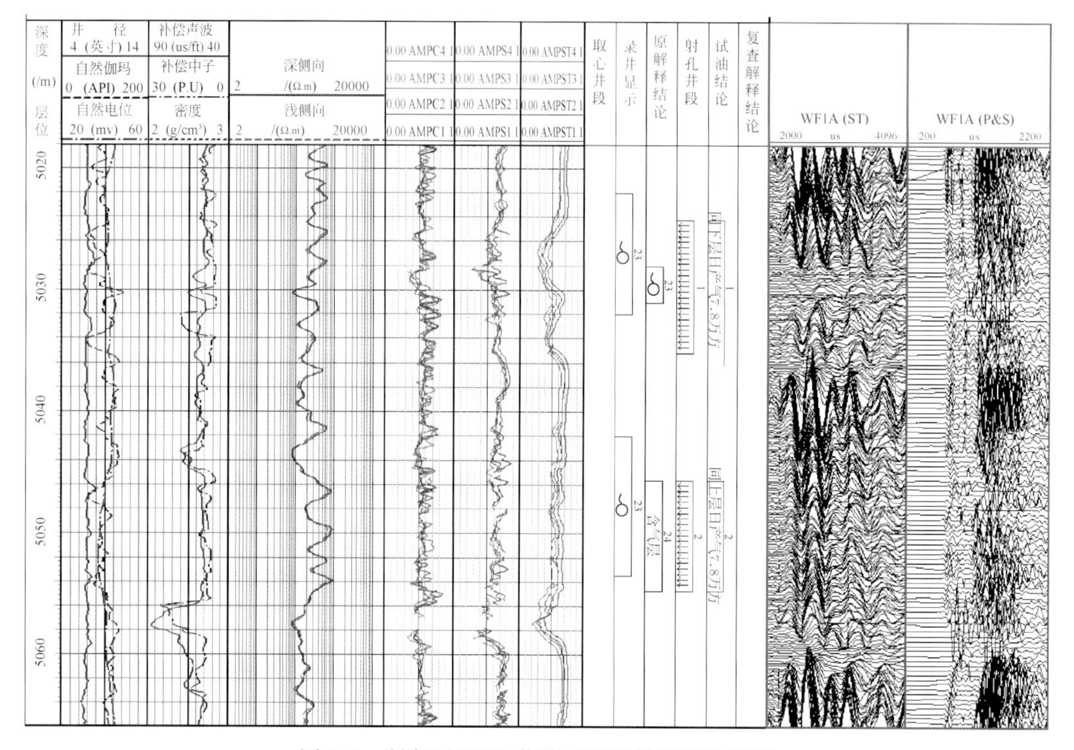

图 5-7　研究区 X853 井须二段低角度裂缝特征

*R/S*分析可以用来评价层段内裂缝的发育程度。由于不同地层层段在岩性、沉积旋回、含流体情况的差异，不同层段间测井响应变化存在差异性，因此进行 *R/S* 法裂缝识别应该考虑分层段进行。

由于 *R/S* 与 *N* 之间的对数关系曲线的斜率可以间接反映曲线的复杂程度，也就是可以确定其曲线形态的分形维数。斜率越小分形维数越大，曲线的形态特征越复杂；反之，斜率越大分形维数越小，曲线的形态特征越简单。当然，这里曲线形态的复杂程度所受影响因素众多，如岩性、物性、含油气性、测井环境等。而根据研究，需要选择受裂缝影响较为明显的测井系列进行判断和计算。通过所做的各测井曲线的 *R/S* 与 *N* 之间的对数关系曲线与岩心所观察到的裂缝层段对比，吻合性相对最好的是深侧向电阻率与微球形聚焦电阻率的对数比值（图 5-8）。因此可以对各单井分层段的深侧向电阻率与微球形聚焦电阻率的对数比值进行计算和绘图，将图中曲线下凹段作为裂缝的识别标志。通过标定发现该方法对裂缝的识别效果较好，可以识别岩心上观察到的大部分裂缝（图 5-9、图 5-10），从而可获得单井剖面上的裂缝识别结果（图 5-11）。

5.2.2　井壁应力分布模拟

钻井过程被认为是一种以钻井液替代井眼处岩石的过程。由于三个不同大小的主应力支撑的岩石被三向应力相同的流体所替代，尤其是被应力低于原来岩石柱中的任何应力的

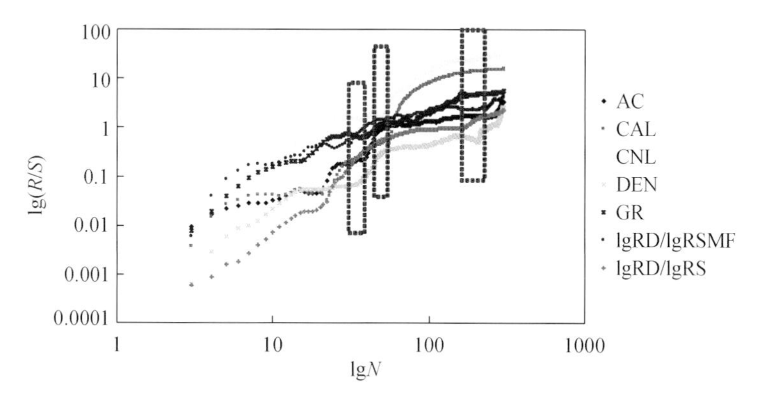

图5-8　D1井须三段地层各测井曲线 R/S 与 N 之间的对数关系曲线

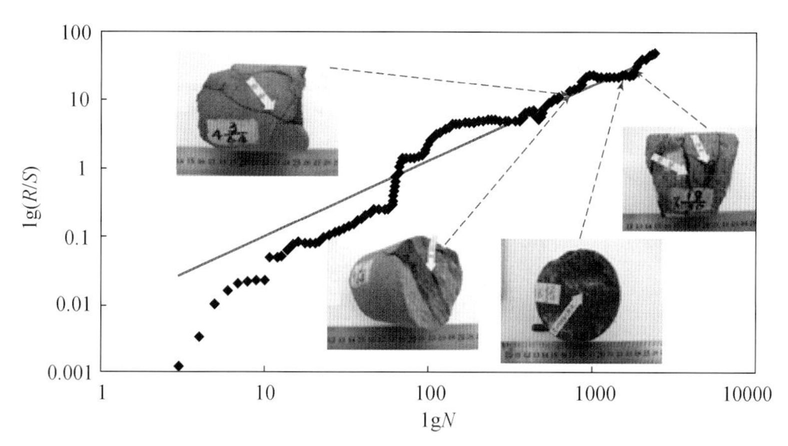

图5-9　C560井须二段地层lgRD/lgRSMF的 R/S 与 N 之间的对数关系

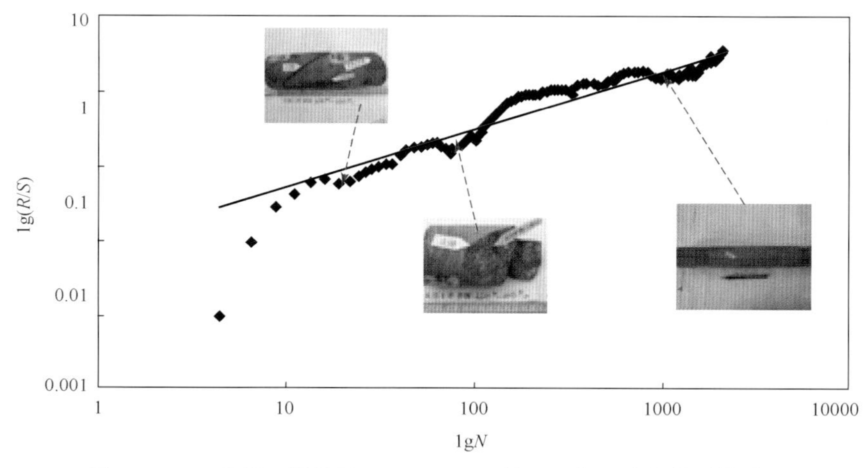

图5-10　D1井须三段地层lgRD/lgRSMF的 R/S 与 N 之间的对数关系

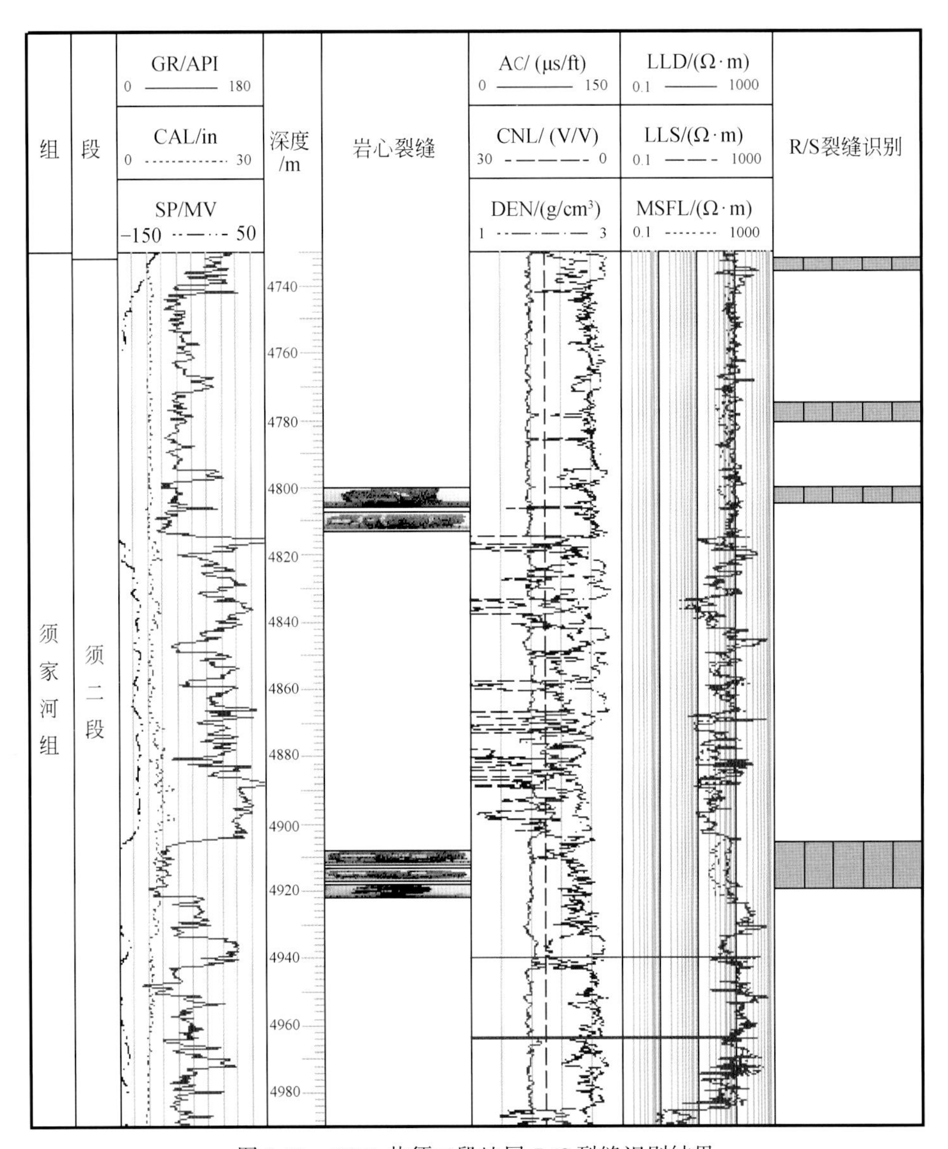

图 5-11 C560 井须二段地层 *R/S* 裂缝识别结果

流体所代替，井眼的局部应力将受到干扰。这种应力的变化使井眼周围的岩石产生变形或破裂。在井眼未钻开前，地下岩石受上覆地层压力、水平地应力及孔隙压力的作用且处于应力平衡状态。井眼钻开后，井壁岩石受轴向应力、切向应力、径向应力和孔隙压力的作用，钻井液柱压力取代了被钻开岩层提供的支撑而破坏了原有的平衡，无疑会引起井眼周围的岩石应力状态的重新分布。如果这些重新分布的应力超过岩石抗压强度或抗拉强度而平衡不了原地应力时，就会导致井壁失稳。

1. 完整井壁

对于完整井壁，其网格划分采用自由网格，采用有限元法进行模拟的结果如图 5-12 ~ 图 5-15 所示。从这些图中可以看出，对于完整井壁，由于钻井井孔的影响，造成了井壁附近应力集中，从图 5-16 来看，井周水平应力最大值出现在$\frac{\pi}{2}$和$\frac{3\pi}{2}$处，而在 0π（或 2π）和 π 处水平应力最小。因此，在这种情况下，井眼崩落掉块主要取决于水平最大、最小应力由于井孔影响而造成的井壁附近应力重新分布的差应力大小。由于不存在裂缝的影响，应力没有得到释放，因此，井壁差应力极大，在这种差应力的作用下，井壁极有可能发生失稳崩落掉块，形成椭圆形井眼（图 5-16、图 5-17）。

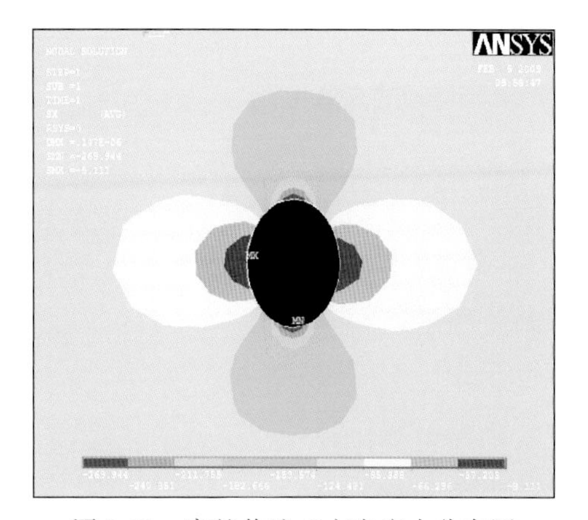

图 5-12　完整井壁 X 方向应力分布图

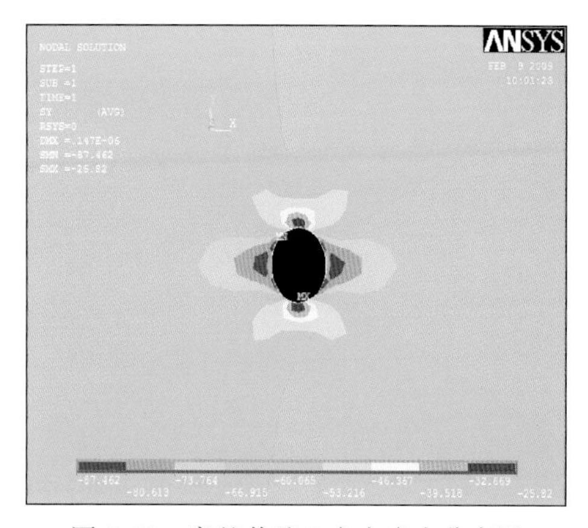

图 5-13　完整井壁 Y 方向应力分布图

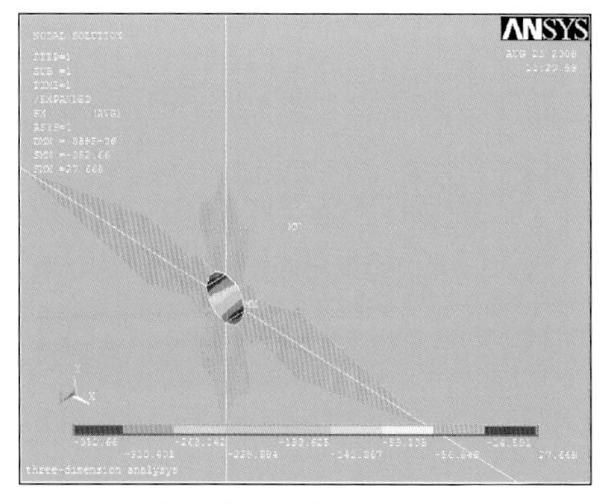

图 5-14　完整井壁 X 方向应力分布剖面图

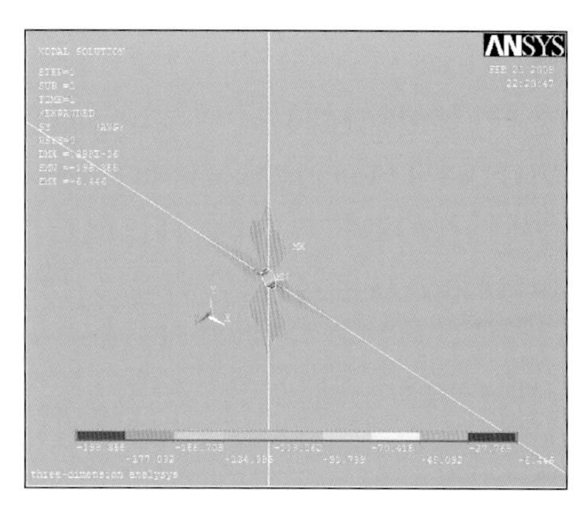

图 5-15　完整井壁 Y 方向应力分布剖面图

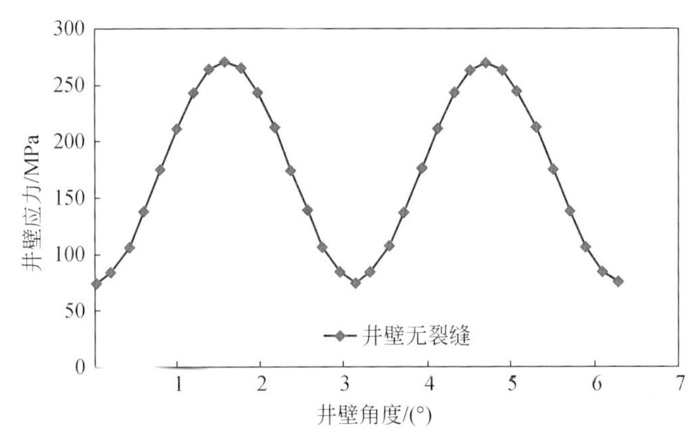

图 5-16　井壁无裂缝时井周应力大小分布

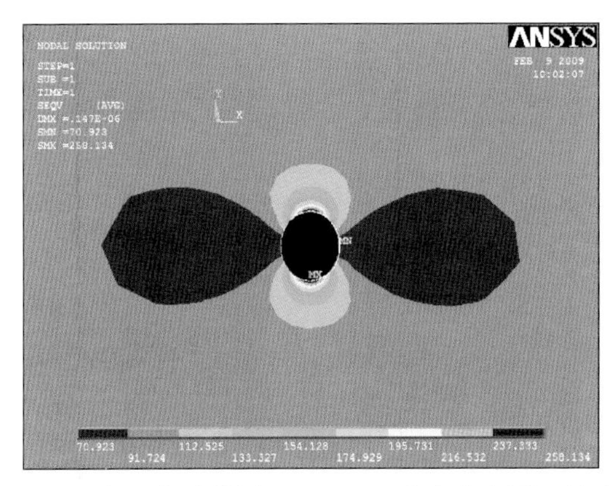

图 5-17　完整井壁井周 VON mises 应力分布图（放大）

2. 非完整井壁

1）单裂缝

对于单裂缝影响井壁水平应力分布的情形，主要考虑裂缝发育长度，分别模拟裂缝半长为 2m、5m 和 8m 的情况。对于单裂缝井壁，其井壁附近应力分布除了钻井井孔的影响，裂缝对其的影响也很大（图 5-18 ~ 图 5-21）。在 *X*、*Y* 方向由于裂缝的影响，井周应力变小，而在地层径向裂缝消失端由于应力集中而应力增大。从 VON mises 应力分布结果（图 5-22）来看，在裂缝发育的方向（*X* 方向），其 VON mises 应力较小，而在其垂直方向较大，另外，在地层径向裂缝消失端的 VON mises 应力也较大，反映裂缝尖端应力集中的影响。从提取的井周应力及裂缝尖端应力分布（图 5-23）来看，井周水平应力最大值出现在裂缝切割井壁处，并且随着裂缝发育长度的增加，其应力值也随着增加；而在井壁其余部位，其应力值较小，且有随着裂缝发育长度的增加而减小的趋势。另外，通过比较图 5-16 和图 5-23 可以看出，裂缝的影响只造成了井壁裂缝处应力增大，但其余部位应力值相对完整井壁来说要小，因此，裂缝的存在使得部分应力释放而井壁应力集中效应变弱，所以井壁发生崩落掉块的可能性变小。

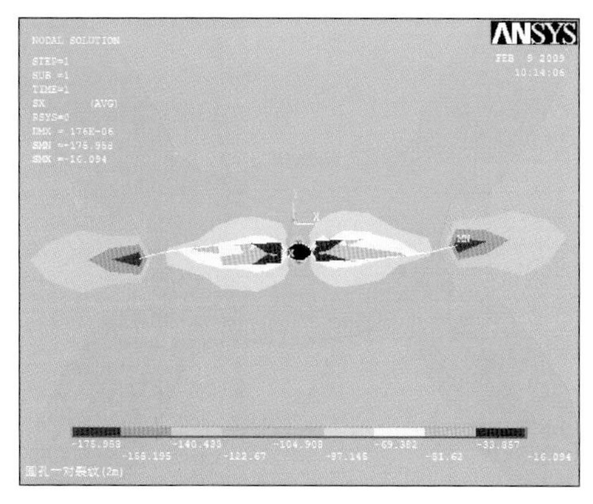

图5-18　裂缝半长2m时 X 方向应力分布图

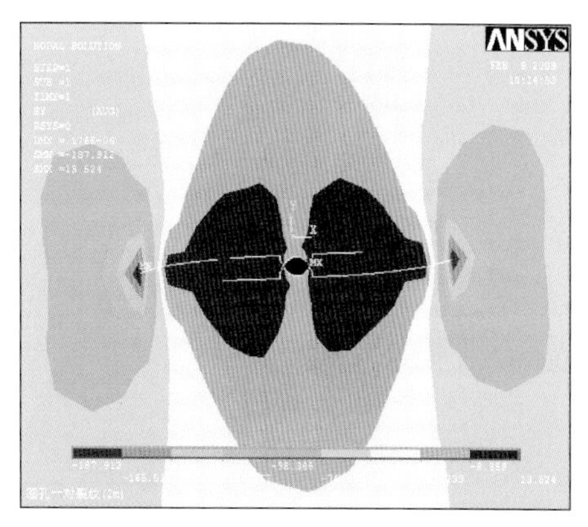

图5-19　裂缝半长2m时 Y 方向应力分布图

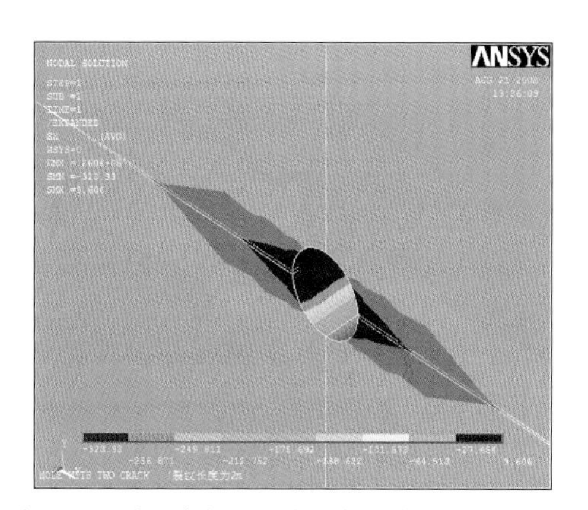

图5-20　裂缝半长2m时 X 方向应力分布剖面图

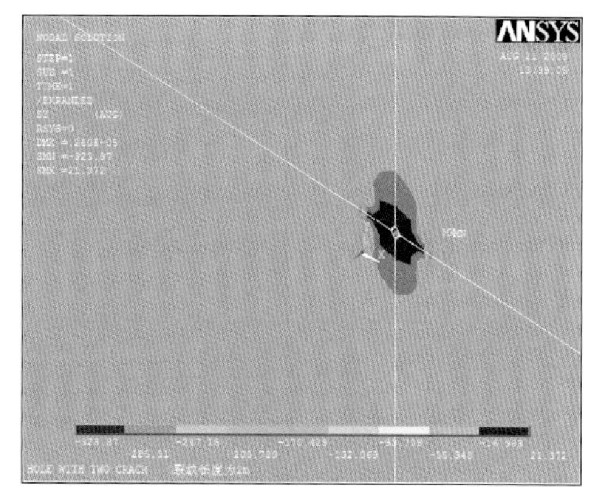

图5-21　裂缝半长2m时 Y 方向应力分布剖面图

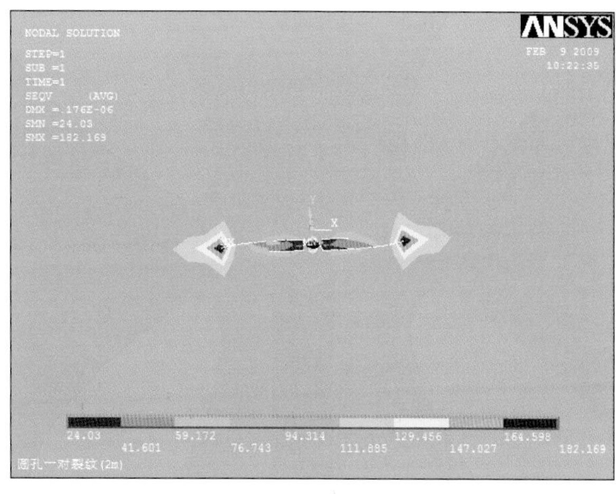

图5-22　单裂缝影响下（裂缝半长2m）井周VON mises应力分布图（放大）

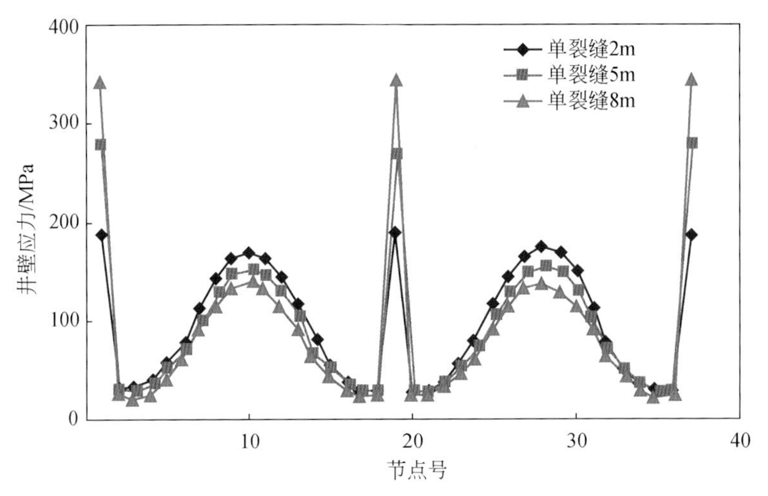

图 5-23　单裂缝情形下不同裂缝半长井周应力大小分布

2）正交裂缝

对于正交裂缝影响井壁水平应力分布的情形，主要考虑裂缝发育长度，分别模拟裂缝半长为 2m、5m 和 8m 的情况。对于正交裂缝影响的井壁，其井壁附近应力分布相对于完整井壁和单裂缝井壁的影响更大（图 5-24、图 5-25）。同样在 *X*、*Y* 方向由于裂缝的影响，井周应力变小，而在地层径向裂缝消失端由于应力集中而应力增大，而且 *Y* 方向更为明显。从 VON mises 应力分布结果（图 5-26）来看，在井周附近由于裂缝的影响，其 VON mises 应力较小，而向地层径向逐渐增大；在 *Y* 方向裂缝消失端，其 VON mises 应力最大，反映裂缝尖端应力集中的影响。从提取的井周应力及裂缝尖端应力分布（图 5-27）来看，井周水平应力最大值同样出现在裂缝切割井壁处，并且随着裂缝发育长度的增加，其应力值也随着增加；而在井壁其他部位，其应力值急剧变小且不同位置处差别不大，与裂缝长度的关系是随着裂缝发育长度的增加而减小。另外，通过比较图 5-16、图 5-23 和图 5-27 可以看出，裂缝的影响造成了井壁裂缝处应力增大，裂缝相对越发育，井周其他部位应力值相对完整井壁来说越小，其水平应力差很小，所以当有裂缝（或多裂缝）发育时，井壁不稳定发生崩落掉块的可能性比较小。

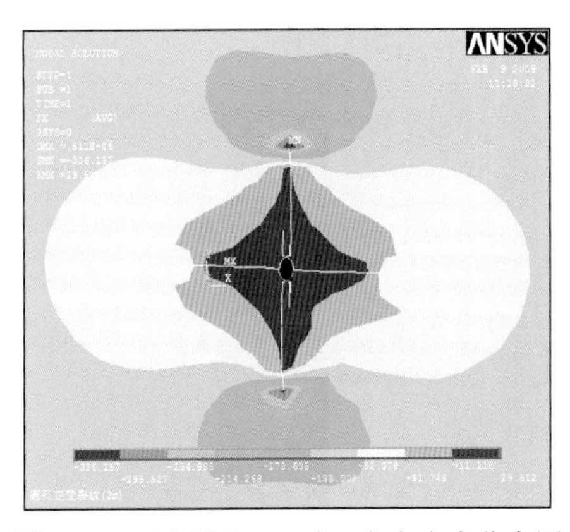

图 5-24　正交裂缝 2m 时 *X* 方向应力分布图

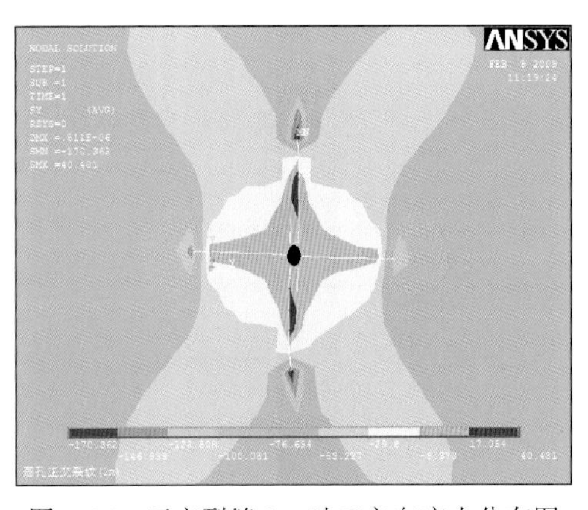

图 5-25　正交裂缝 2m 时 *Y* 方向应力分布图

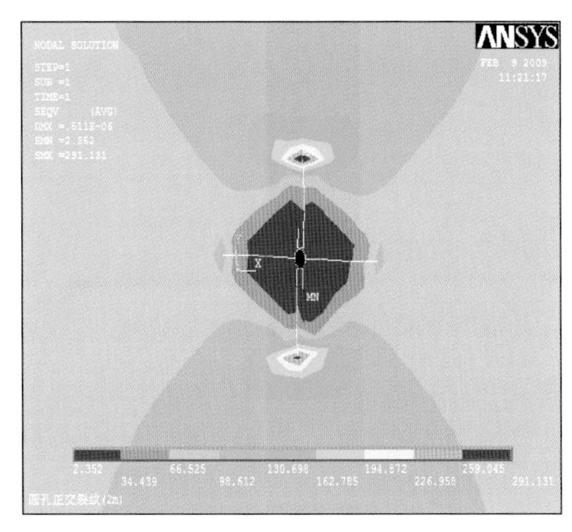

图 5-26　正交裂缝影响下（裂缝半长 2m）井周 VON mises 应力分布图（放大）

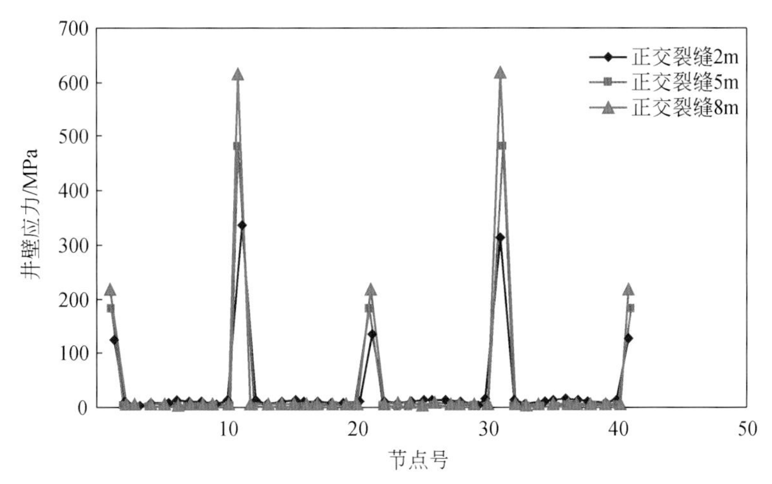

图 5-27　正交裂缝情形下不同裂缝半长井周应力大小分布

3. 地应力性井眼崩落的规律

井眼形成以后，井眼周围将产生应力集中。要保持井壁稳定就要使原地应力因素（地应力、岩石强度、孔隙压力）与可控因素（井内液柱压力、钻井液性能）之间达到平衡。若泥浆比重不足以有效地平衡井壁应力，则常常会出现井壁不稳定现象。应力性崩落直接受到地应力的环境控制，而且对钻井工程的危害最大，因为它不受岩性的局限，只要应力非平衡达到一定程度就将造成井壁应力崩落，故各井段都可能发生垮塌，且垮塌井段较长，又难于预测，因此是钻井工程中十分关注的问题之一。

赵良孝（1996）在对斯仑贝谢公司在四川所测的 38 口裸眼井中的双井径曲线研究后，得出井壁崩落的规律，与前述完整井壁和非完整井壁崩落分析结论基本一致。

（1）在孔隙、裂缝较发育的储集层段，井壁一般不崩落且基本呈圆形；

（2）在致密岩层段，特别在致密灰岩段，经常发生椭圆形的井壁崩落，即在一个方向上崩落，井径明显增大，而在与其垂直的另一个方向上基本不崩落，井径接近于钻头直径；

（3）在泥岩层段井壁常呈圆形崩落扩大，在岩盐、石膏段也常呈圆形溶蚀性崩落扩大；

（4）在整个裸眼井剖面中，致密岩层段井壁崩落的方向基本一致，但遇有断层面，则崩落方向将发生改变。

5.2.3　泥页岩水化

钻井过程中，泥浆及其滤液向地层渗流，不仅改变井眼周围有效应力状态，而且地层与侵入流体之间的物理化学反应对地层岩石强度的影响十分明显。当水渗入地层时，岩体（特别是软弱岩体）吸收水分之后，会使岩体中的物质发生软化和泥化等现象，使岩体中岩石的组成颗粒之间的固结力和内摩擦力大为降低，从而降低岩体的强度。特别是某些岩体吸收水分后，由于物理化学作用，使岩体的物质结构变得十分疏松，以致从固结性岩石变成松散性岩石，使岩体的稳定性大为降低。

钻井井壁失稳的研究，应将化学与力学相结合，着重研究钻井液与泥页岩作用所产生的水化应力和井壁泥页岩的吸附水状况及对围岩的应力分布、弹性模量和强度参数的影响。井壁岩石的破坏和失稳均是力（包括岩石应力和化学应力）的作用结果。井壁的失稳可能发生在由不同黏土矿物组成的全部泥页岩中，其严重程度决不单纯取决于地层中所含蒙皂石的含量，地层中所含黏土矿物的水化膨胀效应对地层坍塌压力和破裂压力有显著影响。研究中，首先进行黏土矿物成分分析，然后对地层进行化学稳定性评价，明确与黏土矿物分析结果的关系，以此研究井壁的失稳规律。

1. 岩石矿物组分分析

据研究区须家河组砂层 X 射线衍射分析结果（表 5-1），岩石中普遍存在黏土矿物，但其含量不等，最低仅 2.85%，最高达 26.5%，在平面上分布差异较大；同时，各层段中黏土矿物类型及含量存在一定差异。须二段黏土矿物成分以伊利石为主（67.2%），绿泥石次之（27.6%），少量伊/蒙混层（5.2%）；须四段黏土矿物以伊利石和绿泥石为主，但所占份额多少不定；此外，含少量伊/蒙混层，个别层段含高岭石。伊利石多呈片状或丝缕状分布于粒间，少量分布在颗粒表面；绿泥石多呈残余薄膜分布于碎屑颗粒边外，或为孔隙衬边；高岭石多呈微晶糖粒状，少量蠕虫状，少部分为孔隙水中直接沉淀形成。同时，据前述岩石矿物成分分析，岩石中还存在一定数量的方解石（6.925%）、白云石（2.43%）胶结物。

表 5-1　研究区须家河组地层黏土矿物 X 射线衍射数据表

井号	层位	测试结果/%				
		黏土<4 μm	伊利石（I）	绿泥石（C）	伊/蒙混层（I/S）	混层比（S_o）
L150	须二段（砂层）	4. 46	70	20	10	10
		3. 28	38	60	2	10
CH127		3. 71	81	13	6	10
		4. 29	59	32	9	10
CH139		2. 85	54	46	13	10
		3. 82	65	27	8	10
CX560		16. 6	76	20	2	5
CL562		22. 7	86	10	4	5
CF563		18. 2	76	20	4	5
X853	须四段（砂层）	—	64. 9	30. 8	4. 3（高岭石）	—
CX560		26. 5	66	22	12	10
CL562		22. 2	36	55	9	10
L150	须五段（泥页岩）	—	27	33（高岭石）	40	10
CX560		—	49	35（高岭石）	16	13
CH148		—	37	32（高岭石）	31	13

我们知道，以伊利石和绿泥石为主的泥页岩层容易出现水敏性失稳，但失稳的程度随地层的完整性而呈现较大差异，宏观状态比较完整的泥岩水敏失稳的机会较少或基本不会发生失稳。而地层中伊/蒙混层、绿/蒙混层两种黏土矿物含量较高时，容易发生井眼失稳，这种情况下的地层稳定与否主要取决于这两种黏土矿物的含量。测定结果（表 5-1）表明，地层中绿泥石含量平均水平明显低于伊利石，这在研究区具有普遍性，绿泥石的水化膨胀能力与伊利石基本相当，但在某些特定情况，如高温、侵入流体矿化度低于地层流体、含量相对集中时，其水化膨胀能力接近于蒙脱石，普遍认为绿泥石含量对地层稳定性的影响是除蒙脱石以外最高的，这也是研究区地层容易出现掉块的原因之一。从表 5-1 来看，研究区须五段地层中泥页岩中的黏土矿物以伊利石、高岭石和伊/蒙混层为主，蒙脱石几乎没有，绿泥石含量较低，说明该层段的泥页岩的定向指数高，泥页岩的结构变得致密，密度大，不易发生水化膨胀。但是如果页岩中的微裂隙发育或构造应力集中的话，也很有可能发生硬脆性泥页岩的破裂和崩落导致井壁失稳。

此外，通过扫描电子显微镜照片可以揭示构成泥页岩的黏土矿物晶体的定向排列及胶结情况等微观结构。而泥页岩的微观结构与其剥裂性有密切关系，黏土片呈近于完全平行排列的泥页岩中具有较强的剥裂性，可以剥裂成具有光滑表面的纸片状；具有中等–弱剥裂性的泥页岩中的黏土片虽大体呈定向排列，但还是有相当数量的黏土片呈与层理面不同角度的相交排列，非剥裂性泥页岩的黏土片则呈随机排列。图 5-28 中微裂缝较为发育，裂缝两边的区域具代表性，含黏土及粒状矿物；图 5-29 中局部地方的黏土具有一定的方向性；图5-30中黏土矿物晶间偶有长石，石英等矿物与黏土接触紧密；图5-31中的黏土层的排列方向发生改变的地方，易产生微裂缝，样品中黏土矿物晶间孔隙相对发育。

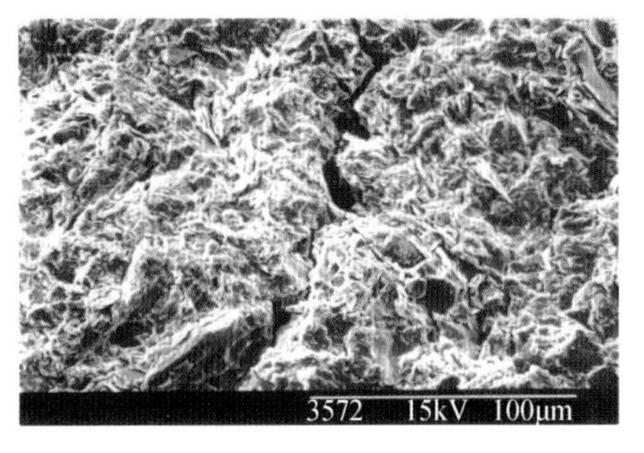

图5-28　须家河组泥页岩电子显微镜图像

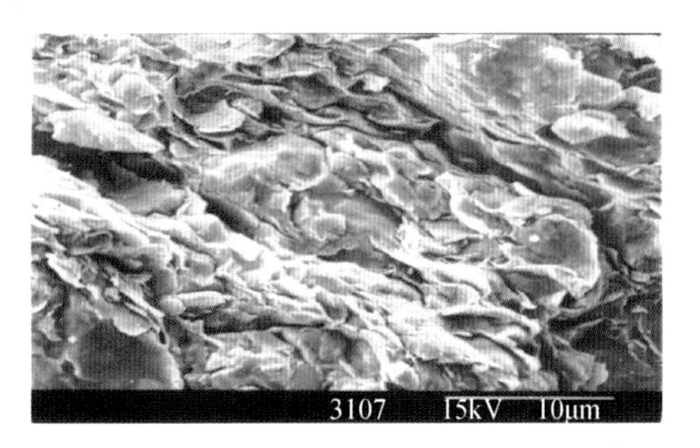

图5-29　须家河组泥页岩电子显微镜图像

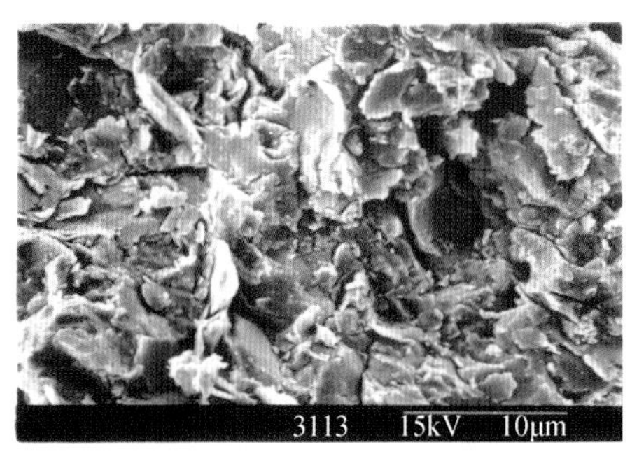

图5-30　须家河组泥页岩电子显微镜图像

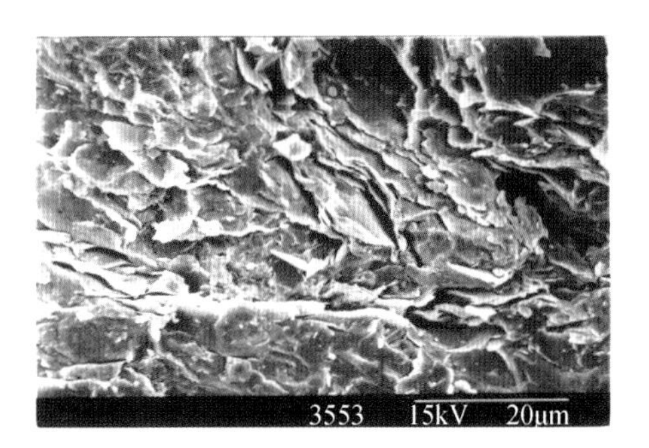

图5-31　须家河组泥页岩电子显微镜图像

2. 泥页岩膨胀试验

泥页岩的水化膨胀能力分析包括CEC、BMT、膨胀率测定，膨胀试验曲线如图5-32、图5-33所示。从图中可以看出，水化膨胀表现为以下几个特征。

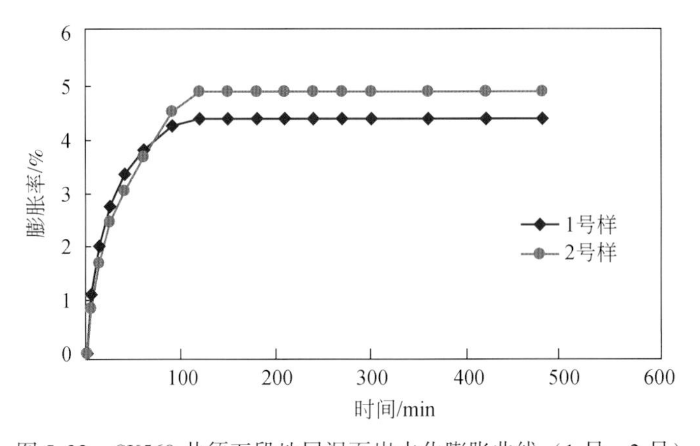

图5-32　CX560井须五段地层泥页岩水化膨胀曲线（1号、2号）

（1）水敏性地层多以常规吸水方式膨胀，如图 5-32、图 5-33 所示在开始较短的时间内便快速接近饱和膨胀量，之后便缓慢膨胀或基本停止膨胀；

（2）地层的饱和膨胀量均小于 6%，这可能是由于须家河组地层太致密造成；

（3）泥岩尤其是软泥岩含量较高的地层其膨胀性比较显著，但其膨胀过程多为遇水后可以快速达到平衡状态，因此在钻进过程中可能是在短时间内会有明显遇阻卡显示，一旦克服以后情况会立即好转，长期存在的可能性相对较低。

由表 5-2、5-3 可看出研究区须五段泥页岩阳离子交换容量及亚甲基蓝吸附容量均较低，在蒸馏水和自来水中的线性膨胀率较小，属于低膨胀类型。

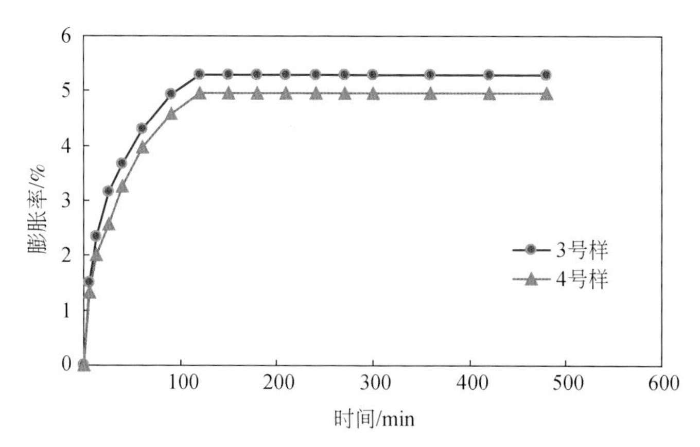

图 5-33　CX560 井须五段地层泥页岩水化膨胀曲线（3 号、4 号）

表 5-2　泥页岩阳离子交换总量和亚甲基蓝吸附容量

井号	层位	阳离子交换总量/（mmol/100g）	亚甲基蓝吸附容量/（g/100g 土）
CX560	须五段	4. 725	1. 97
		4. 403	2. 19
		5. 464	1. 97

表 5-3　泥页岩吸水线性膨胀试验

井号	层位	接触溶液	膨胀时间/h	线性膨胀率/%	膨胀时间/h	线性膨胀率/%
CX560	须五段	蒸馏水	2	4. 4	8	4. 4
		自来水	2	4. 9	8	4. 9
		蒸馏水	2	5. 28	8	5. 28
		自来水	2	4. 96	8	4. 96

3. 分散性（滚动回收率）试验

地层泥页岩水化分散也是影响井壁稳定的一个重要因素，水化分散能力越强，泥页岩在钻井过程中越容易发生水化坍塌。通过滚动回收实验可以分析泥页岩的水化分散特性，试验结果见表 5-4。

表 5-4　研究区须家河组地层泥页岩滚动回收率

井号	层位	滚动溶液	称样/g	回收质量/g	回收率/%
CX560	须五段	自来水	50.00	23.5	47
		蒸馏水	50.00	24.5	49
CH148	须五段	自来水	50.00	27	54
		蒸馏水	50.00	29	58
L150	须五段	自来水	50.00	22.5	45
		蒸馏水	50.00	22.7	45.4

由表 5-4 可以看出，研究区须五段泥页岩在自来水和蒸馏水中的回收率属于中等偏低，说明研究区须五段泥页岩的水化分散能力中到强。

从上述分析可知，研究区须五段地层泥页岩属于硬脆性页岩，微裂缝发育，属于低膨胀类型，水化分散能力中到强。而这种泥页岩的显著特点是对应力特别敏感，钻井过程中，一旦钻井液密度不足以平衡地应力时，很容易发生掉块、坍塌等井下复杂情况。此外，由于钻井液滤液进入地层后，地层孔隙流体压力增高，导致岩石强度降低，由此将会造成井壁的不稳定。分析其地质原因可能有如下三个方面。

（1）虽然研究区须五段泥页岩中的蒙脱石含量低，其膨胀量不大，但其伊蒙/混层含量较高，蒙脱石较强的膨胀能力与伊利石较弱的膨胀能力引起的膨胀不均匀，从而产生另一种作用力，当这种作用力超过了岩石的强度时，将会引起泥页岩分散垮塌。

（2）从岩屑观察来看，研究层段的泥页岩中有相当一部分的泥页岩其层理清晰，层理面光滑，所以在毛细管力的作用下，当水沿层间解理面、微裂缝进入层与层之间时，相邻的层面便产生剥离脱落，引起泥页岩掉块垮塌。

（3）含微裂缝及微裂隙的泥页岩，提供了优先水化的空间和通道，加速其分化、分散的速度和强度。

4. 钻井液滤液浸泡岩心强度实验

为了分析井眼钻开后井壁围岩在水基泥浆中浸泡条件下强度的变化，以及强度降低程度，开展了须家河组岩心钻井滤液浸泡强度实验（谢润成等，2008c）。

1）岩石抗张强度

钻井滤液处理后的岩石抗张强度试验结果见表 5-5。从测试结果（图 5-34）来看，经钻井滤液处理 10d 后的岩石抗张强度总体上比未经钻井滤液处理的样品要高，其值分布在 8MPa 附近。对于 C137 井，由于其经钻井滤液处理的岩样为小尺度 Φ25mm×25mm 岩样，将其与未做钻井滤液处理的 Φ50mm×50mm 规格岩样相对比，其岩石抗张强度均有不同程度的增高，这主要反映了岩样尺寸效应的影响，即小岩样经钻井滤液处理后的岩石抗张强度相比未经钻井滤液处理的大岩样要高。

表 5-5　钻井滤液处理后的岩石抗张强度（饱和水）实验结果

井号	样号	井段/m	岩性	未做泥浆处理的试件尺寸（$H\times\Phi$，cm）	泥浆处理后的试件尺寸（$H\times\Phi$，cm）	处理前抗张强度/MPa	处理后抗张强度/MPa
C137	2-40/56B	4612.14	细-中粒砂岩	5.75×4.90	2.66×2.47	2.8	7.9
	3-23/92B	4618.95	细-中粒砂岩	5.66×4.90	2.59×2.47	6.1	6.6
	3-30/92-3	4619.85	细-中粒砂岩	5.26×4.90	2.65×2.48	4.6	7.8
	3-39/92B	4621.25	细-中粒砂岩	5.59×4.90	2.65×2.47	5.9	8.3
	3-57/92B	4625.61	细-中粒砂岩	5.01×4.90	2.65×2.47	4	7.3
	3-62/92B	4624.93	细-中粒砂岩	5.65×4.90	2.69×2.47	3.5	6.9
C561	7-6/58-C	4937.34	砂岩	2.60×2.46	2.47×2.47	6	6.7
	7-35/58-C	4941.19	砂岩	2.32×2.47	2.60×2.47	8.1	7.3
C563	9-14/69	4444.97	砂岩	—	2.57×2.47	—	9.7
	10-51/65-A	4484.68	砂岩	2.54×2.47	—	7.9	—

而从 C137 井同尺度样品钻井滤液处理前后的岩石抗张强度测试结果对比分析（图 5-35）来看，若钻井滤液处理前岩样的孔隙度小于 2.5%，则孔隙度越小处理前后的抗张强度相差越大，而且处理前抗张强度大于处理后，一般在 4MPa 以内；当孔隙度大于 2.5% 时，钻井滤液处理前后的岩石抗张强度趋于一致。这主要是因为在低孔隙度样品中，泥质软颗粒含量相对较高，样品经钻井滤液浸泡后，泥质吸水“软化”，岩石塑性变强，抗张强度变高。而孔隙度相对高的样品泥质含量较低，这种影响程度相对较小。C561 井的两对比岩样处理前后尺寸规格一致、深度接近，由于测试样品的孔隙度相对较大，岩石中泥质含量相对较少，所以钻井滤液对样品的“软化”效应相对较弱使得其处理前后的岩石抗张强度相差不大。

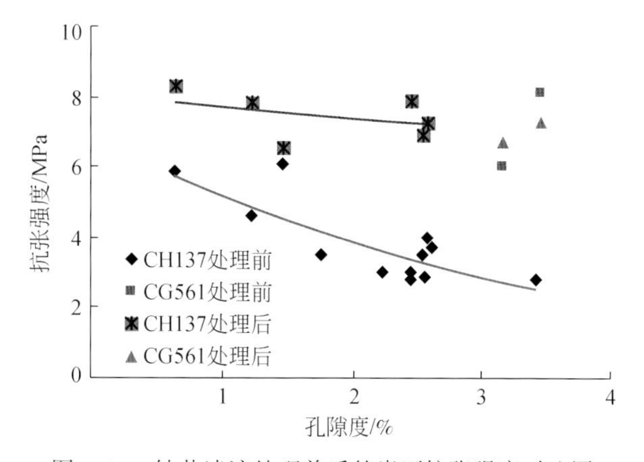

图 5-34　钻井滤液处理前后的岩石抗张强度对比图

2）钻井滤液对地层条件下岩石力学性质的影响

实验岩样经不同时间钻井滤液处理后及钻井滤液处理前后的模拟地层条件下岩石三轴力学实验测试结果见表 5-6（表中实验岩样方向均为水平方向）。

由表 5-6 可知，在 50MPa 压力下岩样经过 5d、10d 的钻井滤液浸泡处理后，岩石力学参数均有不同程度的变化。C137 井 4 组岩样经钻井滤液处理后岩石抗压强度和弹性模量都显著下降，而泊松比增大。C561 井两组岩样钻井滤液处理后，深度为 4937.34m 的一组岩样抗压强度、弹性模量和泊松比的变化与 C137 井测试样品实验结果基本相似，且大致

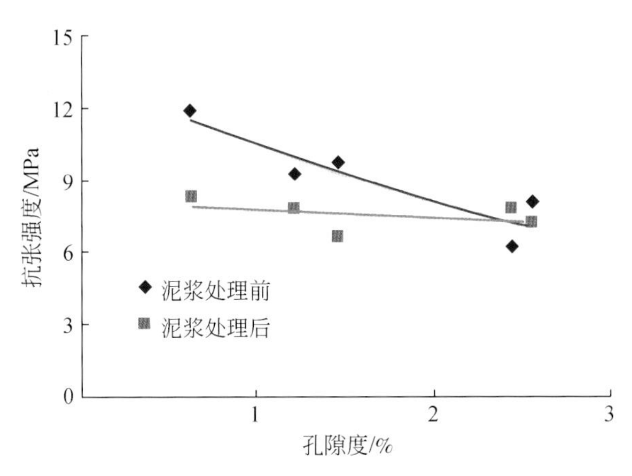

图 5-35 C137 井同尺寸岩样钻井滤液处理前后岩石抗张强度对比图

有钻井滤液浸泡处理时间越长，抗压强度和弹性模量下降越多的趋势；深度为 4941.19m 的一组岩样经钻井滤液处理后的抗压强度、弹性模量的下降趋势不明显，泊松比的变化与前述规律不一致，这可能是由于实验岩样本身存在的非均质性。C563 井两组岩样经钻井滤液处理后，岩样的泊松比呈现增大的趋势，而抗压强度、弹性模量也呈现增加的趋势。总体来看，岩样经钻井滤液浸泡后，塑性有所增加，这种特征也可以从钻井滤液浸泡处理前后的岩样试验应力-应变曲线图上清楚看出（图 5-36、图 5-37）。

表 5-6 研究区须二段钻井滤液处理前后的模拟地层条件下岩石力学参数对比表

井号	样号	温度/℃	围压/MPa	孔压/MPa	抗压强度/MPa	弹性模量/GPa	泊松比	剪裂角/(°)	处理时间/d
C137	2-40/56A	112	112	69	385.04	50.43	0.221	—	0
	2-40/56B	112	43	0	307.74	25.05	0.56	27	5
	3-11/92A	112	112	69	447.28	53.03	0.258	14	0
	3-11/92B	112	43	0	336.64	35.08	0.405	18	10
	3-17/92A	112	112	69	317.73	37.46	0.305	15	0
	3-17/92B	112	43	0	166.37	13.76	0.606	18	5
	3-19/92A	112	112	69	370.33	48.88	0.229	15	0
	3-19/92B	112	43	0	267.3	25.45	0.501	24	10
C561	7-6/58-1	132	36	0	464.09	53.46	0.369	25	0
	7-6/58-2	132	36	0	417.43	44.1	0.33	28	5
	7-6/58-4	132	36	0	348.9	34.64	0.428	15	10
	7-35/58-1	132	36	0	362.07	37.16	0.52	26	0
	7-35/58-2	132	36	0	417.94	37.33	0.364	20	5
	7-35/58-3	132	36	0	376.78	32.08	0.376	28	10

续表

井号	样号	温度/℃	围压/MPa	孔压/MPa	抗压强度/MPa	弹性模量/GPa	泊松比	剪裂角/(°)	处理时间/d
C563	9-14/69-1	120	41	0	206.36	30.47	0.534	18	0
	9-14/69-2	120	41	0	224.12	33.8	0.665	13	5
	10-51/65-2	121	41	0	249.69	29.85	0.323	20	0
	10-51/65-3	121	41	0	325.12	34.98	0.424	20	10

经钻井滤液处理后的岩样，其岩石力学性质发生的变化从钻井滤液与岩石的作用机理来看，主要是因为实验岩石孔隙度较低，孔隙喉道小，钻井滤液固相侵入岩石孔隙内的可能性不大，故主要是钻井滤液与岩石矿物中的泥质黏土矿物起作用，而这种作用对岩石有一定程度的“软化”效应。据研究区须家河组矿物分析结果（表 5-1）表明，由于须家河组储层中黏土矿物含量较高，与钻井滤液接触后将会导致岩石产生不同程度的“软化”，从而引起储层岩石力学性质变化。

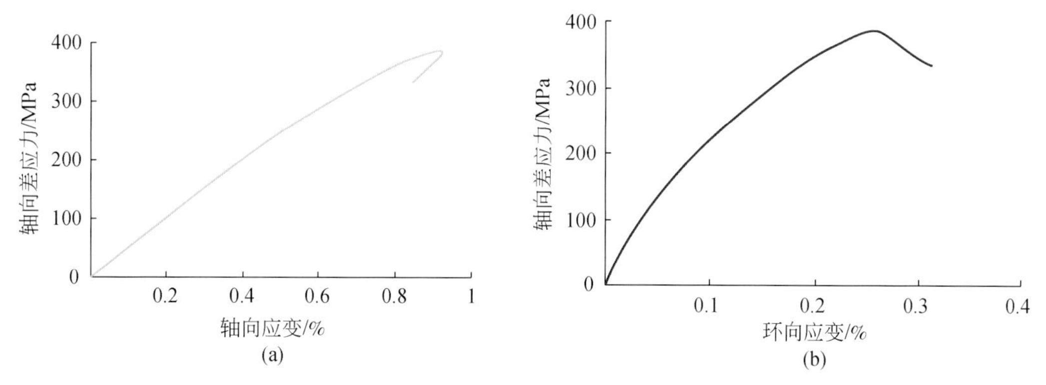

图 5-36　C137 井 2-40/56A 岩样钻井滤液未处理的应力-应变曲线

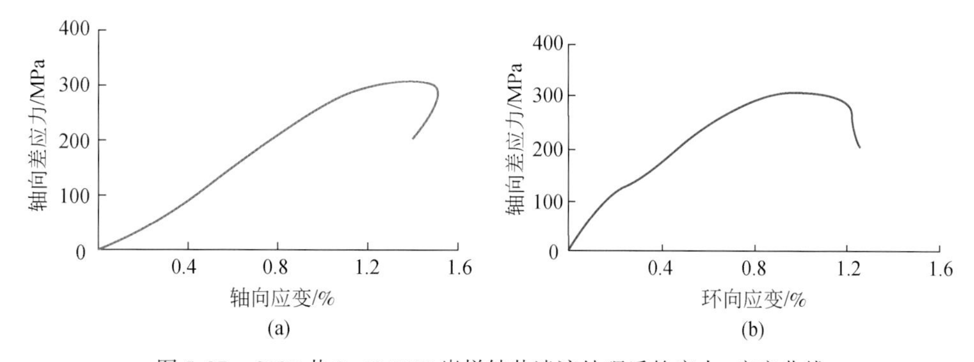

图 5-37　C137 井 2-40/56B 岩样钻井滤液处理后的应力-应变曲线

图 5-38 表明钻井滤液对须家河组岩石强度的弱化效应较为显著；但该测试结果来源于室内采用露置较长时间后的泥页岩岩心，利用该岩心进行钻井液浸泡对泥页岩强度的影响实验时，存在以下问题和不足：基于实验建立的定量关系不能作为井下推论的基础，而

只能获得钻井液对稳定地层能力强弱的定性认识，其原因主要是泥页岩强度变化不仅受浸泡体系的影响，还受泥页岩本身的初始水饱和状态及泥页岩的微观结构、微裂缝的发育等因素影响。

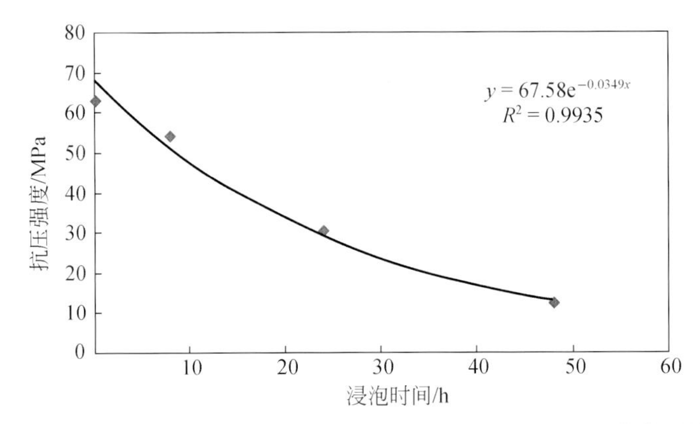

图 5-38　X856 井须家河组砂岩抗压强度随钻井滤液浸泡时间变化的关系

岩样吸水量和其抗压强度降低的关系如图 5-39 所示。随着浸泡时间的增加，吸水量逐渐增加，井壁围岩强度将进一步降低，因此，水基钻井液对井壁围岩强度的影响较大。

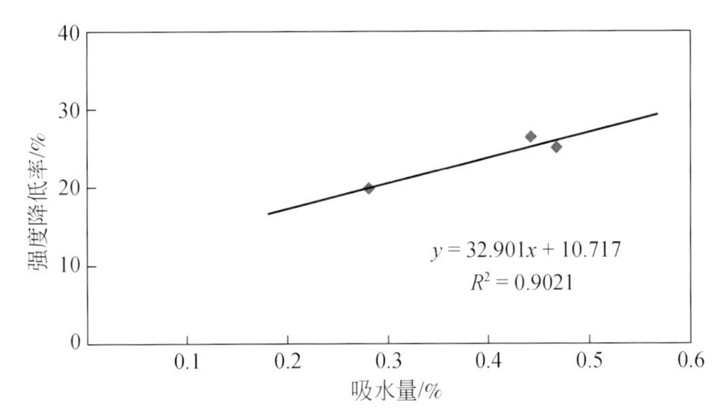

图 5-39　须家河组砂岩浸泡强度变化与吸水量的关系

5. 钻井液化学因素与岩石力学耦合模型

1）钻井滤液侵入对地层力学性质的影响

钻井滤液对层状岩体的强度等力学性质有较为重要的影响，流体渗流在层状岩体中产生力学和物理化学作用。当水渗入岩体时，将会引起岩体物质的软化、溶蚀，降低岩体的强度。层状岩体吸收水分后，由于膨胀效应，将会产生极大的膨胀应力。同时会产生静水压力的影响，当岩体中的孔隙被静态水所充满时（不考虑水的膨胀软化作用），水将会对周围岩体产生静水压力，由于地下水的静水压力作用方向与岩体的主应力方向相反，于是作用于该岩体中某一斜面的有效应力为

$$\begin{cases}\sigma' = \dfrac{(\sigma_1 - P_w) + (\sigma_3 - P_w)}{2} + \dfrac{(\sigma_1 - P_w) - (\sigma_3 - P_w)}{2}\cos 2\theta \\ \tau = \dfrac{(\sigma_1 - P_w) - (\sigma_3 - P_w)}{2}\sin 2\theta \end{cases} \tag{5-38}$$

式中，P_w 为静水压力，MPa。

式（5-38）表明，在有静水压力作用的岩体斜面上，其正应力降低，从而使斜面上部分岩体的正压应力以及滑面上的摩擦阻力降低，从而使岩体的强度和稳定性降低。

2）钻井滤液和泥页岩的水化作用

泥页岩是一种由水敏性黏土矿物组成的岩石，其与钻井滤液存在相互作用，然而由于它结构和组分上的特点，采用不同的钻井泥浆体系，这种作用的差别也就较大。一般说来，从钻开井眼开始，泥页岩地层与钻井滤液在井下压力和温度条件下的接触会产生以下相互作用：离子交换、泥页岩和钻井滤液的化学势（或称活度）差异产生水的运移渗透作用，泥页岩中的孔隙毛管力作用产生的水分渗析，在井底压差作用下钻井滤液沿泥页岩的微裂隙侵入。总的来说，泥页岩吸水膨胀产生水化应力，有的岩石产生分散，有的不分散但裂缝增多或裂缝扩展，从而降低了岩石强度。

Chenevert、Mody 和 Hale 等研究了这种水化应力，在假定泥页岩具有半透膜的条件下（即水分子可以进出泥页岩但离子则不能），水化应力的数值由钻井滤液和页岩中水的活度（化学势）所决定（Chenevert，1969；Mody and Hale，1992），水化应力为

$$P_\pi = \frac{RT}{V}\ln\alpha_w \tag{5-39}$$

$$\alpha_w = \frac{(A_w)_m}{(A_w)_{sh}} \tag{5-40}$$

式中，R 为气体常数，$R=0.083$（L·atm）/（mol·K）；T 为绝对温度，K；V 为纯水的偏摩尔体积，$V=0.018$L/mol；$(A_w)_m$ 为钻井滤液的活度；$(A_w)_{sh}$ 为页岩的活度。

当 $(A_w)_m > (A_w)_{sh}$ 时，$\ln\alpha_w$ 为正值，泥页岩将从泥浆中吸水，产生水化膨胀，增大井壁的孔隙压力，减弱强度，从而不利于井壁稳定，反之，泥页岩产生解吸脱水，减小井壁的孔隙压力，强度增大则有利于井壁的稳定。因此，从活度平衡的理论来说，要求降低钻井滤液的活度。

3）含水量对弹性模量的影响

泥页岩水化后含水量的增大，对其杨氏弹性模量的影响是较大，一般泥页岩在地层埋藏条件下的原始含水量为0.2%～0.4%，其弹性模量 $E=1\times10^4\sim4\times10^4$MPa，当含水量增大后，模量迅速降低一个数量级，同时会在应力作用下急剧增大弹性应变量。用数学来描述 $E=f(W)$ 可表达为

$$E = 4\times10^4\exp[-11(W-0.02)^{\frac{1}{2}}]\ \text{MPa} \tag{5-41}$$

4）含水量对泊松比的影响

含水量对泥页岩泊松比 ν 的影响规律可用直线方程描述：

$$\nu = f(W) \tag{5-42}$$

分析了泥页岩试验数据，围压为0～20MPa，在原始地层含水量的情况下（2%～

4%），一般泊松比为0.25～0.4，当含水量超过10%～12%，ν 值可增大到0.5，即变成了完全塑性的材料，通过回归分析可得出经验模型：

$$\nu = 10.415 + 34.106W \tag{5-43}$$

5）含水量对泥页岩强度的影响

试验结果分析表明，含水量的增大会急剧降低泥页岩的内聚力。由于泥页岩的埋深不同，其压实的程度差别很大，表现在岩石的密度有明显差别，但从总体上都可用直线方程来进行描述，即泥页岩含水量为 W 时的黏聚力 C 值可按以下经验模型求取：

$$C = C_B - K_s(W - W_B) \tag{5-44}$$

式中，C_B 为岩石已知含水量 W_B 时的内聚力，MPa；$W - W_B$ 为含水增量，%；K_s 为系数，其值与岩石的埋藏深度 H 和岩石密度 ρ 有关：

$$\rho = 2.18 \sim 2.30，K_s = 2$$

$$\rho = 2.30 \sim 2.50，K_s = 3$$

$$\rho > 2.50 \sim 2.60，K_s = 4$$

含水量对内摩擦角的影响可由以下经验模型求取：

$$\varphi = \varphi_B - 187.5(W - W_B) \tag{5-45}$$

式中，φ_B 为该岩石已知含水量为 W_B 时的内摩擦角，°；$W - W_B$ 为含水增量，%；

上述 E、ν、C、$\varphi = f(W)$ 的关系为计算水化后井壁围岩应力及评价井壁稳定性提供了依据。

通常，以纯力学分析模型求取的地层坍塌压力较小，小于地层的孔隙压力，井壁稳定性较好。当采用水基钻井液后，地层受到水化影响强度降低，地层的坍塌压力明显增大，高于地层的孔隙压力，当使用的钻井液密度按孔隙压力考虑时，则不能平衡地层的坍塌压力，从而产生井壁失稳。

第6章　实例分析

将上述方法和技术应用于川西地区数十口探井的须家河组井段，进行岩石物性参数的精细解释、岩石弹性及强度参数和地应力、三个地层压力的测井预测与井壁稳定性分析评价，计算出维持井壁稳定的合理泥浆密度范围。限于篇幅，仅以部分井为例予以分析说明。

6.1　岩石力学参数解释

根据前述建立的测井横波时差提取模型及岩石强度参数测井解释模型，对 X856 井岩石强度参数进行测井解释，并按照区分层位和砂岩、泥岩进行统计分析。从图6-1、图6-2来看，须四段泥岩泊松比主要分布在0.23～0.236，砂岩泊松比分布区间主要为0.232～0.24；须二段泥岩泊松比主要分布在0.234～0.236，砂岩泊松比分布区间主要为0.234～0.238。因此，从岩性方面来看，砂岩的泊松比相对泥岩的泊松比要大0.002左右；从不同层位相同岩性来看，须二段砂岩、泥岩泊松比分别大于须四段砂岩、泥岩泊松比。

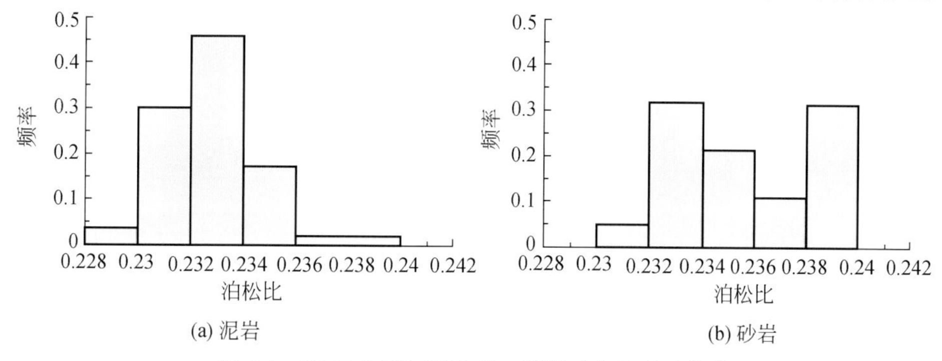

图6-1　X856井须四段砂岩、泥岩动态泊松比分布

从图6-3、图6-4来看，须四段泥岩弹性模量主要分布在30～60GPa，砂岩弹性模量分布区间主要为40～90GPa；须二段泥岩弹性模量主要分布在40～60GPa，砂岩弹性模量分布区间主要为40～70GPa。因此，从岩性方面来看，砂岩的弹性模量明显大于泥岩的弹性模量；从不同层位相同岩性来看，须二段砂岩、泥岩弹性模量值分别大于须四段砂岩、泥岩弹性模量值。

从图6-5、图6-6来看，须四段泥岩抗压强度主要分布在100～200MPa，砂岩抗压强度分布区间较大，从100MPa到1100MPa之间均有分布，其中以100～300MPa为主要分布区间；须二段泥岩抗压强度主要分布在80～160MPa，砂岩抗压强度分布基本为一正态分布，主要分布区间为160～240MPa。因此，从岩性方面来看，砂岩抗压强度大于泥岩抗压强度；从不同层位相同岩性来看，须二段泥岩抗压强度大于须四段泥岩抗压强度，而须四

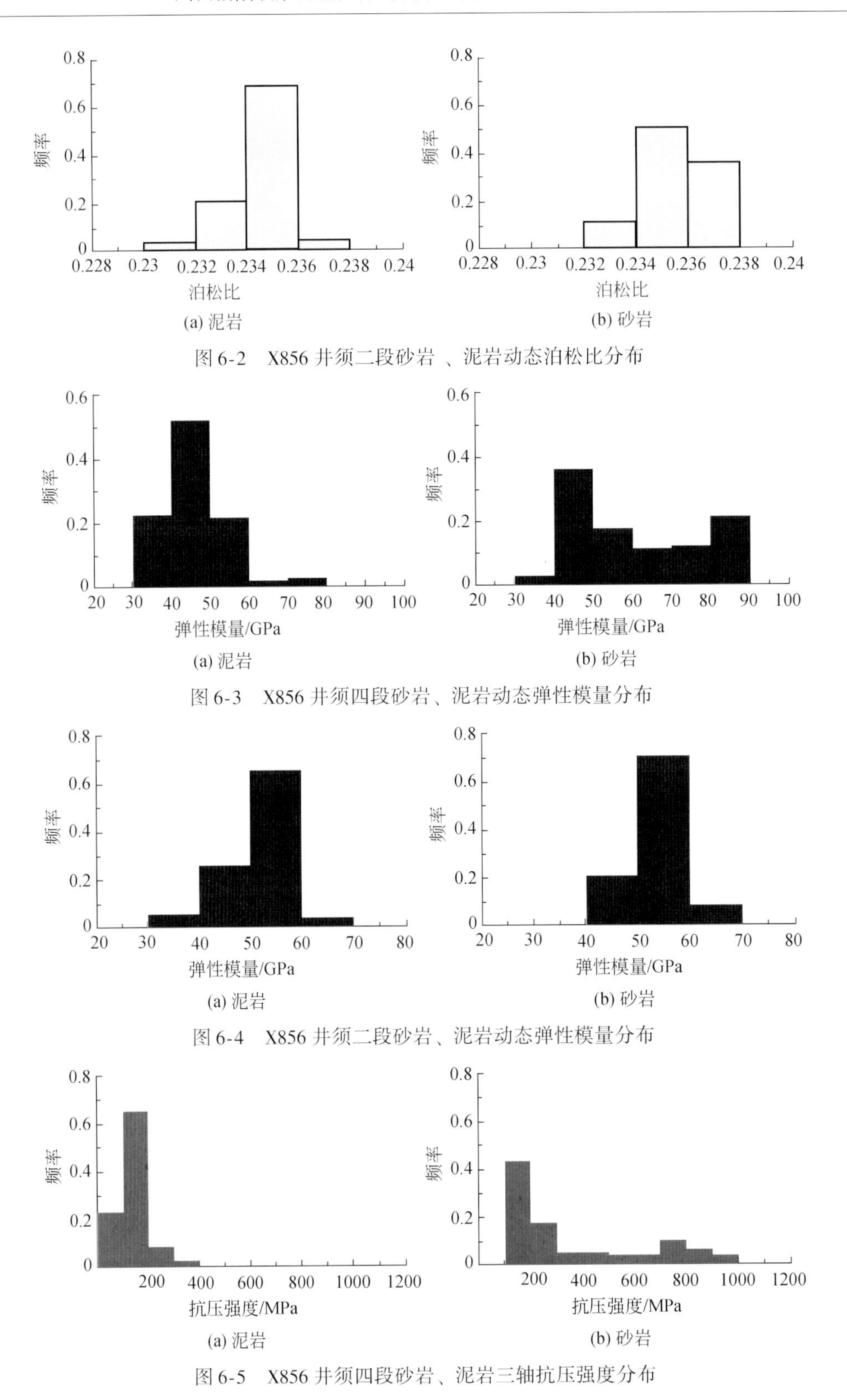

图 6-2　X856 井须二段砂岩 、泥岩动态泊松比分布

图 6-3　X856 井须四段砂岩、泥岩动态弹性模量分布

图 6-4　X856 井须二段砂岩、泥岩动态弹性模量分布

图 6-5　X856 井须四段砂岩、泥岩三轴抗压强度分布

段砂岩抗压强度虽有大于400MPa的值，但其分布频率相对较少，因此，总体上须二段砂岩由于更致密其抗压强度大于须四段。

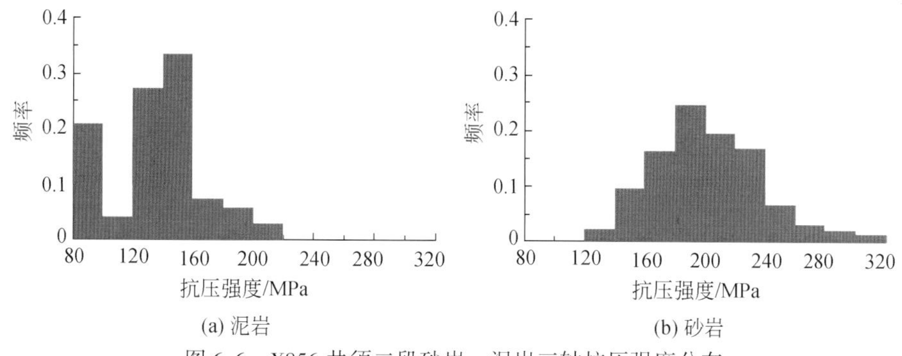

图6-6 X856井须二段砂岩、泥岩三轴抗压强度分布

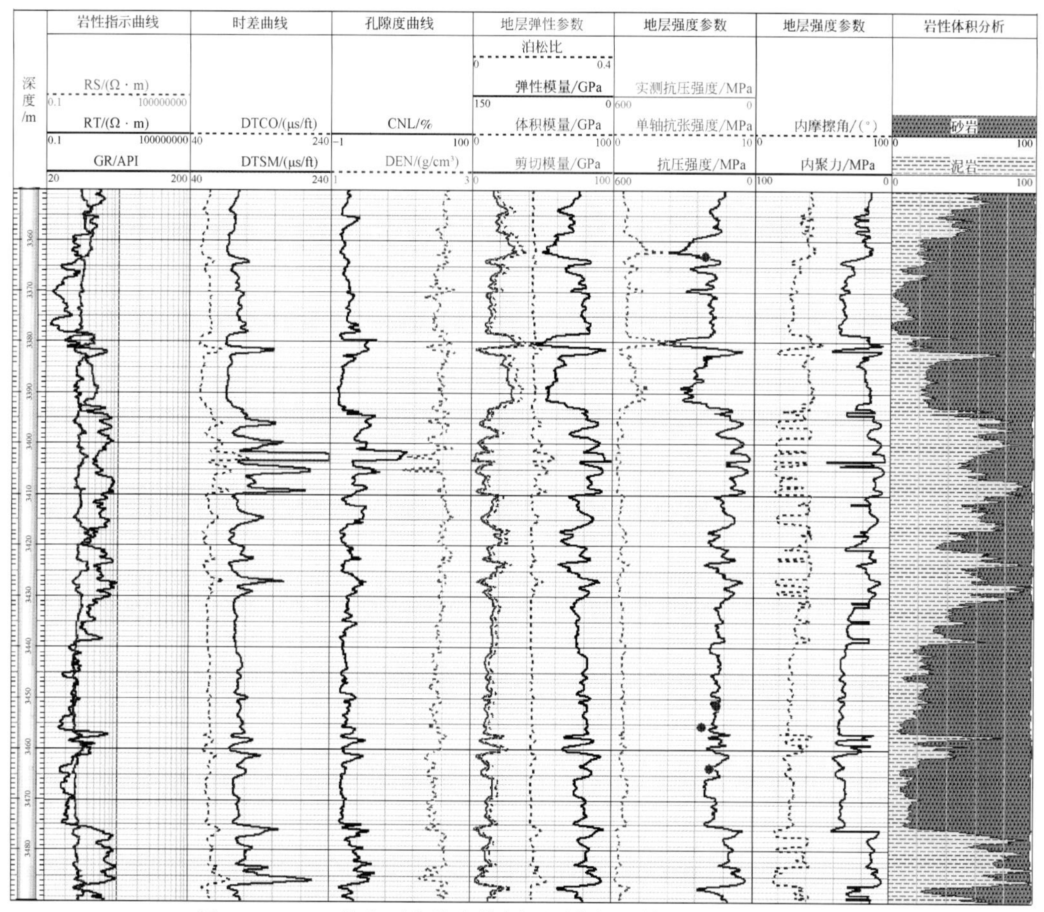

图6-7 X856井岩石力学参数剖面测井解释结果与实测值对比图

图6-7～图6-9分别是X856井、D2井和D4井部分井段岩石力学弹性参数和强度参数测井解释结果。从剖面上来看，总体上表现为砂岩抗压强度、弹性模量、内聚力及内摩擦角相对高，而泥岩的这些参数相对低，泥质含量高的地方泊松比相对增大。另外，从这些

剖面图来看，依据本书建立的测井岩石力学参数解释模型其解释结果与实测值有较好的吻合性，符合程度较高，其建立的岩石强度剖面可靠。

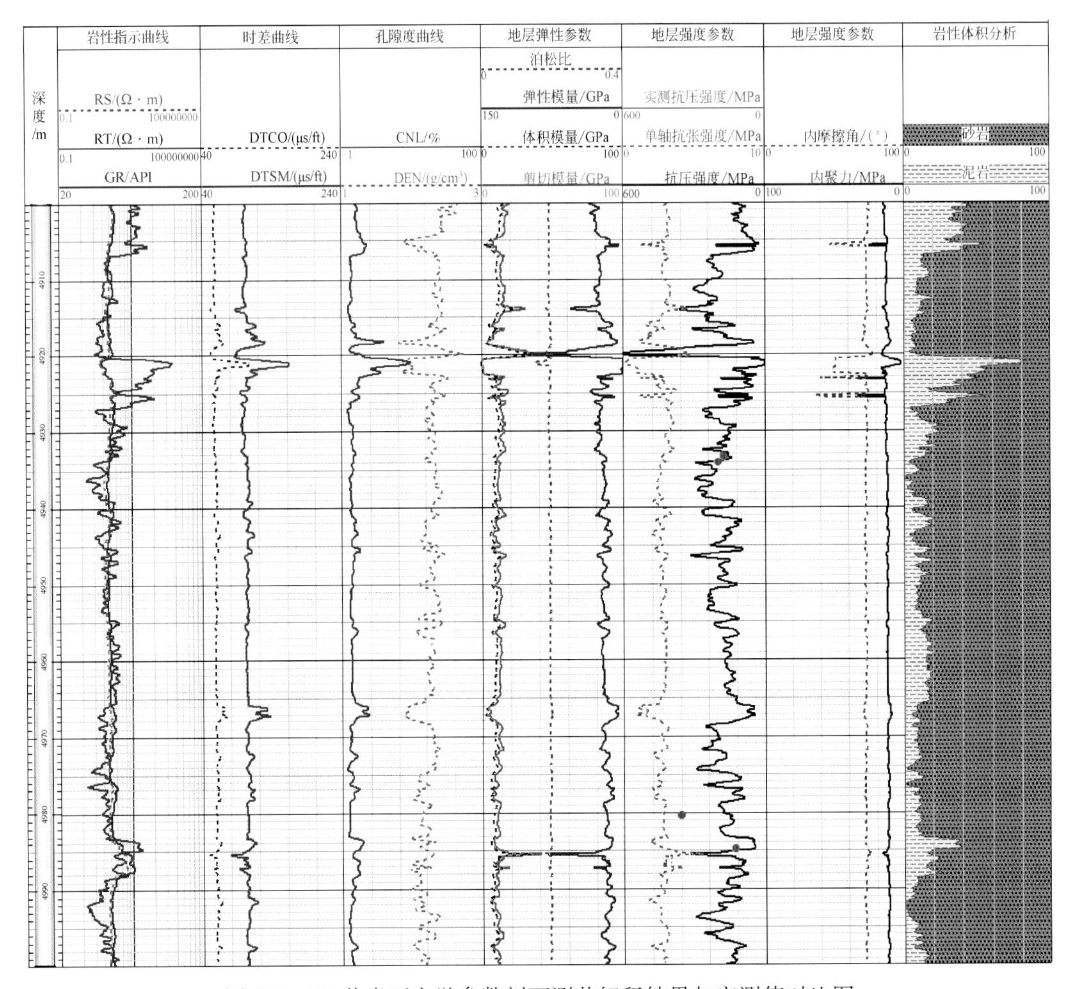

图 6-8　D2 井岩石力学参数剖面测井解释结果与实测值对比图

6.2　地应力解释及井壁稳定性分析

川西地区须家河组天然气资源丰富，新场地区自 1990 年开始实施钻探以来，目前在该区已实施各类钻井数百口。大量的钻井施工表明（表 2-1），区内地层从浅至深存在多种井下复杂情况。上部浅层岩石疏松、可钻性较好，但是泥岩混层黏土矿物含量高，水化分散性强，易坍塌井径扩大、易水化膨胀缩径引起卡钻或者易出现钻头泥包；另外，浅层由于区域淡水层分布广，其渗透性好，易发生井漏污染地表水，或钻井中易形成巨厚泥饼缩径现象。如 X851 井在 300 ~ 400m、550 ~ 920m 井段缩径，起下钻遇阻卡，致使 Φ339.7mm 套管卡钻而未下至井底。蓬莱镇组地层至须三段地层易坍塌；X853 井在 Φ215.9mm 井段虽然平均井径扩大率为 13%，但井眼不规则，井眼呈锯齿状，最大井径

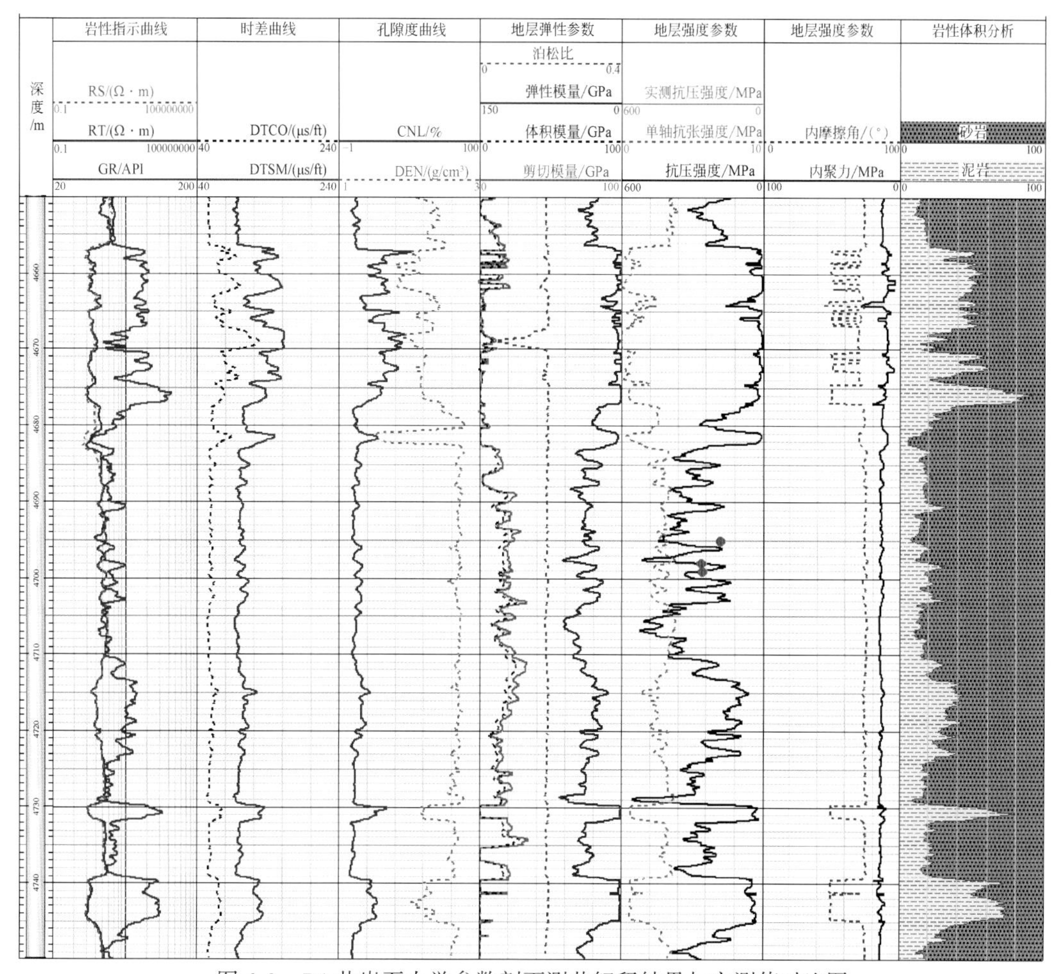

图6-9 D4井岩石力学参数剖面测井解释结果与实测值对比图

3672m处平均井径扩大率为41%，多处井段呈现缩径现象，缩径处平均井径均小于204mm，因须五段、须三段井壁剥落掉块严重，先后发生四次卡钻事故，其中三次为掉块卡钻，一次为井眼欠尺寸卡钻。Φ177.8mm套管因离井底19.13m卡钻而未下至井底。

沙溪庙组泥岩地层易水化膨胀造成缩径。千佛崖组与白田坝组、白田坝组与须五段、须四段与须三段界面处易漏失；如新851井分别在白田坝组与千佛崖组交界面处、须四段与须三段界面和须二段产层发生三次漏失；X853井、X856井也在须二段产层发生微裂隙渗漏；X856井在须三段4220m左右发生漏失。

此外，该区钻井中钻井液性能维护难度大，易造成吸附卡钻，以及易导致溢流发生速度快、来势凶猛、井控难度大；须家河组地层天然裂缝发育的不均匀性及气水分布不确定性，导致钻井中地层易发生漏失或出现既喷又漏的现象，易造成井内复杂情况，给钻井工程施工带来较大困难。由于地质条件的复杂性，导致钻井过程中存在诸多复杂工程地质情况。

由于钻井工程的特殊性，对于发生井下事故的某些参数，无法直接进行现场验证。如地层坍塌压力，不像一般材料的强度参数那样，可以通过破坏性试验求得。而且要通过人为的作用，使井壁发生坍塌来现场验证地层坍塌压力，这在现场是不允许的，也是不现实的，因为井壁坍塌过程不同于地层压裂，它是一个不可逆的过程，一旦发生坍塌后就无法恢复。因此，对诸如地层坍塌压力这样的参数则主要是通过前文提出的分析方法，对已钻井的实际资料进行反演分析，从而来验证其分析结果的准确程度。

在此，可根据地层压力、岩石孔弹系数、地应力、坍塌压力及破裂压力解释结果，结合单井实钻工程资料，对新场地区须家河组地层井壁稳定性进行分析验证研究，对所建立的岩石力学参数及地应力剖面进行可靠性检验。

1）X851 井井壁稳定性分析

X851 井位于新场构造五郎泉高点，于2000 年10 月完钻，井深4870m，筛管完井，钻井使用钻井液类型及性能情况见表6-1。钻井过程中曾发生三次井漏、一次断钻具、一次掉牙轮等工程情况。

根据该井须家河组地层钻井发生的两次井漏事故、一次试破统计资料与破裂压力预测结果对比分析（表6-2）可以看出，该井须家河组地层坍塌压力、破裂压力预测结果符合实钻资料，表明地层破裂压力预测结果是可靠的。

另外，根据该井须家河组地层三大压力剖面（图6-10）预测结果可见，地层坍塌压力整体上均低于孔隙压力，因此钻井安全泥浆密度窗口下限在采用控压钻井条件下，可选用坍塌压力当量泥浆密度值；如果不采用控压钻井，安全泥浆密度窗口的下限主要取地层的孔隙压力值；安全泥浆密度窗口的上限为该井各段地层破裂压力当量密度值。

表6-1　X851 井钻井液性能统计表

井深/m	层位	密度/（g/cm^3）	黏度/s	pH	中压失水量		高温高压失水量		固含/%
					失水/mL	泥饼/mm	失水/mL	泥饼/mm	
90～200	K_1j	1.04～1.08	35～74	11	6.4～6.8	0.5			
400～1550	J_3n	1.12～1.62	46～74	7.5～9	3.4～6.8	0.5			8～26
1600～1850	J_3sn	1.57～1.7	48～58	9	4.5～7.2	0.5			27～29
1900～2500	J_2s	1.68～1.8	48～65	9～9.5	6～7.8	0.5	16.8	3	26～27
2550～2600	J_2x	1.81～1.88	52～54	9.5	4.8～5	0.5	16.8	3	
2650	J_2q	1.89	47	9.5	4.4	0.5	16.8	3	
2700～2750	J_1b	1.89～1.87	52～55	9.5	3.8～4	0.5	16.8	3	36
2800～3300	T_3x^5	1.88～1.94	45～72	9.5～10.5	3.5～4.2	0.5	16.8	3	36～40
3350～3800	T_3x^4	1.91～1.99	51～70	9.5	4.2～4.6	0.5	16.8	3	39
3850～4600	T_3x^3	1.97～2.11	45～60	9.5～10	3.6～5	0.5	14.6～16.8	3	25
4650～4850	T_3x^2	1.6～1.67	40～53	9.5	3.6～5	0.5	14.6	3	23

表 6-2　X851 井须家河组井漏等事故统计与破裂、坍塌压力预测统计对比表

事故井深/m	层位	岩性	钻井复杂情况	钻井液密度/(g/cm^3)	井口回压/MPa	折算地层承压当量密度/(g/cm^3)	预测破裂压力当量密度/(g/cm^3)	复杂情况产生原因	试破情况	符合情况
2855～2863	须五段	砂岩		1.90	10.8	2.28	1.78～2.52		破漏	符合
3828.83	须四段、须三段交界面	砾岩页岩	钻进中发生井漏	2.0	18.1	2.48	2.43～2.52	地层交界面漏失		符合
4840.86	须二段	砂岩夹少量页岩	钻进中发生井漏	1.61	20.5	2.04	2.01～2.08	裂缝性漏失	—	符合

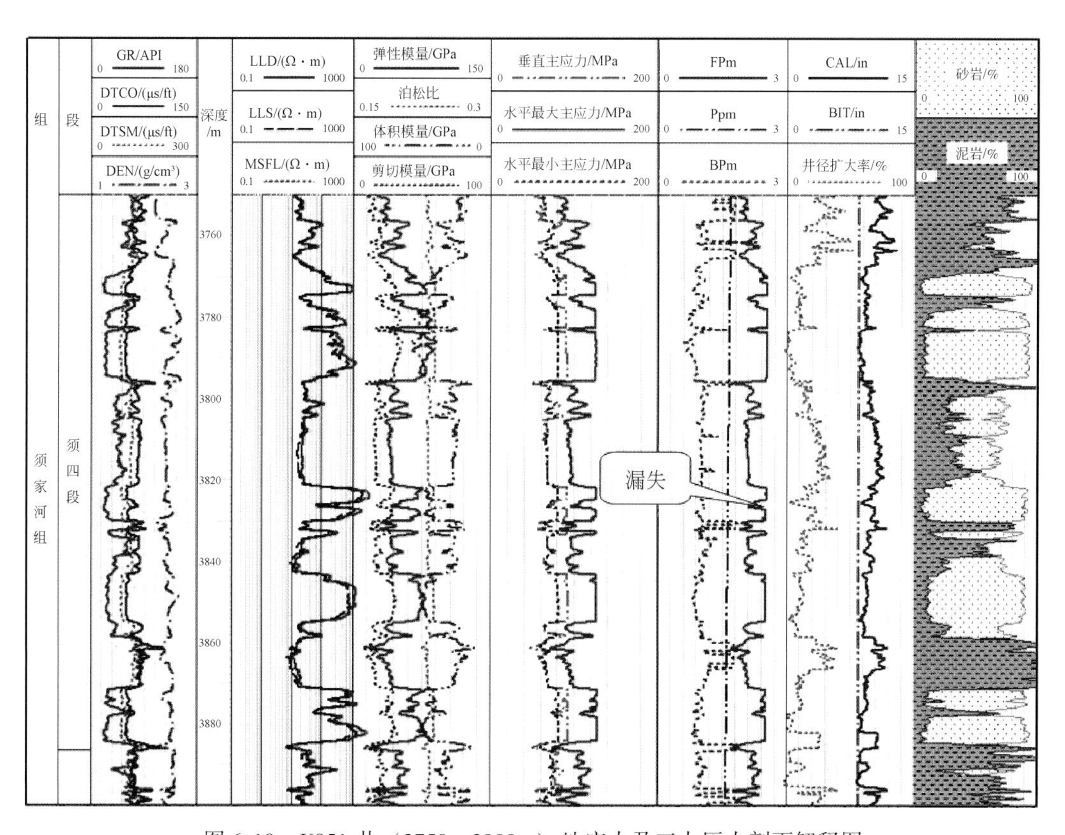

图 6-10　X851 井（3750～3900m）地应力及三大压力剖面解释图

2）C565 井井壁稳定性验证分析

C565 井位于新场构造七郎庙高点，于 2004 年 9 月完钻，井深 5200m，衬管完井。钻井过程中使用钻井液类型及性能情况见表 6-3，钻井过程中曾发生一次溢流、三次井漏、一次套管变形等工程情况。

表 6-3　C565 井钻井液类型及性能使用统计表

井段/m	钻井液类型	ρ /（g/cm³）	FV/S	FL /mL	pH	R_p /Pa	泥饼 /mm
0～105	普通坂土钻井液	1.05～1.10	60～100	8.4	8		1.5
105～1000	钾胺聚合物防塌钻井液	1.10～1.39	25～50	7	8		1
1000～3470	聚磺钻井液	1.30～2.15	30～50	6	9	14.5	0.8
3470～4780	聚合物防卡	1.80～2.10	31～55	3.6	9	8.5	0.8
4780～5200	聚合物防卡	1.55～1.60	36	2.8	9	15	0.5

根据该井钻井发生的三次井漏事故及一次试破统计资料与破裂压力预测结果对比分析（表6-4），本井地层破裂压力预测结果符合钻井实际情况，表明破裂压力预测结果是可信的。

另外，根据该井须五段—须四段三大压力剖面（图6-11）预测结果可见须四段、须五段（3405～3575m井段）附近，实钻泥浆密度总体低于坍塌压力预测结果，地层易坍塌，此与钻井实际情况保持一致，钻井中出现垮塌、掉块现象，表明预测结果是可靠的。该井三开完钻井深为4780m，循环钻井液时发生井漏。从该层段三大压力特征剖面（图6-12）预测结果来看，在4760m左右的破裂压力较低，且安全泥浆密度窗口较窄，导致地层漏失，预测与实际钻井情况也是符合的。

表 6-4　C565 井须家河组井漏等事故统计与破裂、坍塌压力预测统计对比表

井深 /m	层位	岩性	复杂情况	钻井液密度 /(g/cm³)	井口回压 /MPa	折算地层承压当量密度 /(g/cm³)	预测坍塌压力 /(g/cm³)	预测破裂压力当量密度 /(g/cm³)	复杂情况诱因	符合情况
2991.2	须五段	岩屑砂岩、岩屑石英砂岩夹煤线	裂缝性气层井涌后加重泥浆发生井漏	1.98	3	2.08		2.33	裂缝气层漏失	不符合
3470～3510	须五段 须四段	页岩、碳质页岩夹煤线	掉块	1.88～1.90	19		1.75～2.38		BP过高，泥浆密度过低	符合
4762～4780	须二段	细、中粒岩屑砂岩	钻进中井漏	2.15	20	2.58		1.27～2.51	须三段、须二段界面漏失	符合

3）X2井壁稳定性验证分析

X2井位于新场构造五郎泉高点北翼，于2007年6月完钻，井深4855m，衬管完井。须家河组地层钻井过程中共发生一次井涌、四次井漏等工程情况（表6-5）。

根据该井发生的井漏事故及井涌资料与地层坍塌、破裂压力预测结果对比分析（表6-5），须五段（2862m）处由于地层压力当量泥浆密度值高于实钻泥浆密度值，且须五段为本区烃源岩层，因此，该处出现井涌事故。总体来说，该井须家河组地层破裂压力预测结

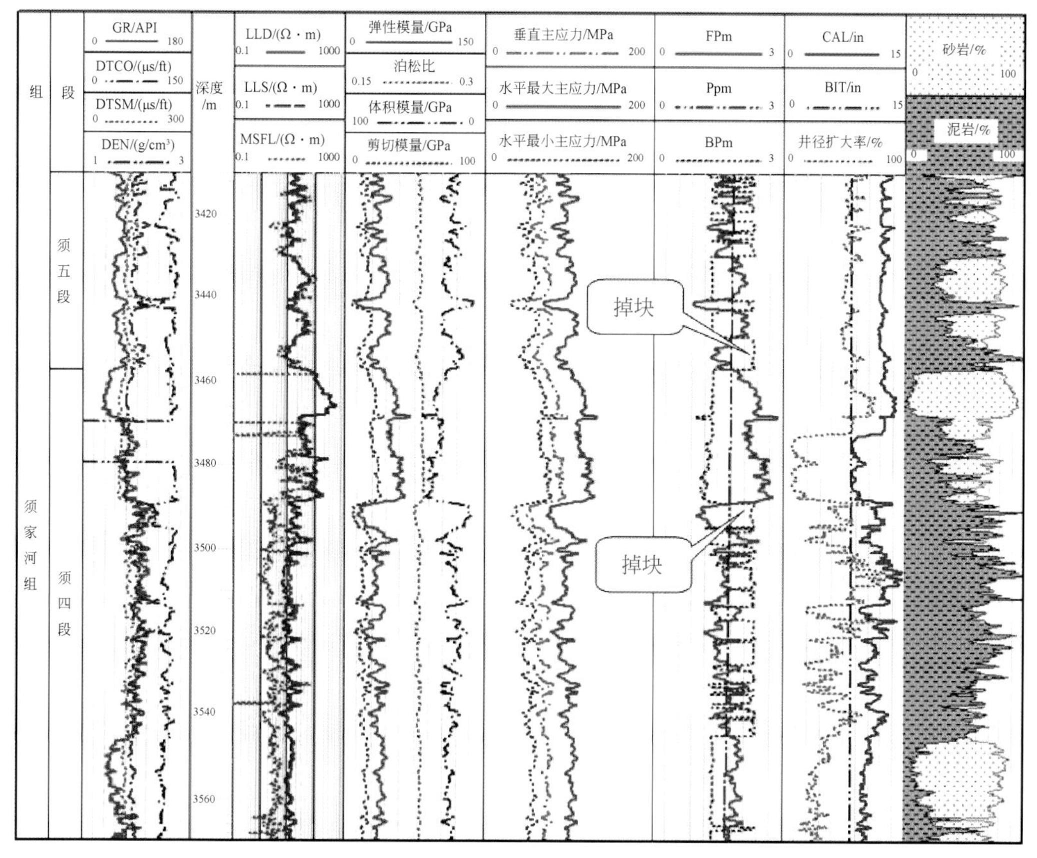

图 6-11 C565 井（3405～3575m）地应力及三大压力剖面解释图

果符合钻井实际情况，表明破裂压力预测结果是可靠的。

表 6-5 X2 井须家河组井漏等事故统计与破压、坍塌压力预测统计对比表

事故井深/m	层位	岩性	复杂情况	地层压力/（g/cm³）	钻井液密度/（g/cm³）	预测坍塌压力/（g/cm³）	预测破裂压力当量密度/（g/cm³）	符合情况
2862	须五段	页岩、煤层	井涌，煤层气活跃	2.308	2.11	0.32	2.02	符合
3583.81	须四段	页岩	起钻遇阻	2.15	2.11	1.438	2.01	不符合
3792.49	须四段	岩屑石英砂岩	井漏	2.0	2.15	1.02	2.07	符合
3802.04	须四段	岩屑石英砂岩	井漏	1.99	2.15	0.91	1.94	符合
3964.53～3999.04	须三段	岩屑石英砂岩	井漏	1.89	2.16～2.17	0.73～1.76	1.69～2.43	符合
4214.07	须三段	砂岩	泥浆密度过高钻遇砂岩发生渗透性漏失	1.92	2.16	1.64～1.65	1.67～1.68	符合

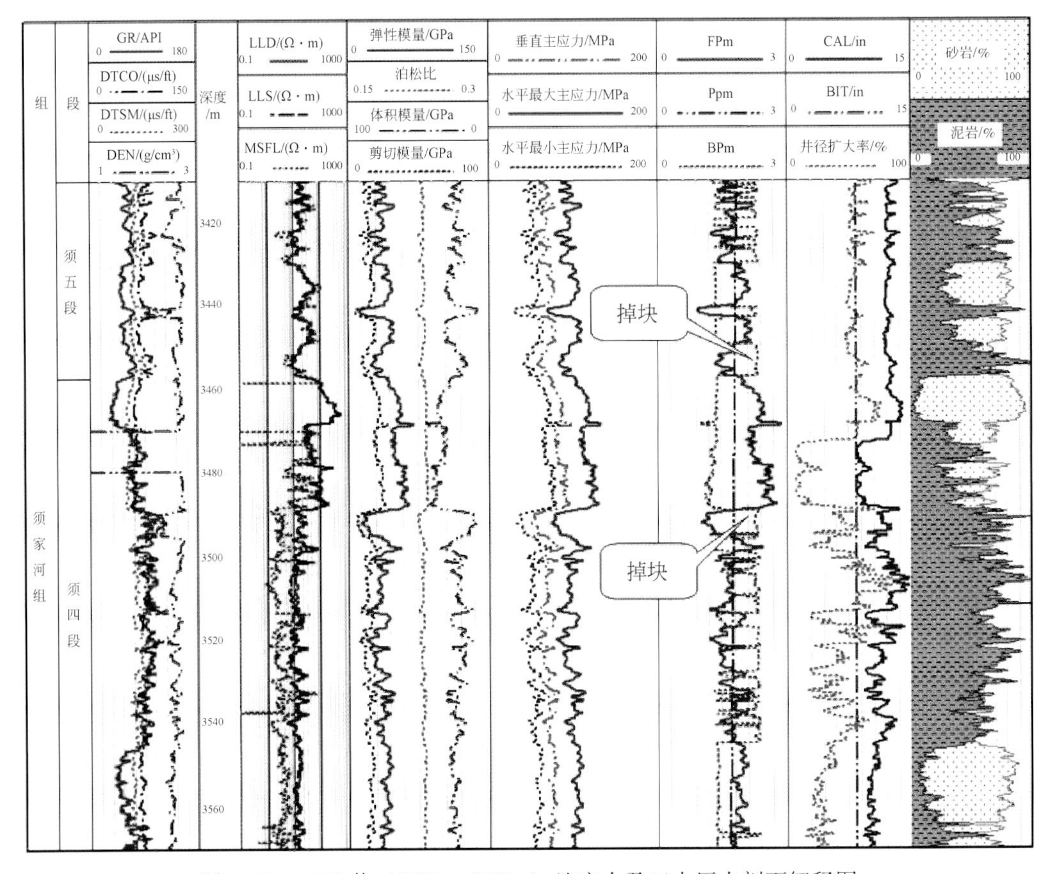

图 6-12　C565 井（4605～4775m）地应力及三大压力剖面解释图

另外，根据该井须四段—须三段三大压力剖面（图 6-13）预测结果可见须四段—须三段（3750～4010m）井段附近，实钻泥浆密度总体大于地层破裂压力当量泥浆密度预测结果，地层易产生破裂，这与钻井实际情况保持一致，因此在钻井过程中易出现井漏现象，这也表明地层破裂压力预测结果是可靠的。该井须三段（4214.07m）处，循环钻井液时发生井漏，一方面是因为实钻泥浆密度较大，另一方面可能也是该层段天然裂缝较为发育（录井描述见 8 颗无色透明次生石英晶体，钻时：70↓40～60min/m，漏失泥浆 51.5m^3），导致地层漏失，其预测与实际钻井情况也是符合的。

综上所述，川西地区须家河组地层坍塌压力及破裂压力预测结果与实钻情况符合程度较高，预测结果具有较高的可靠性，从而也验证了前述模型建立的准确性。

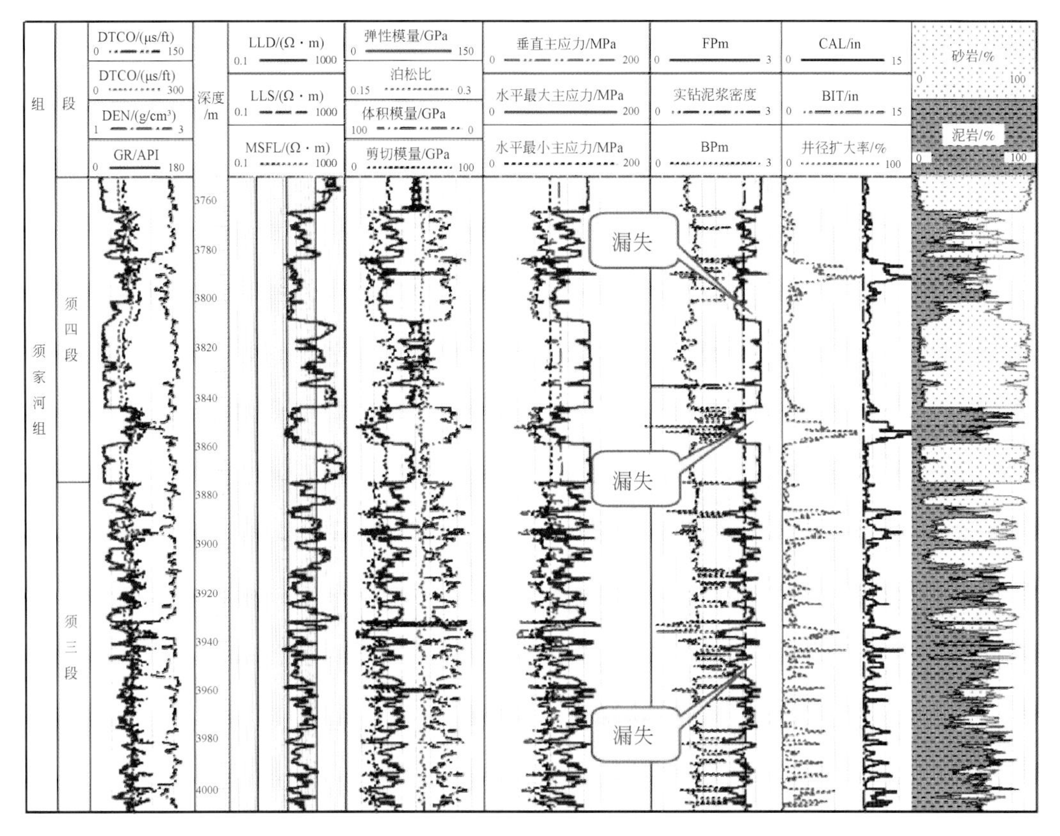

图6-13 X2井（3750～4010m）地应力及三大压力剖面解释图

第三部分　水平井（斜井）井眼稳定性评价与实践

第7章　水平井（斜井）井壁应力研究

7.1　井壁应力模型建立

7.1.1　基本假设

研究井眼稳定性的力学机理，就要分析井眼的受力状态和应力分布，必须建立数学力学模型，而模型的建立依赖于对井眼的岩石介质和工作力学环境的认识。井眼周围岩石的力学状态多，而且井壁岩石还受到钻井液的不断冲洗以及井筒温度变化等复杂因素的影响。因此，在研究井眼力学稳定机理时，先作如下假设（吴家龙，1987；陆明万、罗学富，1990a，1990b；李同林、殷绥域，2006）。

（1）岩石为理想弹塑性材料。即在弹性范围内为各向同性线弹性体，当应力达到屈服强度时，就开始发生破坏。

（2）不考虑岩石与钻井液的物理化学作用而引起的力学性质变化。

（3）无温度应力的影响。

（4）钻井液造壁性能完好，泥饼将钻井液与地层岩石完全封隔开来，泥饼无强度。

（5）当井壁一点处应力达到破坏准则时，井眼即破坏。

7.1.2　模型推导

深部地层受三向主地应力的作用，即受到上覆岩层压力 σ_v、最大水平主应力 σ_H、最小水平主应力 σ_h 三向应力的作用。在斜井中，因为井眼方向偏离了铅垂方向，所以原始垂直方向的地应力与水平方向的两个地应力与井眼方向不垂直，因此需要进行坐标转换，以方便进行计算。用直角坐标 XYZ 和圆柱坐标 $r\theta z$ 表示斜井井眼，井斜角为 α（井眼方向线与重力线之间的夹角），相对于最大水平地应力之间的方位角为 ω（井眼轴线的水平投影与最大水平地应力的夹角），通过旋转坐标系建立地应力 σ_v、σ_H、σ_h 与 σ_x、σ_y、σ_z 之间的关系式，如图7-1所示。旋转过程如下。（Aadnoy et al.，1987；阎铁等，2002；钟敬敏，2004；赵小龙，2008）

（1）原坐标系 $X'Y'Z'$，首先绕 Z' 逆时针旋转 ω 角度，变为坐标系 $X_1Y_1Z_1$。

（2）绕 Y_1 轴逆时针旋转 α 角度，变为坐标系 XYZ，则新坐标系 XYZ 与原坐标系 $X'Y'Z'$ 存在一定的关系，其关系式为：

$$\begin{bmatrix} x \\ y \\ z \end{bmatrix} = \begin{pmatrix} \cos\omega\cos\alpha & \sin\omega\cos\alpha & -\sin\alpha \\ -\sin\omega & \cos\omega & 0 \\ \cos\omega\sin\alpha & \sin\omega\sin\alpha & \cos\alpha \end{pmatrix} \begin{bmatrix} x' \\ y' \\ z' \end{bmatrix}$$

（3）坐标转换后的原地应力为 σ_{ij} ，可以看作原本地应力引起的应力分布分量，则通过坐标转换后，用原地应力 σ_v、σ_H、σ_h 表示的斜井井眼的围岩应力表达式如下表示：

$$\begin{pmatrix} \sigma_x & \tau_{xy} & \tau_{xz} \\ \tau_{yx} & \sigma_y & \tau_{yz} \\ \tau_{zx} & \tau_{zy} & \sigma_z \end{pmatrix} = B \begin{pmatrix} \sigma_H & 0 & 0 \\ 0 & \sigma_h & 0 \\ 0 & 0 & \sigma_v \end{pmatrix} B^T$$

式中，$B = \begin{pmatrix} \cos\omega\cos\alpha & \sin\omega\cos\alpha & -\sin\alpha \\ -\sin\omega & \cos\omega & 0 \\ \cos\omega\sin\alpha & \sin\omega\sin\alpha & \cos\alpha \end{pmatrix}$

所以各应力分量的表达式为

$$\begin{cases} \sigma_y = \sigma_H \sin^2\omega + \sigma_h \cos^2\omega \\ \sigma_x = (\sigma_H \cos^2\omega + \sigma_h \sin^2\omega)\cos^2\alpha + \sigma_v \sin^2\alpha \\ \sigma_z = (\sigma_H \cos^2\omega + \sigma_h \sin^2\omega)\sin^2\alpha + \sigma_v \cos^2\alpha \\ \tau_{xy} = \dfrac{1}{2}(\sigma_h - \sigma_H)\sin 2\omega\cos\alpha \\ \tau_{yz} = \dfrac{1}{2}(\sigma_h - \sigma_H)\sin 2\omega\sin\alpha \\ \tau_{xz} = \dfrac{1}{2}(\sigma_H \cos^2\omega + \sigma_h \sin^2\omega - \sigma_v)\sin 2\alpha \end{cases} \tag{7-1}$$

通过把斜井转换成井轴所在的铅垂线，其受力如图 7-2 所示。

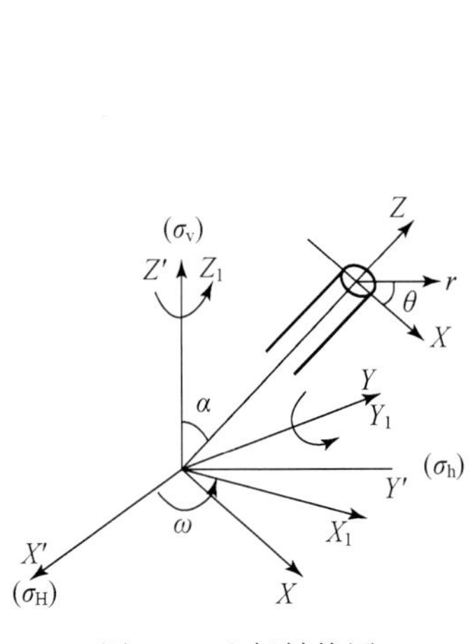

图 7-1　坐标转换图

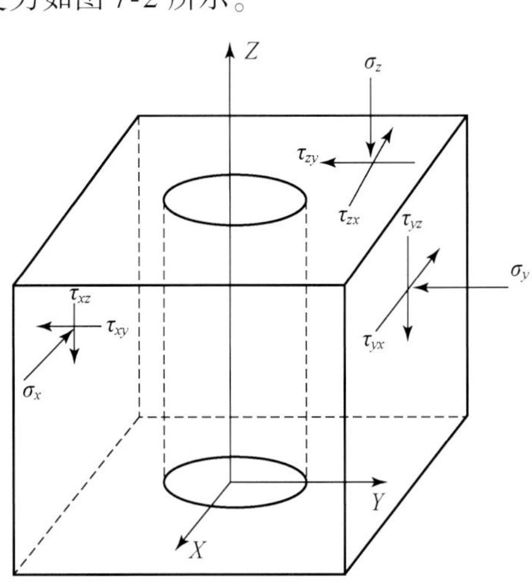

图 7-2　井眼坐标下的远场应力

图 7-2 可以认为是完整的广义平面应变问题，其图形可以分解为狭义平面应变、面外剪切、单轴压缩的叠加（Aadnoy and Chenevert，1987；金衍等，1999；钟敬敏，2004；赵小龙，2008），如图 7-3 所示。

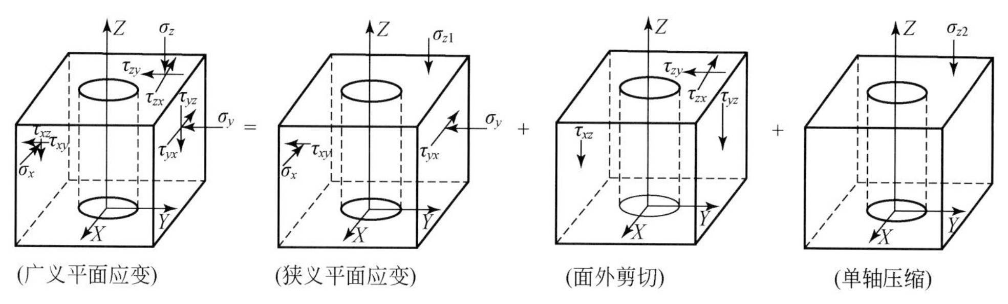

图 7-3　井壁应力的广义平面应变问题求解分解

1. 第一种情况：狭义平面应变

（1）由最大水平地应力 σ_x 引起的井周应力分布，由平面应变条件知：$\varepsilon_z=0$。

根据弹性平面问题对无限大平面内的圆孔应力问题的解答，可以求出井壁应力分布，如图 7-4 所示。

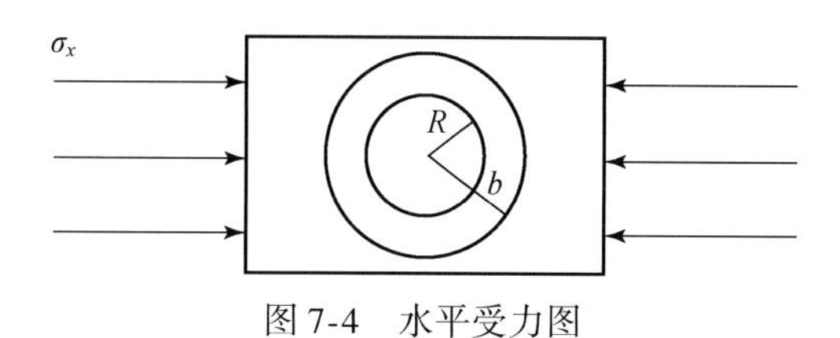

图 7-4　水平受力图

假设在离圆孔中心距离为 b 的地方，应力和无圆孔时的情形相同，则

$$\left.\begin{aligned}(\sigma_r)_{r=b}&=\sigma_x\cos^2 r=\frac{\sigma_x}{2}(1+\cos 2\theta)\\(\tau_{r\theta})_{r=b}&=-\frac{\sigma_x}{2}\sin 2\theta\end{aligned}\right\}\tag{7-2}$$

式（7-2）表示，在与小圆孔同心且半径为 b 的圆周上，应力由两部分组成：

第一部分是沿着整个外圆作用不变的压应力$\frac{\sigma_x}{2}$，得拉梅解答：

$$\begin{cases}\sigma_r=\dfrac{1}{1-\dfrac{a^2}{b^2}}\dfrac{\sigma_x}{2}\left(1-\dfrac{R^2}{r^2}\right)\\\sigma_\theta=\dfrac{1}{1-\dfrac{a^2}{b^2}}\dfrac{\sigma_x}{2}\left(1+\dfrac{R^2}{r^2}\right)\\\tau_{r\theta}=0\end{cases}\tag{7-3}$$

第二部分为随 θ 角变化的法向应力 $\frac{\sigma_x}{2}\cos 2\theta$ 和切向应力$-\frac{\sigma_x}{2}\sin 2\theta$。

因此，由此产生的应力可由应力函数求得。

设应力函数为

$$U=f(r)\cos2\theta$$

将此函数代入极坐标形式的双调和方程$\nabla^2\nabla^2U=0$，得

$$\left(\frac{\mathrm{d}^2f}{\mathrm{d}^2r}+\frac{1}{r}\frac{\mathrm{d}}{\mathrm{d}r}-\frac{4f}{r^2}\right)\cdot\left(\frac{\mathrm{d}^2f}{\mathrm{d}^2r}+\frac{1}{r}\frac{\mathrm{d}f}{\mathrm{d}r}-\frac{4f}{r^2}\right)=0$$

即

$$r^4\frac{\mathrm{d}^4f(r)}{\mathrm{d}r^4}+2r^3\frac{\mathrm{d}^3f(r)}{\mathrm{d}r^3}-9r^2\frac{\mathrm{d}^2f(r)}{\mathrm{d}r^2}+9r\frac{\mathrm{d}f(r)}{\mathrm{d}r}=0$$

由欧拉方程解之得方程的通解为

$$f(r)=Ar^2+Br^4+\frac{C}{r^2}+D$$

所以应力函数为

$$U=\left(Ar^2+Br^4+\frac{C}{r^2}+D\right)\cos2\theta$$

所以，得应力分量：

$$\begin{cases}\sigma_r=\dfrac{1}{r}\dfrac{\partial U}{\partial r}+\dfrac{1}{r^2}\dfrac{\partial^2U}{\partial\theta^2}=\left(-2A-\dfrac{6C}{r^4}-\dfrac{4D}{r^2}\right)\cos2\theta\\ \sigma_\theta=\dfrac{\partial^2U}{\partial r^2}=\left(2A+12Br^2+\dfrac{6C}{r^4}\right)\cos2\theta\\ \tau_{r\theta}=-\dfrac{\partial}{\partial r}\left(\dfrac{1}{r}\dfrac{\partial U}{\partial\theta}\right)=\left(2A+6Br^2-\dfrac{6C}{r^4}-\dfrac{2D}{r^2}\right)\sin2\theta\end{cases}$$

再根据边界条件：

$$(\sigma_r)_{r=a}=0\qquad(\tau_{r\theta})_{r=a}=0$$

$$(\sigma_r)_{r=b}=\frac{\sigma_H}{2}\cos2\theta\qquad(\tau_{r\theta})_{r=b}=-\frac{\sigma_H}{2}\sin2\theta$$

解得：

$$A=-\frac{\sigma_y}{4},\ B=0,\ C=\frac{a^4\sigma_y}{4},\ D=\frac{a^2\sigma_y}{2}$$

所以：

$$\begin{cases}\sigma_r=\dfrac{\sigma_x}{2}\left(1-\dfrac{R^2}{r^2}\right)+\dfrac{\sigma_x}{2}\left(1+\dfrac{3R^4}{r^4}-\dfrac{4R^2}{r^2}\right)\cos2\theta\\ \sigma_\theta=\dfrac{\sigma_x}{2}\left(1+\dfrac{R^2}{r^2}\right)-\dfrac{\sigma_x}{2}\left(1+\dfrac{3R^4}{r^4}\right)\cos2\theta\\ \tau_{r\theta}=\dfrac{\sigma_x}{2}\left(1-\dfrac{3R^4}{r^4}+\dfrac{2R^2}{r^2}\right)\sin2\theta\end{cases}\tag{7-4}$$

（2）由最小水平地应力σ_y引起的井周应力分布情况，受力如图 7-5 所示。

对于由最小水平主应力引起的井壁应力分布与最大水平主应力引起的井壁应力分布情况完全类似，唯一不同的是二者相差一个 90°的角度，因此只需要将在σ_x情况下得到的解答中，将θ角换成$\theta+\dfrac{\pi}{2}$即可，所以得到由最小水平地应力σ_y引起的井壁应力分布：

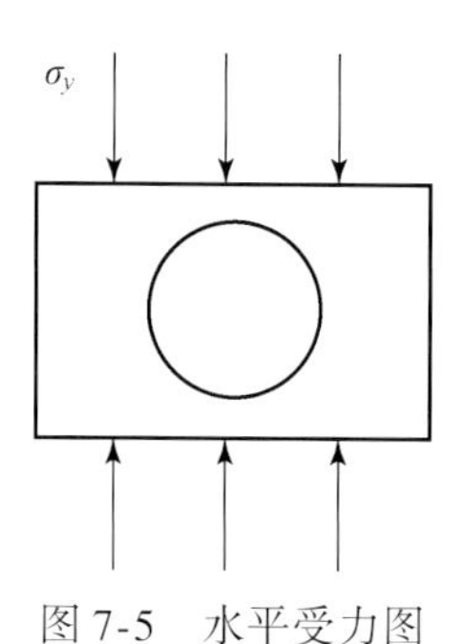

图7-5　水平受力图

$$\begin{cases}\sigma_r = \dfrac{\sigma_y}{2}\left(1 - \dfrac{R^2}{r^2}\right) - \dfrac{\sigma_y}{2}\left(1 + \dfrac{3R^4}{r^4} - \dfrac{4R^2}{r^2}\right)\cos 2\theta \\ \sigma_\theta = \dfrac{\sigma_y}{2}\left(1 + \dfrac{R^2}{r^2}\right) + \dfrac{\sigma_y}{2}\left(1 + \dfrac{3R^4}{r^4}\right)\cos 2\theta \\ \tau_{r\theta} = -\dfrac{\sigma_y}{2}\left(1 - \dfrac{3R^4}{r^4} + \dfrac{2R^2}{r^2}\right)\sin 2\theta \end{cases} \tag{7-5}$$

（3）剪应力 τ_{xy} 所引起的井周应力分布情况，受力如图7-6所示。

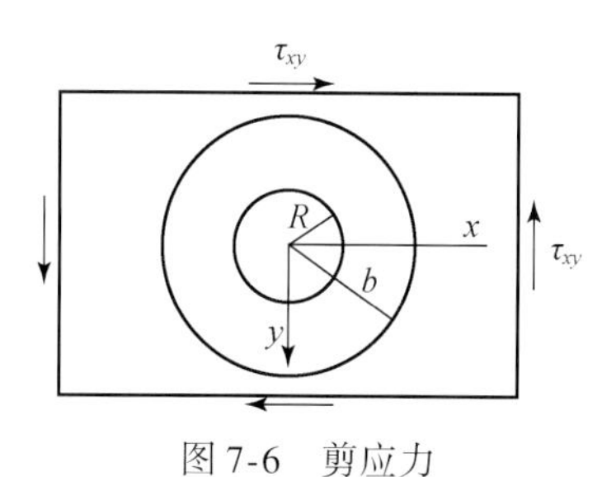

图7-6　剪应力

同样，假设在距离圆孔中心距离为 b 的区域，其应力分布与无圆孔时的情形相同，由张量及极坐标转换，求得

$$\begin{cases}\sigma_r = \tau_{xy}\sin 2\theta \\ \sigma_\theta = -\tau_{xy}\sin 2\theta \\ \tau_{r\theta} = \tau_{xy}\cos 2\theta \end{cases}$$

设应力函数为：$U=f(r)\times\cos 2\theta$

将此函数代入极坐标形式的双调和方程 $\nabla^2\nabla^2 U=0$，得

$$\left(\frac{d^2 f}{d^2 r} + \frac{1}{r}\frac{d}{dr} - \frac{4f}{r^2}\right)\cdot\left(\frac{d^2 f}{d^2 r} + \frac{1}{r}\frac{df}{dr} - \frac{4f}{r^2}\right) = 0$$

即

$$r^4\frac{d^4 f(r)}{dr^4} + 2r^3\frac{d^3 f(r)}{dr^3} - 9r^2\frac{d^2 f(r)}{dr^2} + 9r\frac{df(r)}{dr} = 0$$

由欧拉方程求解得方程的通解为

$$f(r)=Ar^2+Br^4+\frac{C}{r^2}+D$$

所以应力函数为

$$U=(Ar^2+Br^4+\frac{C}{r^2}+D)\times\cos2\theta$$

所以，得应力分量：

$$\begin{cases}\sigma_r=\dfrac{1}{r}\dfrac{\partial U}{\partial r}+\dfrac{1}{r^2}\dfrac{\partial^2 U}{\partial\theta^2}=\left(-2A-\dfrac{6C}{r^4}-\dfrac{4D}{r^2}\right)\cos2\theta\\ \sigma_\theta=\dfrac{\partial^2 U}{\partial r^2}=\left(2A+12Br^2+\dfrac{6C}{r^4}\right)\cos2\theta\\ \tau_{r\theta}=-\dfrac{\partial}{\partial r}\left(\dfrac{1}{r}\dfrac{\partial U}{\partial\theta}\right)=\left(2A+6Br^2-\dfrac{6C}{r^4}-\dfrac{2D}{r^2}\right)\sin2\theta\end{cases}$$

再根据边界条件：

$$(\sigma_r)_{r=a}=0 \qquad (\tau_{r\theta})_{r=a}=0$$

$$(\sigma_r)_{r=b}=\tau_{xy}\sin2\theta \qquad (\tau_{r\theta})_{r=b}=\tau_{xy}\cos2\theta$$

得

$$\begin{cases}(\sigma_r)_{r=b}=\left(1+\dfrac{3R^4}{r^4}-\dfrac{4R^2}{r^2}\right)\tau_{xy}\sin2\theta\\ (\sigma_\theta)_{r=b}=-\left(1+\dfrac{3R^4}{r^4}\right)\sin2\theta\\ (\tau_{r\theta})_{r=b}=\left(1-\dfrac{3R^4}{r^4}-\dfrac{2R^2}{r^2}\right)\tau_{xy}\cos2\theta\end{cases} \tag{7-6}$$

最后将由 σ_x、σ_y、τ_{xy} 所引起的井壁应力分布进行叠加，所以：

$$\begin{cases}\sigma_r=\dfrac{\sigma_x+\sigma_y}{2}\left(1-\dfrac{R^2}{r^2}\right)+\dfrac{\sigma_x-\sigma_y}{2}\left(1+\dfrac{3R^4}{r^4}-\dfrac{4R^2}{r^2}\right)\cos2\theta+\tau_{xy}\left(1+\dfrac{3R^4}{r^4}-\dfrac{4R^2}{r^2}\right)\sin2\theta\\ \sigma_\theta=\dfrac{\sigma_x+\sigma_y}{2}\left(1+\dfrac{R^2}{r^2}\right)-\dfrac{\sigma_x-\sigma_y}{2}\left(1+\dfrac{3R^4}{r^4}\right)\cos2\theta-\tau_{xy}(1+\dfrac{3R^4}{r^4})\sin2\theta\\ \tau_{r\theta}=\dfrac{\sigma_x-\sigma_y}{2}\left(1-\dfrac{3R^4}{r^4}+\dfrac{2R^2}{r^2}\right)\sin2\theta+\tau_{xy}\left(1-\dfrac{3R^4}{r^4}+\dfrac{2R^2}{r^2}\right)\cos2\theta\end{cases} \tag{7-7}$$

（4）由地应力 σ_{z1} 引起的井壁应力分布情况：

由物理方程得

$$\varepsilon_{z1}=\frac{1}{E}[\sigma_{z1}-\upsilon(\sigma_r+\sigma_\theta)] \tag{7-8}$$

又由平面应变条件得

$$\varepsilon_{z1}=0 \tag{7-9}$$

将式（7-9）代入式（7-8）得

$$\sigma_{z1}=\upsilon(\sigma_x+\sigma_y)-\upsilon\left[2(\sigma_x-\sigma_y)\frac{R^2}{r^2}\cos2\theta+4\tau_{xy}\frac{R^2}{r^2}\sin2\theta\right] \tag{7-10}$$

2. 第二种情况：面外剪切（在面外剪切力τ_{xz}、τ_{yz}作用下）

针对此种情况可根据求解应力函数求解的得到解答，令应力函数为

$$U = f_1(r) \times \cos\theta + f_2(r) \times \sin\theta \tag{7-11}$$

U的调和方程为

$$\frac{\partial^2 U}{\partial^2 r^2} + \frac{1}{r}\frac{\partial U}{\partial r} + \frac{1}{r^2}\frac{\partial U^2}{\partial \theta^2} = 0 \tag{7-12}$$

则在式（7-11）中分别对r、θ求导，得

$$\frac{\partial U}{\partial r} = f_1'(r)\cos\theta + f_2'(r)\sin\theta$$

$$\frac{\partial U^2}{\partial r^2} = f_1''(r)\cos\theta + f_2''(r)\sin\theta$$

$$\frac{\partial U}{\partial \theta} = -f_1(r)\sin\theta + f_2(r)\cos\theta$$

$$\frac{\partial U^2}{\partial \theta^2} = -f_1(r)\cos\theta - f_2(r)\sin\theta$$

将上述求导结果代入式（7-12）中，求得应力函数U：

$$U = -\left(A \cdot r + \frac{B}{r}\right)\cos\theta - \left(C \cdot r + \frac{D}{r}\right)\sin\theta$$

再由边界条件：

$$r = a,\ \theta = 0,\ \tau_{rz} = 0$$

$$r = a,\ \theta = \frac{\pi}{2},\ \tau_{rz} = 0$$

$$r = \infty,\ \theta = 0,\ \tau_{rz} \neq 0$$

$$r = \infty,\ \theta = \frac{\pi}{2},\ \tau_{rz} \neq 0$$

解得：

$$\begin{cases} \tau_{rz} = (\tau_{xz}\cos\theta + \tau_{yz}\sin\theta)\left(1 - \dfrac{R^2}{r^2}\right) \\ \tau_{\theta z} = (-\tau_{xz}\sin\theta + \tau_{yz}\cos\theta)\left(1 + \dfrac{R^2}{r^2}\right) \end{cases} \tag{7-13}$$

3. 第三种情况：单轴压缩

在单轴压缩的过程中，因只受力σ_{z2}的作用，故由虎克定律得：

$$\sigma_{z2} = E \times \sigma_{z2} \tag{7-14}$$

所以，将σ_{z1}、σ_{z2}进行叠加：

$$\sigma_{z'} = \sigma_{z1} + \sigma_{z1} = \nu(\sigma_x + \sigma_y) - \nu\left[(2\sigma_x - \sigma_y)\frac{R^2}{r^2}\cos 2\theta + 4\tau_{xy}\frac{R^2}{r^2}\sin 2\theta\right] + E \times \varepsilon_{z2}$$

当$r \to \infty$时，$\sigma_{z'} = \nu(\sigma_x + \sigma_y) + E\varepsilon_{z2} = \sigma_z$。所以：

$$\sigma_{z'} = \sigma_z - \nu\left[2(\sigma_x - \sigma_y)\frac{R^2}{r^2}\cos 2\theta + 4\tau_{xy}\frac{R^2}{r^2}\sin 2\theta\right] \tag{7-15}$$

由式（7-7）、式（7-10）、式（7-13）、式（7-15），求得应力解：

$$\begin{cases}
\sigma_r = \dfrac{\sigma_x + \sigma_y}{2}\left(1 - \dfrac{R^2}{r^2}\right) + \dfrac{\sigma_x - \sigma_y}{2}\left(1 + \dfrac{3R^4}{r^4} - \dfrac{4R^2}{r^2}\right)\cos 2\theta + \tau_{xy}\left(1 + \dfrac{3R^4}{r^4} - \dfrac{4R^2}{r^2}\right)\sin 2\theta \\
\sigma_\theta = \dfrac{\sigma_x + \sigma_y}{2}\left(1 + \dfrac{R^2}{r^2}\right) - \dfrac{\sigma_x - \sigma_y}{2}\left(1 + \dfrac{3R^4}{r^4}\right)\cos 2\theta - \tau_{xy}\left(1 + \dfrac{3R^4}{r^4}\right)\sin 2\theta \\
\tau_{r\theta} = \dfrac{\sigma_x - \sigma_y}{2}\left(1 - \dfrac{3R^4}{r^4} + \dfrac{2R^2}{r^2}\right)\sin 2\theta + \tau_{xy}\left(1 - \dfrac{3R^4}{r^4} + \dfrac{2R^2}{r^2}\right)\cos 2\theta \\
\tau_{rz} = (\tau_{xz}\cos\theta + \tau_{yz}\sin\theta)\left(1 - \dfrac{R^2}{r^2}\right) \\
\tau_{\theta z} = (-\tau_{xz}\sin\theta + \tau_{yz}\cos\theta)\left(1 + \dfrac{R^2}{r^2}\right) \\
\sigma_{z'} = \sigma_z - \nu\left[2(\sigma_x - \sigma_y)\dfrac{R^2}{r^2}\cos 2\theta + 4\tau_{xy}\dfrac{R^2}{r^2}\sin 2\theta\right]
\end{cases} \tag{7-16}$$

当只有井内液柱压力 P_h 作用时，可由弹性力学圆筒受均匀力作用问题得到井壁应力极坐标解答，如图 7-7 所示。

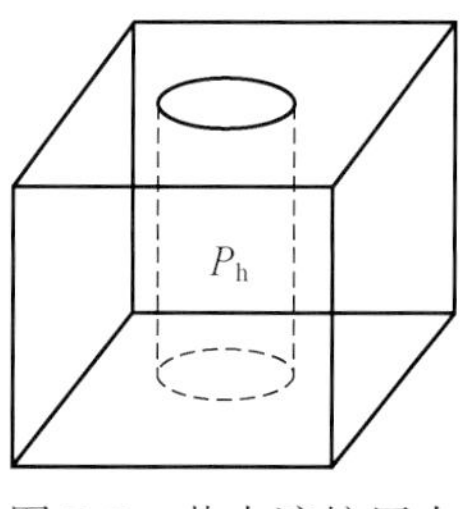

图 7-7　井内液柱压力

得

$$\begin{cases}
\sigma_r = \dfrac{R^2}{r^2} \times P_h \\
\sigma_\theta = -\dfrac{R^2}{r^2} \times P_h \\
\sigma_z = 0 \\
\tau_{rz} = \tau_{r\theta} = \tau_{\theta z} = 0
\end{cases} \tag{7-17}$$

综上所述，将式（7-16）和式（7-17）联立得，钻井钻孔和井壁围岩的应力解：

$$
\begin{cases}
\sigma_r = \dfrac{\sigma_x + \sigma_y}{2}\left(1 - \dfrac{R^2}{r^2}\right) + \dfrac{\sigma_x - \sigma_y}{2}\left(1 + \dfrac{3R^4}{r^4} - \dfrac{4R^2}{r^2}\right)\cos 2\theta + \tau_{xy}\left(1 + \dfrac{3R^4}{r^4} - \dfrac{4R^2}{r^2}\right)\sin 2\theta + \dfrac{R^2}{r^2}P_{\mathrm{h}} \\
\sigma_\theta = \dfrac{\sigma_x + \sigma_y}{2}\left(1 + \dfrac{R^2}{r^2}\right) - \dfrac{\sigma_x - \sigma_y}{2}\left(1 + \dfrac{3R^4}{r^4}\right)\cos 2\theta - \tau_{xy}\left(1 + \dfrac{3R^4}{r^4}\right)\sin 2\theta - \dfrac{R^2}{r^2}P_{\mathrm{h}} \\
\tau_{r\theta} = \dfrac{\sigma_x - \sigma_y}{2}\left(1 - \dfrac{3R^4}{r^4} + \dfrac{2R^2}{r^2}\right)\sin 2\theta + \tau_{xy}\left(1 - \dfrac{3R^4}{r^4} + \dfrac{2R^2}{r^2}\right)\cos 2\theta \\
\tau_{rz} = (\tau_{xz}\cos\theta + \tau_{yz}\sin\theta)\left(1 - \dfrac{R^2}{r^2}\right) \\
\tau_{\theta z} = (-\tau_{xz}\sin\theta + \tau_{yz}\cos\theta)\left(1 + \dfrac{R^2}{r^2}\right) \\
\sigma_{z'} = \sigma_z - \nu\left[2(\sigma_x - \sigma_y)\dfrac{R^2}{r^2}\cos 2\theta + 4\tau_{xy}\dfrac{R^2}{r^2}\sin 2\theta\right]
\end{cases}
\tag{7-18}
$$

对于钻井工程中，钻孔周围在 $r=R$ 处会出现应力集中现象，将式（7-18）在 $r=R$ 处进行求解得式（7-19）：

$$
\begin{cases}
\sigma_r = P_{\mathrm{h}} \\
\sigma_\theta = (\sigma_x + \sigma_y) - 2(\sigma_x - \sigma_y)\cos 2\theta - 4\tau_{xy}\sin 2\theta - P_{\mathrm{h}} \\
\sigma_{z'} = \sigma_z - \nu[2(\sigma_x - \sigma_y)\cos 2\theta + 4\tau_{xy}\sin 2\theta] \\
\tau_{\theta z} = 2(-\tau_{zx}\sin\theta + \tau_{yz}\cos\theta) \\
\tau_{r\theta} = 0 \\
\tau_{rz} = 0
\end{cases}
\tag{7-19}
$$

4. 计算井壁主应力

在确定出井壁各点的应力状态之后，把计算出的应力与相应的岩石强度相比，可以判断井壁稳定与否。当井壁岩石所受应力超出岩石所能承受的最大载荷时，可认为屈服开始。由于井壁稳定性分析中采用的破坏准则大部分是以主应力表示的，因此，上述式（7-19）中存在着剪应力，应将其转换成主应力计算。

井壁处主应力由以下矩阵特征值求出：

$$
\begin{vmatrix}
\sigma_r & \tau_{r\theta} & \tau_{rz} \\
\tau_{\theta r} & \sigma_\theta - \sigma & \tau_{\theta z} \\
\tau_{zr} & \tau_{z\theta} & \sigma_{z'} - \sigma
\end{vmatrix} = 0
\tag{7-20}
$$

式中，当 $r=R$ 时，$\tau_{rz} = \tau_{zr} = 0$，$\tau_{\theta r} = \tau_{r\theta} = 0$，则

$$
\begin{vmatrix}
\sigma_r & 0 & 0 \\
0 & \sigma_\theta - \sigma & \tau_{\theta z} \\
0 & \tau_{z\theta} & \sigma_{z'} - \sigma
\end{vmatrix} = 0
\tag{7-21}
$$

求解出上述矩阵 $r=R$ 时候的三个主应力分量。

$$
\begin{cases}
\sigma_i = \sigma_r \\
\sigma_j = \dfrac{1}{2}(\sigma_\theta + \sigma_{z'}) + \sqrt{\dfrac{1}{4}(\sigma_\theta - \sigma_{z'})^2 + \tau_{\theta z}^2} \\
\sigma_k = \dfrac{1}{2}(\sigma_\theta + \sigma_{z'}) - \sqrt{\dfrac{1}{4}(\sigma_\theta - \sigma_{z'})^2 + \tau_{\theta z}^2}
\end{cases}
\tag{7-22}
$$

式中，σ_i、σ_j、σ_k 单位均为 MPa。

式（7-22）中的三个主应力是井壁岩体受到的总应力，在对井壁失稳进行判断的过程中，所涉及的是有效应力的概念，由于地层深部岩石属于多孔弹性介质，计算时要减去由孔隙流体承受的那部分应力 ηP_{p}，则地层深部井壁岩石骨架承受的三个主应力为

$$
\begin{cases}
\sigma_{er} = \sigma_r - \eta P_{\mathrm{p}} \\
\sigma_{e1m} = \dfrac{1}{2}(\sigma_\theta + \sigma_{z'}) + \sqrt{\dfrac{1}{4}(\sigma_\theta - \sigma_{z'})^2 + \tau_{\theta z}^2} - \eta p_{\mathrm{p}} \\
\sigma_{e2m} = \dfrac{1}{2}(\sigma_\theta + \sigma_{z'}) - \sqrt{\dfrac{1}{4}(\sigma_\theta - \sigma_{z'})^2 + \tau_{\theta z}^2} - \eta p_{\mathrm{p}}
\end{cases}
\tag{7-23}
$$

式中，σ_{er}、σ_{e1m}、σ_{e2m} 单位均为 MPa；η 为孔隙弹性系数。

为了方便井壁稳定性的分析，令 $\sigma_1 = \max(\sigma_{er}, \sigma_{e1m}, \sigma_{e2m})$，$\sigma_3 = \min(\sigma_{er}, \sigma_{e1m}, \sigma_{e2m})$。

7.2 破裂压力分析

1）井壁的拉张破坏

从力学角度分析，井壁的拉张破坏是由于井内泥浆密度过大使岩层所受的周向应力超过岩石的拉张强度 σ_{t} 造成的。油藏埋藏深度范围内的岩石，其抗张强度一般小于 10MPa，若岩石中存在节理、裂缝及胶结薄弱面，其抗张强度更小，一般接近于零。根据最大拉应力理论，当井壁周向应力 $\sigma_\theta \leqslant -\sigma_t$ 时，岩石产生张破裂（刘泽凯等，1994；金衍等，1999；张焱等，2001；刘向君等，2004；张杰等，2004；王桂华、徐同台，2005）。沉积盆地中，构造应力松弛地区原地应力状态一般为 $\sigma_{\mathrm{v}}>\sigma_{\mathrm{H}}>\sigma_{\mathrm{h}}$，在构造应力较强的地区原地应力状态一般为 $\sigma_{\mathrm{H}}>\sigma_{\mathrm{v}}>\sigma_{\mathrm{h}}$。下面针对上述两种地应力状态，分别讨论直井及水平井井壁发生张性破坏的破裂类型。

（1）对于直井来讲，沿井壁的破裂方向决定于最小主压应力方位，通常有三种张破裂类型：① $\tau_{\theta z}=0$ 且 $\sigma_H < \sigma_{zz}$，破裂平行于井轴，形成垂直的张裂缝［图 7-8（a）］。② $\tau_{\theta z}=0$ 且 $\sigma_H > \sigma_{zz}$，则破裂垂直于井轴，即为水平破裂［图 7-8（b）］。(3) $\tau_{\theta z} \neq 0$，则破裂时相对于井轴是倾斜的［图 7-8（c）］。

（2）对于水平井来讲，井壁岩石发生破裂的方向与井眼轨迹及地应力状态有关：①若水平井井眼沿最大主应力方向，破裂沿井眼轴向发生，但破裂平面为铅垂面（$\sigma_{\mathrm{H}}>\sigma_{\mathrm{h}}$），如图 7-9（a）所示；②若水平井沿着最小水平主应力方向，且 $\sigma_{\mathrm{H}}>\sigma_{\mathrm{v}}>\sigma_{\mathrm{h}}$，则破裂沿井眼轴向发生，但破裂平面为水平面，如图 7-9（b）所示；③若水平井井眼轴线与最小水平主应力方向夹角为 β，根据水平井井壁附近应力分布情况，井壁上存在剪应力 $\tau_{\theta z}$，井壁上

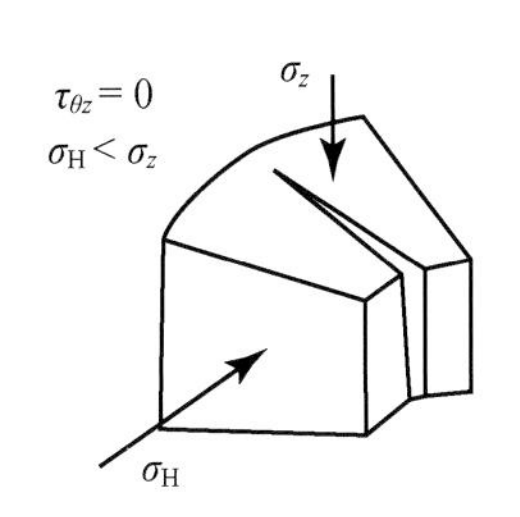

(a) 平行于井轴的垂直张裂缝

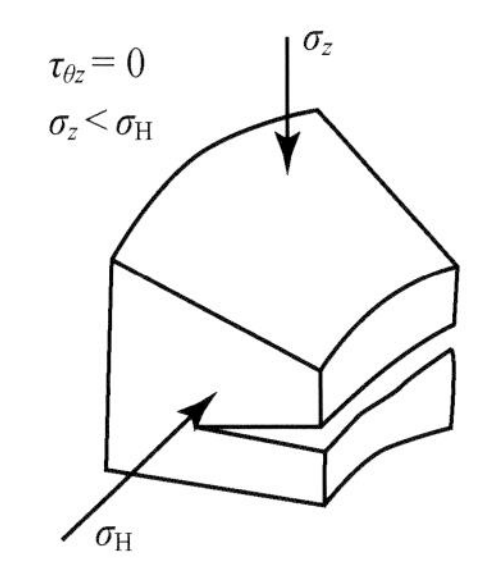

(b) 垂直于井轴的水平张裂缝

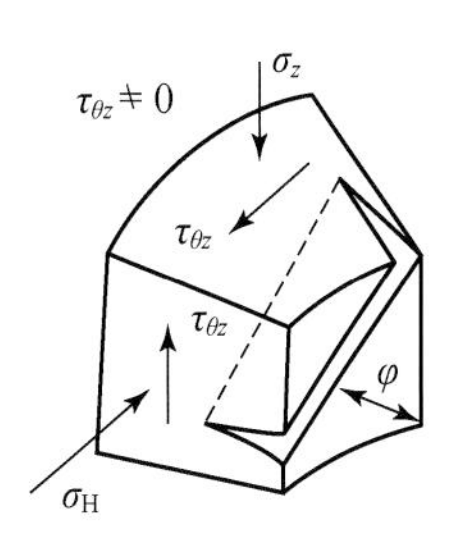

(c) 对井轴倾斜的张裂缝

图7-8　井壁张破裂裂缝相对于井轴的方位示意图（据周文，2006）

最小主应力方向与井眼轴线的夹角为γ，由下式确定（付永强等，2007）：

$$\gamma=\frac{1}{2}\tan^{-1}\frac{2\tau_{\theta z}}{\sigma_\theta-\sigma_z} \tag{7-24}$$

由于σ_θ、σ_z、$\tau_{\theta z}$是方位角β的函数，因此，γ也是方位角β的函数，如图7-9（c）所示。

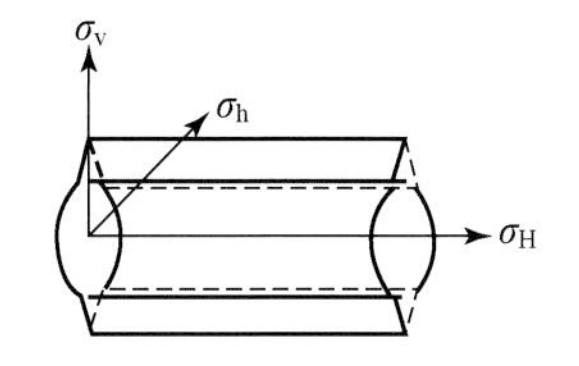

(a)平行于井轴的垂直张裂缝，破裂面为铅垂面

(b) 垂直于井轴的水平张裂缝，破裂面为水平面

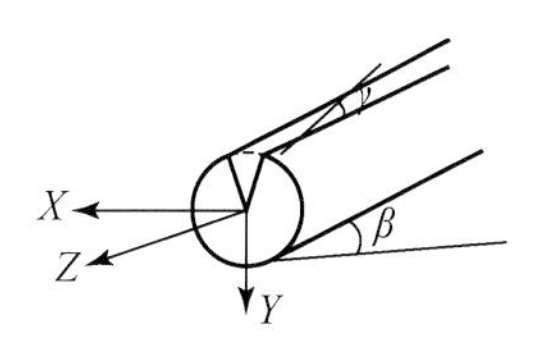

(c) 对井轴倾斜的张裂缝

图7-9　水平井井壁张性破坏位置示意图

本书按照最大拉应力理论，结合井壁岩石应力状态和岩石力学特性，当井壁岩石受到的拉伸应力达到岩石的抗张强度时，井壁岩石开始发生张性破坏。根据井壁应力分布模型［式（7-23）］，当满足下列条件时，井壁岩石拉伸断裂。

$$\sigma_3\leqslant-\sigma_t \tag{7-25}$$

式中，$\sigma_3=\min(\sigma_{er},\sigma_{e1m},\sigma_{e2m})$，$\sigma_t$为岩石抗张强度，MPa。

2）井周各向破裂压力

式（7-25）是一个包含钻井液密度以及井斜角、方位角等井眼轨迹参数在内的隐式方程，对于不同的井眼轨迹需要不同的泥浆密度平衡σ_3的大小以避免井壁发生剪切破坏，所以在计算井眼的破裂压力时需要计算不同井眼轨迹下各个井周角处的破裂压力。分析式（7-25），对比σ_{e1m}与σ_{e2m}，由于张应力为负值，显然σ_{e2m}具有较高的张性应力，将$\sigma_{e2m}=\sigma_3$代入式（7-25）可得

$$P_{wf}=A-\frac{\tau_{\theta z}^2-(\sigma_t-\eta P_p)(\sigma_z+\sigma_t-\eta P_p)}{\sigma_z+\sigma_t-\eta P_p} \tag{7-26}$$

式中，$A=\sigma_x+\sigma_y-2(\sigma_x-\sigma_y)\cos2\theta-4\tau_{xy}\sin2\theta$。

通过实例分析在不同井眼轨迹条件下井壁破裂压力在不同井周角处的变化规律。这个实例针对 $\sigma_H>\sigma_v>\sigma_h$ 的原地应力状态进行分析。取最大水平主应力 $\sigma_H=132.4\text{MPa}$、垂向主应力 $\sigma_v=98.76\text{MPa}$、水平最小主应力 $\sigma_h=83.7\text{MPa}$、井深5400m，垂深4889m，抗张强度 $\sigma_t=1.545\text{MPa}$，岩石内聚力 $C=28.1\text{MPa}$，内摩擦角 $\varphi=33.48°$、目的层地层孔隙压力 $P_p=78.72\text{MPa}$。

图7-10为井斜角为 $\alpha=30°$时，井眼方位角分别为 $\beta=0°$、$\beta=30°$、$\beta=60°$以及 $\beta=90°$时井壁岩石破裂压力在不同井周角处的变化规律。依据计算结果，井壁岩石破裂压力随着井周角的变化而变化。当 $\beta=0°$时，井壁岩石的破裂压力在井周角 $\theta=0°$及 $\theta=180°$（即水平最大主应力的方向）处取得最小值，在井周角 $\theta=90°$及 $\theta=270°$（即最小水平主应力的方向）处取得最大值。随着井眼方位角由 $\beta=0°$逐渐偏转至 $\beta=90°$，井壁岩石的最小破裂压力逐渐由 $\theta=0°$（$\theta=180°$）向 $\theta=90°$（$\theta=270°$）的方位偏转。

图7-11为井斜角为 $\alpha=60°$时，井眼方位角分别为 $\beta=0°$、$\beta=30°$、$\beta=60°$以及 $\beta=90°$时井壁岩石破裂压力在不同井周角处的变化规律。依据计算结果，当井眼轴线在水平面上的投影与最小水平主应力方向一致时，井壁岩石的破裂压力在不同井周角处的差值最大，井壁岩石的最小破裂压力位于井周角 $\theta=90°$及 $\theta=270°$处，井壁岩石最大破裂压力位于井周角 $\theta=0°$及 $\theta=180°$处。当井眼轴线在平面上的投影与最大水平主应力方向一致时，井壁岩石的最小破裂压力位于井周角 $\theta=0°$及 $\theta=180°$处，而井壁岩石的最大破裂压力位于井周角 $\theta=90°$及 $\theta=270°$处。随着井眼方位角由 $\beta=0°$逐渐偏转至 $\beta=90°$，不同井周角处井壁岩石的破裂压力之间的差值逐渐增大，且井壁岩石的最小破裂压力逐渐由 $\theta=0°$（$\theta=180°$）向 $\theta=90°$（$\theta=270°$）的方位偏转。

对比图7-10和图7-11可以看出，井壁岩石的破裂压力随着井眼方位角的变化而变化，在上述原地应力状态下，当井眼轴线在水平面上的投影与最大水平主应力方向平行时，井壁岩石的最小破裂压力点所在的方位与水平最大主应力所在的方位一致，在此情况下井眼中最容易发生张性破坏的位置为垂直于井眼的最大主应力方位；而当井眼轴线在平面上的投影与最小水平主应力方向平行时，井壁岩石的最小破裂压力点所在井周角均为 $\theta=90°$（$\theta=270°$），表明在此情况下井眼中最容易发生张性破坏的方位同样为垂直于井眼的最大主应力所在的方位。

图7-12为当井眼方位角 $\beta=0°$时，分别计算井斜角为 $\alpha=0°$、30°、60°、90°时井壁岩石的破裂压力随井周角的变化规律。计算结果表明，随着井斜角的增加，井壁岩石的最小破裂压力密度逐渐增加，而井壁岩石的最大破裂压力随着井斜角的增加逐渐减小。在此井眼方位角下，井壁岩石的最小破裂压力位于井周角 $\theta=0°$及 $\theta=180°$（即水平最大主应力所在的方位）处，井壁岩石的最大破裂压力位于井周角 $\theta=90°$及 $\theta=270°$（即水平最小主应力所在的方位）处。随着井斜角的增加，井壁岩石的破裂压力在不同井周角处的差别逐渐减小。

当井眼方位角为 $\beta=30°$时，井斜角分别为 $\alpha=0°$、$\alpha=30°$、$\alpha=60°$、$\alpha=90°$时井壁岩石的破裂压力随井周角的变化规律如图7-13所示。根据计算结果，井壁岩石的最小破裂压力随着井斜角的增加逐渐增加，而最大破裂压力随着井斜角的增加而逐渐降低。随着井斜角的变化，井周上最容易发生张性破裂的方位（即井壁岩石的最小破裂压力点所在的方

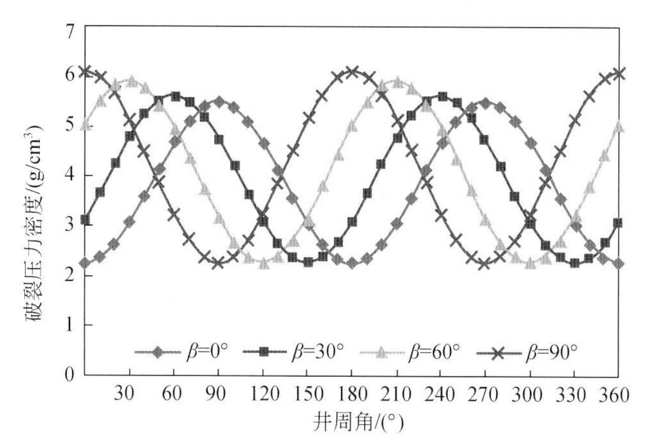

图7-10　破裂压力密度随井周角变化规律（$\alpha=30°$）

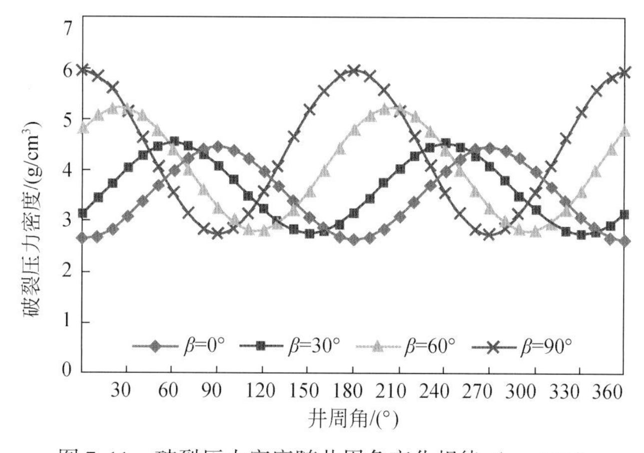

图7-11　破裂压力密度随井周角变化规律（$\alpha=60°$）

位）亦随着改变，且与$\beta=0°$时不同，在此井眼轨迹及应力状态下，井壁最小破裂压力所在的方位并不指示最大水平主应力方向。

图7-14为井眼方位角$\beta=60°$时，分别计算井斜角为0°、30°、60°、90°时井壁岩石的破裂压力随井周角的变化规律。计算结果表明，随着井斜角的增加，在不同井周角处井壁岩石破裂压力之间的差值逐渐减小，即井壁岩石的最小破裂压力当量密度随着井斜角的增加而增大，而最大破裂压力当量泥浆密度随着井斜角的增加而减小。且井壁最小破裂压力点所在方位并不是固定的，而是随着井斜角的变化而变化。

图7-15为井眼沿最小水平主应力方向倾斜，井斜角分别为0°、30°、60°、90°时井壁岩石的破裂压力随井周角的变化规律。计算结果表明，井壁岩石最小破裂压力当量密度随着井斜角的增大而逐渐增大，而井壁岩石的最大破裂压力当量泥浆密度随着井斜角的增大而略有减小。井壁岩石最小破裂压力所在的方位为井周角$\theta=90°$及$\theta=270°$所在的方位，也即是最大水平主应力所在的方位，而井壁岩石最大破裂压力所在的方位为水平最小主应力方向。

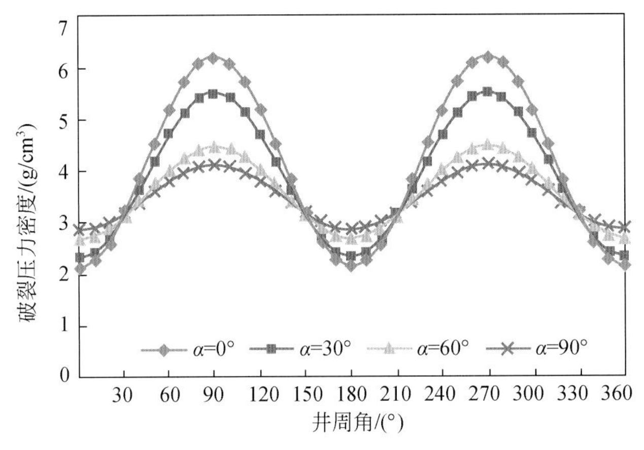

图 7-12 破裂压力密度随井周角变化规律（$\beta=0°$）

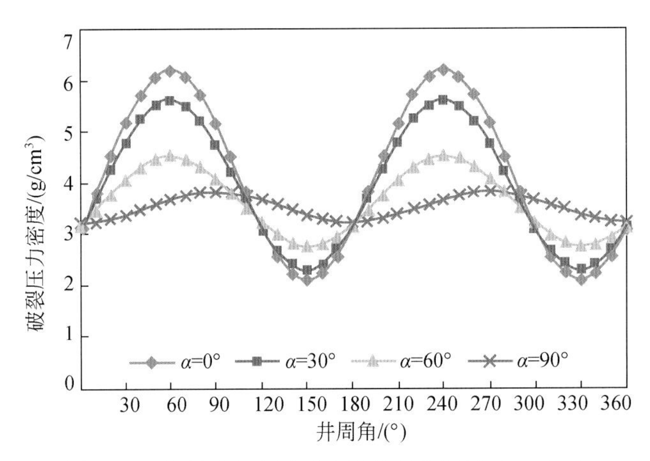

图 7-13 破裂压力密度随井周角变化规律（$\beta=30°$）

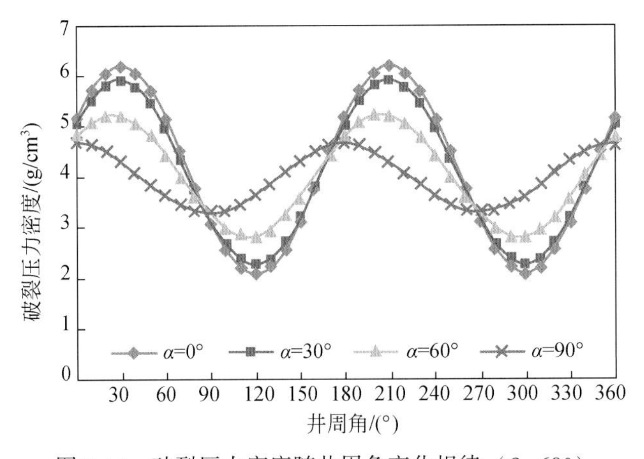

图 7-14 破裂压力密度随井周角变化规律（$\beta=60°$）

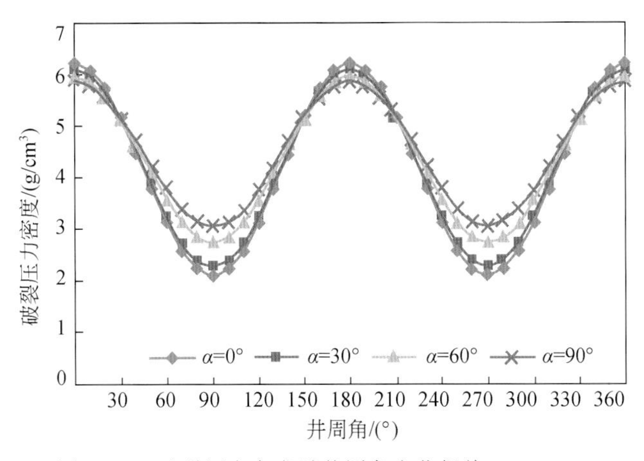

图 7-15　破裂压力密度随井周角变化规律（$\beta=90°$）

对比井壁岩石破裂压力的计算结果（图 7-10 ~ 图 7-15），可以得出如下结论：在 $\sigma_H>\sigma_v>\sigma_h$ 的原地应力状态下，在给定井斜角的情况下，当井眼方位由最大水平主应力方向逐渐偏向最小水平主应力方向时，井壁岩石的最小破裂压力基本不变，而井壁岩石的最大破裂压力有所增大。在给定井眼方位角的情况下，井壁岩石的最小破裂压力随着井斜角的增大而逐渐增大，而井壁岩石的最大破裂压力随着井斜角的增加而逐渐减小。

7.3　坍塌压力确定

1）井壁的压剪破坏

从力学角度讲，井壁岩石产生压剪破坏，是因为井内液柱压力较低，使得井壁周围岩石所受应力超过岩石本身的强度而产生剪切破坏造成的。对于脆性地层，会产生掉块、卡钻、井径扩大等井下复杂事故；对于塑性地层，则会产生井眼缩径。国内外研究成果表明，井壁坍塌压力的大小主要决定于地下原地应力状态，并与岩石的强度特性、裂隙、节理等发育情况密切相关。有关判断岩石屈服的准则及优选具体参见 5.1.2 节。

根据莫尔-库仑准则，当钻井液密度较低时，井壁周围岩石所受应力超过岩石本身的强度，井壁岩石就会发生剪切屈服，即

$$\sigma_1 \geqslant \sigma_3 \cot^2\left(45° - \frac{\varphi}{2}\right) + 2C\cot\left(45° - \frac{\varphi}{2}\right) \tag{7-27}$$

即为井壁发生剪切破坏的判别准则。式中，$\sigma_1=\max(\sigma_{er},\sigma_{e1m},\sigma_{e2m})$；$\sigma_3=\min(\sigma_{er},\sigma_{e1m},\sigma_{e2m})$；$C$ 为岩石的内聚力，MPa；φ 为岩石的内摩擦角，°。

根据式（7-22），井壁上某一点所承受的三向主应力的大小不仅与原地应力大小、井眼液柱压力有关，而且还取决于该点在井壁上的相对位置（即柱坐标系中该点圆周角 θ 的相对大小）。而将该点的三向主应力代入莫尔-库尔准则验证该点是否会发生剪切破坏时，首先需要判断三向主应力的相对大小，对于不同泥浆密度或在不同井周位置上，其相对大小有以下三种情况：

(1) 最大主应力 $\sigma_{1m}=\frac{1}{2}(\sigma_{\theta}+\sigma_{z})+\sqrt{\frac{1}{4}(\sigma_{\theta}-\sigma_{z})^{2}+\tau_{\theta z}^{2}}$

最小主应力 $\sigma_{r}=p_{w}$

(2) 最大主应力 $\sigma_{1m}=\frac{1}{2}(\sigma_{\theta}+\sigma_{z})+\sqrt{\frac{1}{4}(\sigma_{\theta}-\sigma_{z})^{2}+\tau_{\theta z}^{2}}$

最小主应力 $\sigma_{2m}=\frac{1}{2}(\sigma_{\theta}+\sigma_{z})-\sqrt{\frac{1}{4}(\sigma_{\theta}-\sigma_{z})^{2}+\tau_{\theta z}^{2}}$

(3) 最大主应力 $\sigma_{r}=p_{w}$

最小主应力 $\sigma_{2m}=\frac{1}{2}(\sigma_{\theta}+\sigma_{z})-\sqrt{\frac{1}{4}(\sigma_{\theta}-\sigma_{z})^{2}+\tau_{\theta z}^{2}}$

因此，当井内液柱压力较低，不足以使井壁某一点的应力达到平衡时，井壁将发生剪切破坏，这时，就需要增大井内的泥浆密度以打破满足的莫尔-库仑准则，但是，当井内液柱压力增大到一定程度时，就有可能使井壁某点的受力状态再次满足莫尔-库仑准则，使井壁再次发生剪切破坏。由此看来，常规的盲目增大钻井液密度防止井壁发生剪切破坏的做法并不一定有效，甚至有可能诱导井壁再次发生剪切破坏，这一点在实际施工操作中要引起工程人员的注意。另外，在确定钻井液安全密度窗时，下限就是井壁第一次发生剪切破坏的坍塌压力密度，而上限则为井壁发生第二次剪切破坏和使地层发生张性破坏的压力密度二者中的最小值。虽然在井眼压力较大时井壁岩石也可能发生剪切破裂，但并不会导致井眼扩大（Aadnoy and Hansen，2005），也就是说，在较大井眼压力条件下满足的莫尔-库仑剪切破坏准则并不会对钻井施工造成大的影响。

2）井周各向坍塌压力

根据上述坍塌压力计算原则，通过实例分析在不同井眼轨迹条件下井壁坍塌压力在不同井周角处的变化规律。这个实例针对 $\sigma_{H}>\sigma_{v}>\sigma_{h}$ 的原地应力状态进行分析。取最大水平主应力 $\sigma_{H}=132.4$MPa、垂向主应力 $\sigma_{v}=98.76$MPa、水平最小主应力 $\sigma_{h}=83.7$MPa、深度5400m，垂深 4889m，抗张强度 $\sigma_{t}=1.545$MPa，内聚力 $C=28.1$MPa，内摩擦角 $\varphi=33.48°$、目的层地层孔隙压力 $P_{p}=78.72$MPa。

图 7-16 ~ 图 7-19 分别为井眼方位角 $\beta=0°$、$\beta=30°$、$\beta=60°$、$\beta=90°$时，不同井斜角下（$\alpha=0°$、$\alpha=30°$、$\alpha=60°$、$\alpha=90°$）时井壁坍塌压力密度在不同井周角处的变化规律。依据计算结果，井壁坍塌压力密度随着井周角的变化而变化，且当井眼轴线在水平面上的投影与最大水平主应力方向平行（$\beta=0°$）时（图 7-16），井壁上最大坍塌压力点所在的井周角的位置为 $\theta=90°$及 $\theta=270°$，所以当钻井液密度小于某个定值时，井壁上这两个位置最先发生剪切破坏。随着井斜角的增大，井壁最大坍塌压力密度以及井壁上最大、最小坍塌压力密度之间的差值均呈现出逐渐减小的趋势。当井眼方位角为 30°、60°时（图 7-17、图 7-18），井壁上最大坍塌压力密度所在的井周位置随着井斜角的变化而变化，并且随着井斜角的增大，井壁上最大坍塌压力密度逐渐减小。当井眼轴线沿最小水平主应力方向倾斜时（图 7-19），井壁上最大、最小坍塌压力所处的井周角的位置，并不随井斜角的变化而变化，最大坍塌压力密度所在的方位与最小水平主应力所在的方位一致。

对比分析图 7-16 ~ 图 7-19 可以得出，在此原地应力状态下，井壁最大坍塌压力密度随着井斜角的增大而逐渐减小，并且随着井眼方位角由$\beta=0°$逐渐偏转至$\beta=90°$，当钻井液密度小于某一定值时，井壁上最大坍塌压力密度的相应井周角也由$\theta=90°$及$\theta=270°$偏转至$\theta=0°$及$\theta=180°$。

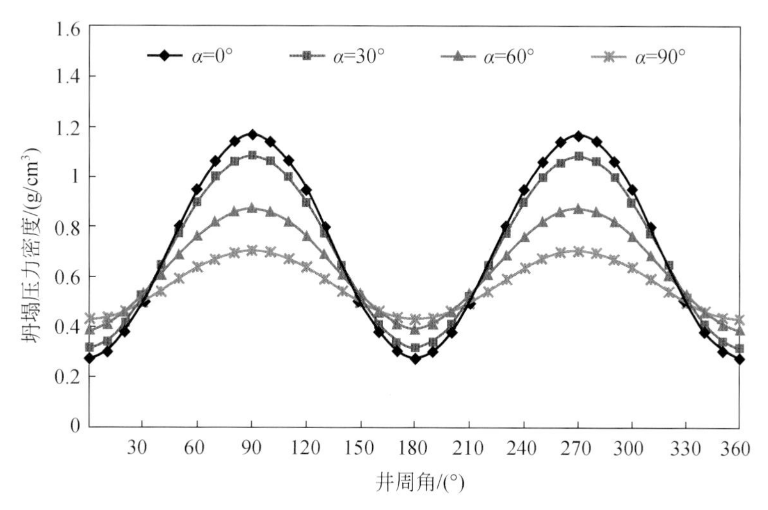

图7-16　井壁坍塌压力随井周角变化规律（$\beta=0°$）

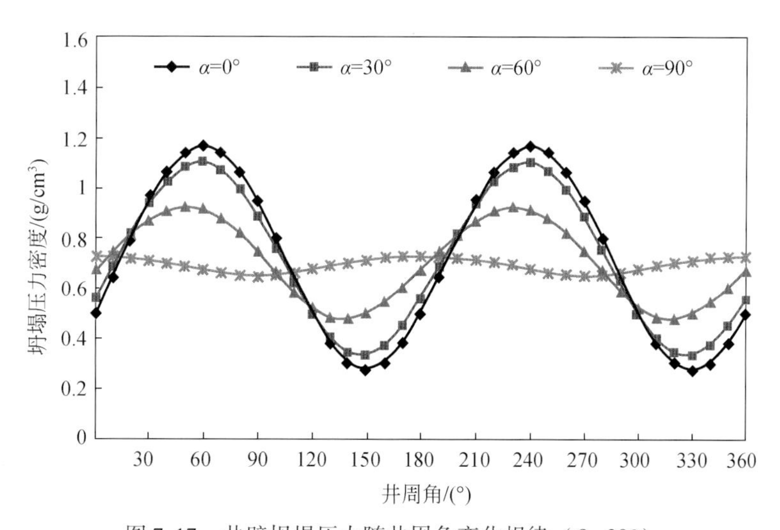

图7-17　井壁坍塌压力随井周角变化规律（$\beta=30°$）

图7-20、图7-21分别为井斜角$\alpha=30°$、$\alpha=60°$时在不同井眼方位角（$\beta=0°$、$\beta=30°$、$\beta=60°$、$\beta=90°$）的条件下，井壁坍塌压力密度随井周角的变化规律。依据计算结果可以看出，在相同井斜角下，井眼沿不同方向钻进时，相同井周角处其井壁坍塌压力的大小不同。并且随着井眼轴线在平面上的投影方向由与最大水平主应力方向（$\beta=0°$）一致逐渐偏转至与最小水平主应力方向一致时，井壁最大坍塌压力所在井周角的位置由$\theta=90°$及$\theta=270°$偏转至$\theta=0°$及$\theta=180°$，并且，其最大坍塌压力密度也逐渐增大，这一趋势在井斜角较大时（图7-21）表现得更为明显。

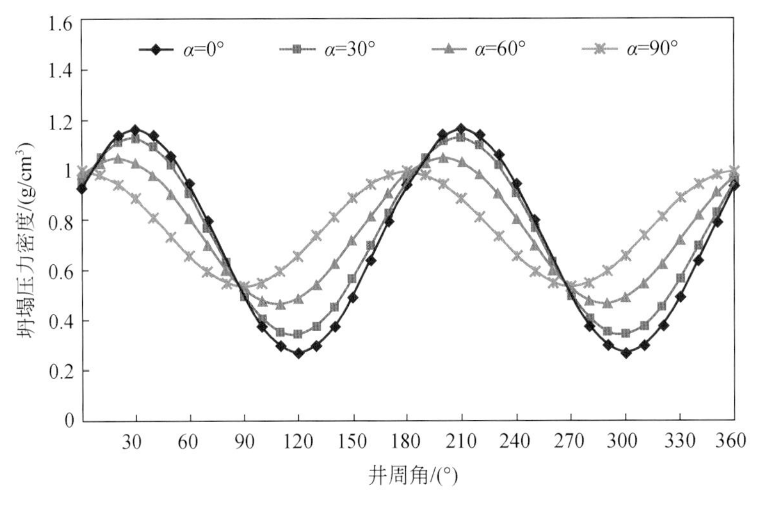

图 7-18 井壁坍塌压力随井周角变化规律（$\beta=60°$）

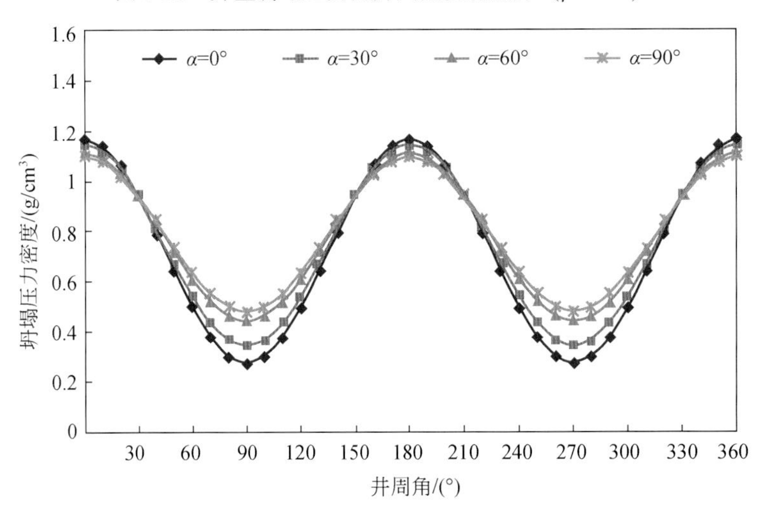

图 7-19 井壁坍塌压力随井周角变化规律（$\beta=90°$）

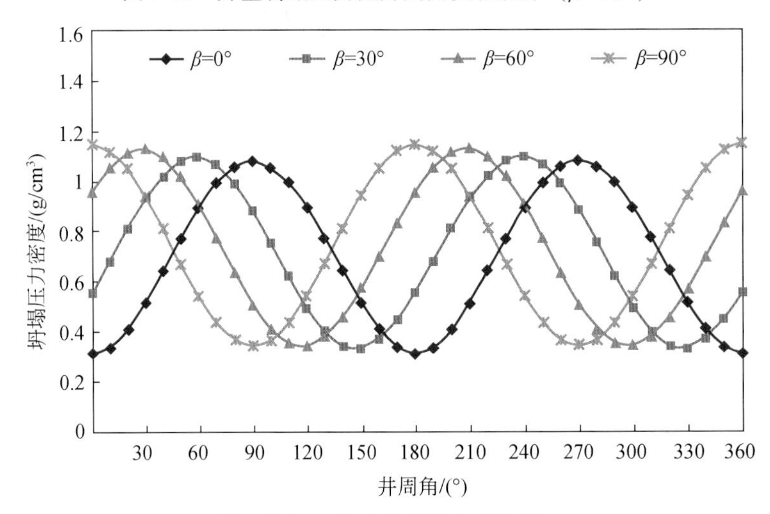

图 7-20 井壁坍塌压力随井周角变化规律（$\alpha=30°$）

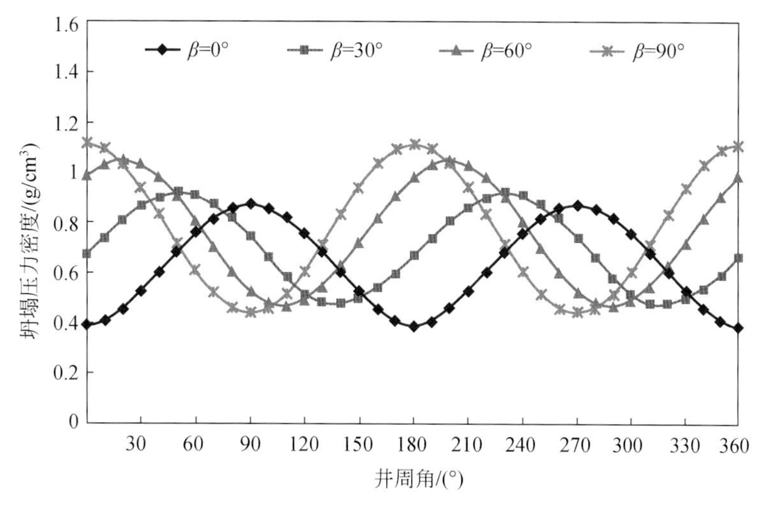

图7-21 井壁坍塌压力随井周角变化规律（$\alpha=60°$）

根据以上计算结果可以看出，一定井斜角、方位角的井眼中，不同井周角处其坍塌压力是不同的，即使在相同井周角处，不同井斜角、方位角的条件下，其坍塌压力也是不同的。

第 8 章　水平井井眼井壁应力分布模拟研究

8.1　井眼轨迹与最小水平应力方向一致

1）不考虑裂缝影响时井眼应力分布特征

水平井的井眼稳定性主要与岩石的力学性质和地应力状态有关，不同方向上井眼的稳定程度各异，由于上覆地层重力的影响，水平井井眼应力分布与直井井眼应力分布有较大的不同。本书模型综合地应力实测结果和地震震源机制解得到的远场地应力分析结果，建立 3D 有限元模型的基本参数情况为：弹性模量为 42GPa，泊松比为 0.17，岩石密度为 2.66g/cm^3，抗压强度为 300MPa，内摩擦角 42.87°，井眼轨迹与最小水平主应力方向一致，其中最小水平主应力为 100MPa，最大水平主应力为 160MPa，垂向主应力为 125MPa，得到井眼周围的应力分布情况如图 8-1 ~ 图 8-3 所示，应力主方向如图 8-4 ~ 图 8-6 所示。

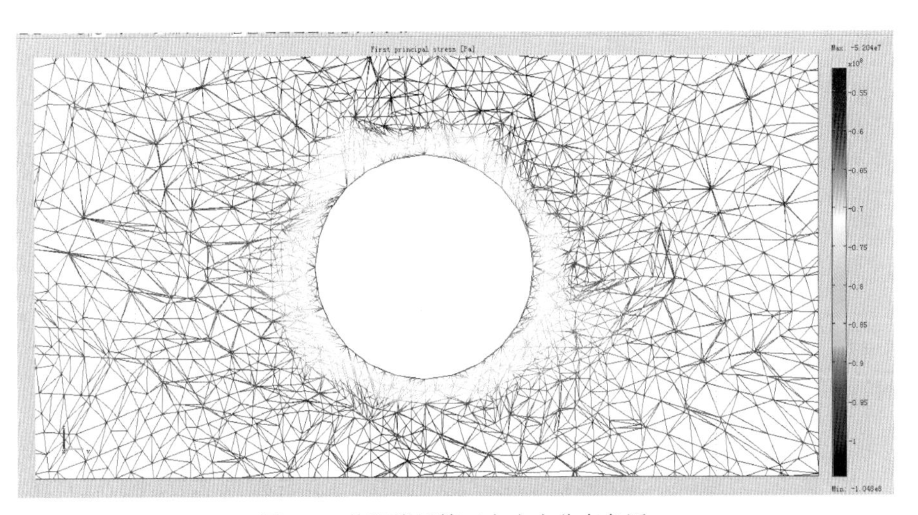

图 8-1　井眼附近第三主应力分布色图

从应力分布图（图 8-1 ~ 图 8-3）中可以看出井壁处最小主应力差别不大，但是最大主应力和中间主应力在井壁不同点差别比较明显。从应力主方向流线图（图 8-4 ~ 图 8-6）可以看出三个主应力的方向在井眼周围都产生了高角度的偏转，水平最小主应力偏转相对弱，垂直中间主应力和水平最大主应力偏转相对强，但是在 7.5 倍井眼直径距离之外应力方向恢复到与远场应力的方向一致。

为了分析水平井眼应力分布的影响因素，对不同条件下井眼应力分布进行了比较，如图 8-7、图 8-8 所示。从图中可以看出，裸眼井的井壁应力是最大的，井底压力的存在将

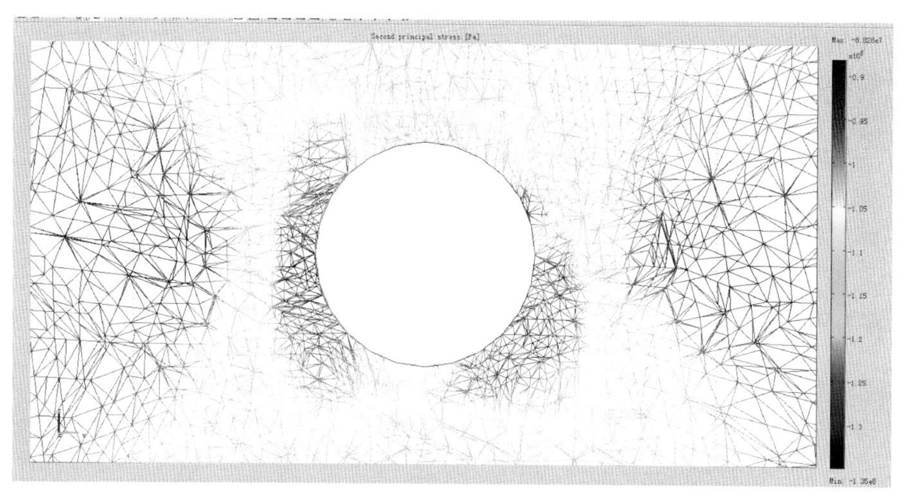

图8-2　井眼附近第二主应力分布色图

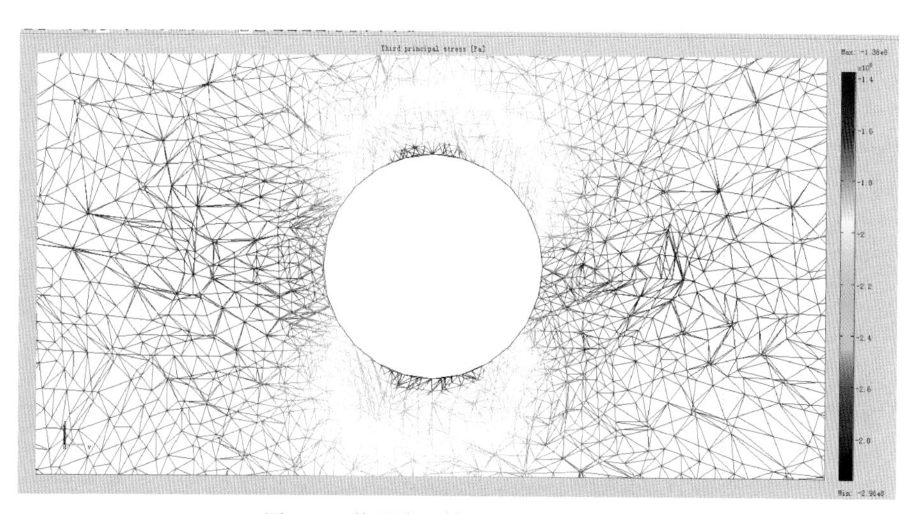

图8-3　井眼附近第一主应力分布色图

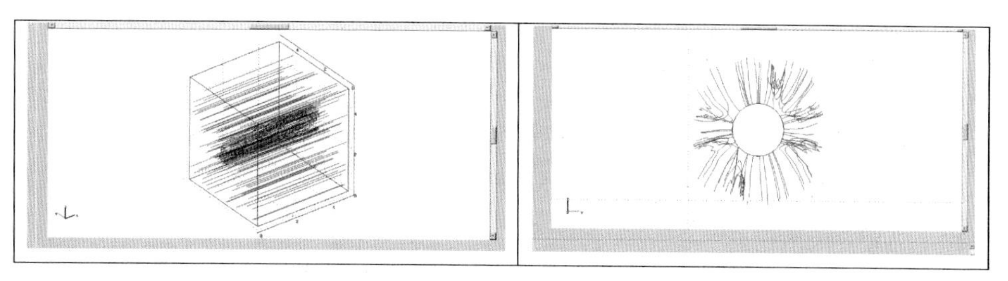

图8-4　井眼周围第三主应力方向图

改善井壁应力的重新分布。

2）裂纹井眼应力分布模拟（井内压力变化）

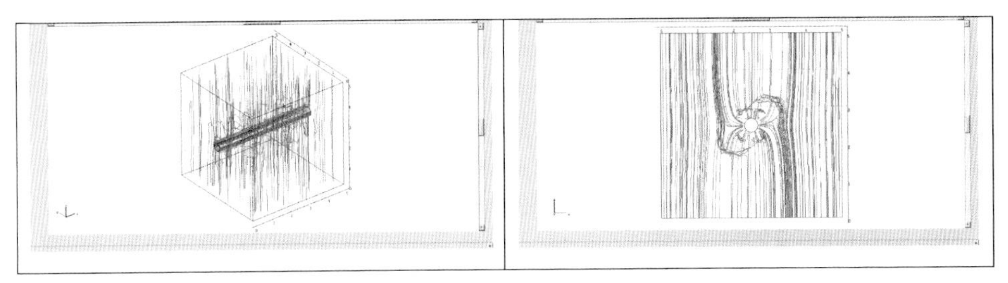

图 8-5 井眼周围第二主应力方向图

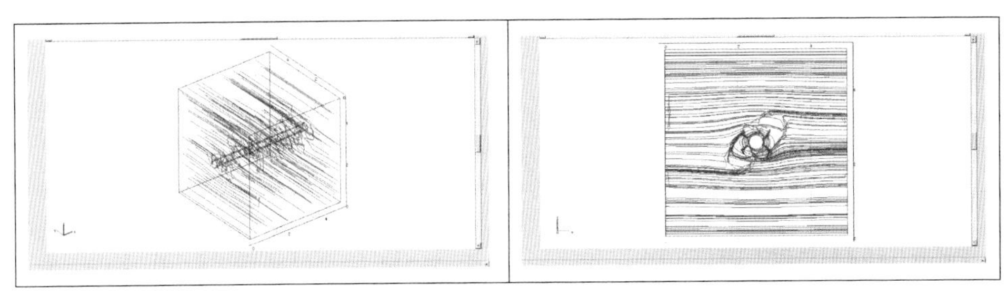

图 8-6 井眼周围第一主应力方向图

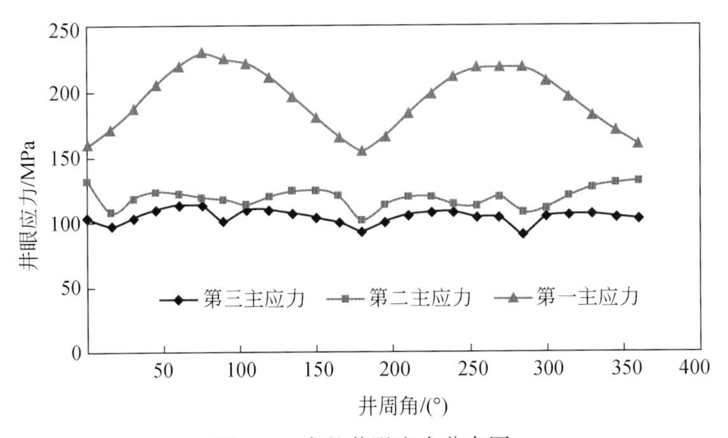

图 8-7 完整井眼应力分布图

须家河组特定的构造特征造成该区块天然裂缝发育，裂缝对水平井眼周围应力的分布有没有影响以及有什么样的影响和影响程度如何，本书针对垂向裂缝与水平井正交时不同井内压力井眼应力分布的情况进行分析，具体模型和计算结果如图 8-9 ~ 图 8-14 所示。模拟结果表明，钻井引起井眼处地应力重新分配，造成井眼应力重新分配；第一主应力井眼附近增大，第二主应力减小；第三主应力在点 2（垂向）以增大为主，水平点 1 减小；井筒内压达到地层压力点时，三个主应力均发生重要变化；第一主应力两个特征点应力相对变化，水平点 1 应力快速减小，垂直点 2 快速上升；第二主应力逐渐由低值增大到极值点，但小于原地应力，并降低；第三主应力达到极值点后，降低（特别是点 2）（原因可能由于井筒液压增大引起裂纹失稳扩展造成的应力变化）；偏应力越接近地层压力点越小，

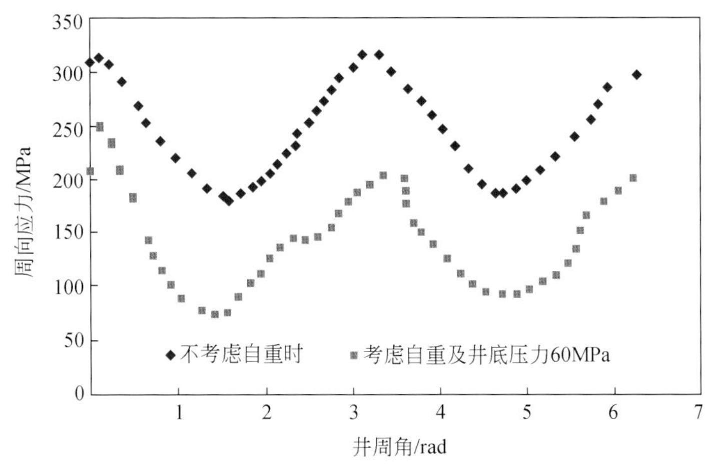

图 8-8　不同条件下井眼应力分布比较图

井壁越稳定。

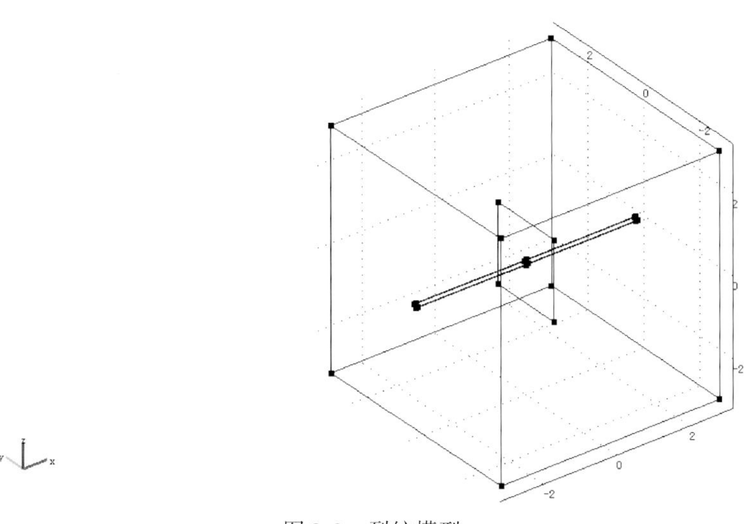

图 8-9　裂纹模型

3）裂纹井眼应力分布模拟（井内压力不变，裂缝倾角变化）

考虑到区块天然裂缝方向与井眼轴线呈不同方向展布，本书对裂纹倾角变化情况下井眼与裂纹相交面处点上的应力变化规律进行探索。具体模型及模拟结果如图 8-15 ~ 图 8-20 所示。模拟结果表明，第三主应力，极大值点出现在裂纹倾角 20°及 80°，极小值出现在 0°及 60°倾角处；第二主应力，极值点出现在裂纹倾角 10°及 70°点处，10°水平点 1 为极大值，垂直点 2 为极小值，70°水平点 1 为极小值，垂直点 2 出现极大值；第一主应力，水平点 1 裂纹倾角在 0°及 70°出现极小值，10°及 45°左右出现局部极大值。垂直点 2 在 0°、30°及 90°出现极大值；在 10°及 55°左右出现极小值。偏差应力主要考察垂直点 2，在裂缝倾角为 35° ~ 65°时应力差最小，井眼也相对最稳定。

4）裂纹井眼应力分布模拟（井内压力不变，裂缝走向角变化）

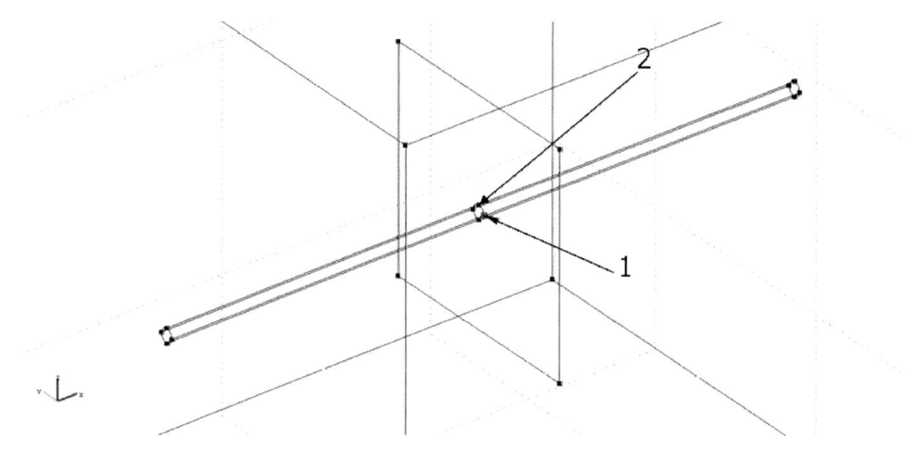

图 8-10　裂纹与水平井相交面的观测数据对应点

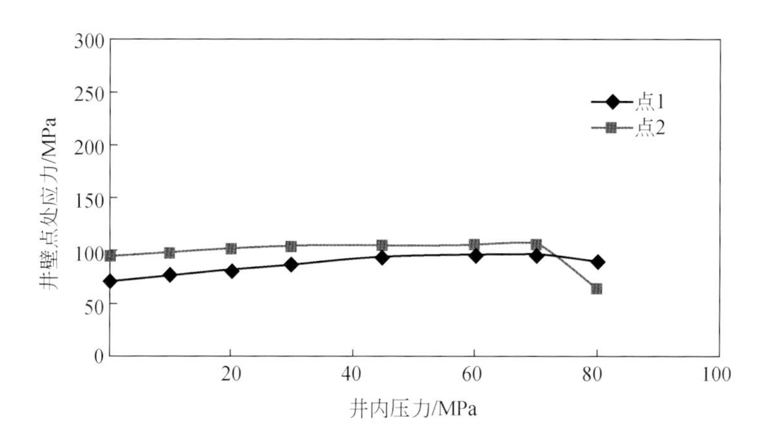

图 8-11　裂纹与水平井相交点处在不同井内压时的第三主应力

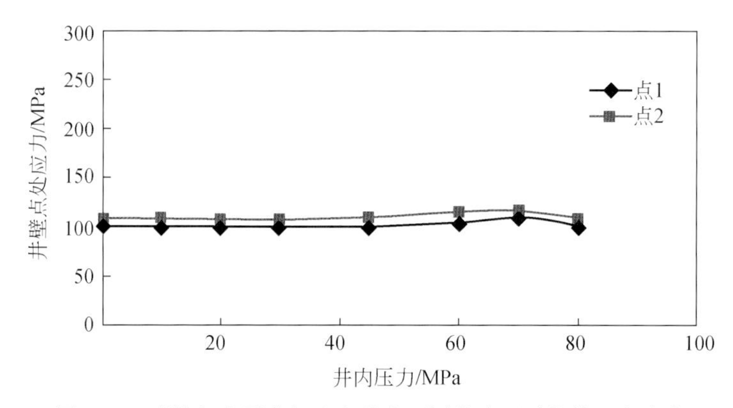

图 8-12　裂纹与水平井相交点处在不同井内压时的第二主应力

本书还对裂纹走向角变化情况下井眼与裂纹相交面处点上的应力变化规律进行了探索。具体模型及模拟结果如图 8-22 ~ 图 8-25 所示。模拟结果表明，第三主应力，水平点 1

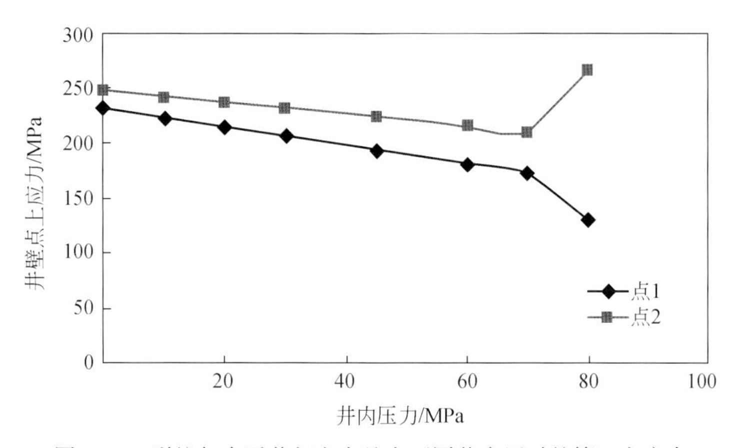

图 8-13　裂纹与水平井相交点处在不同井内压时的第一主应力

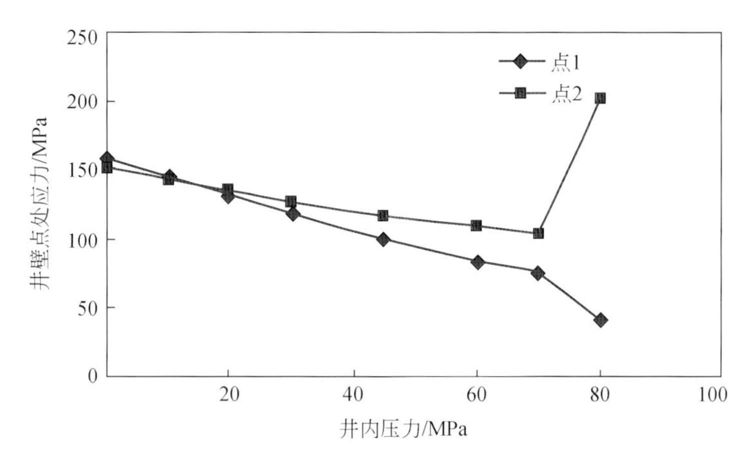

图 8-14　裂纹与水平井相交点处在不同井内压时的水平偏差应力

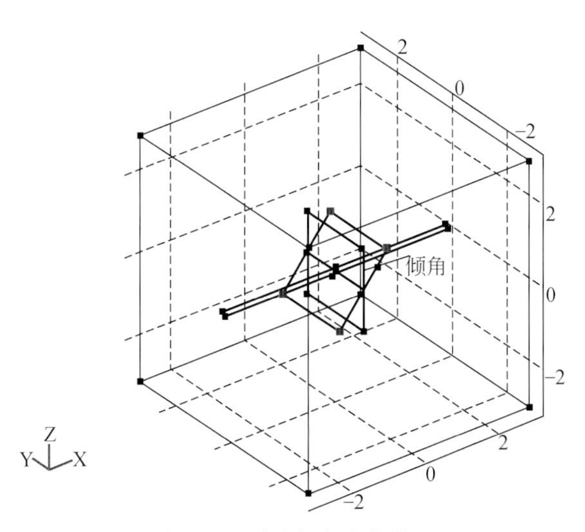

图 8-15　裂纹倾角变化模型

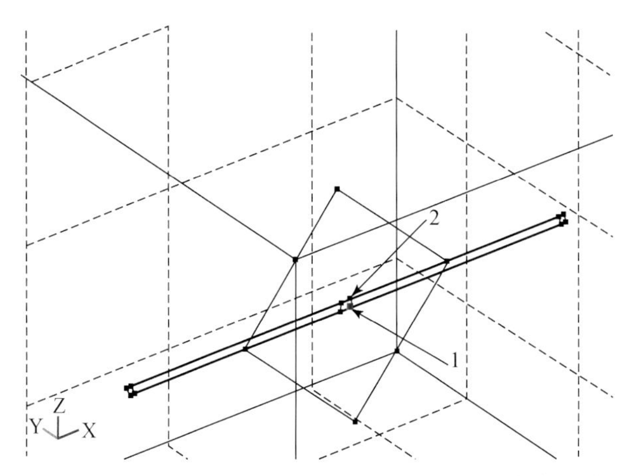

图 8-16　倾角变化时裂纹与水平井相交面的观测数据对应点

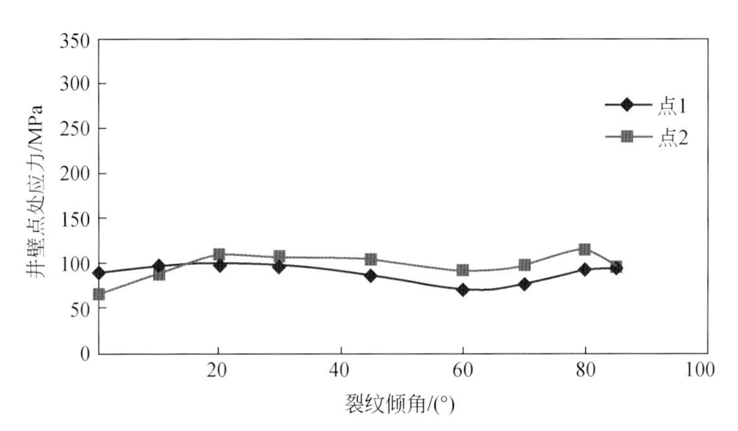

图 8-17　倾角变化时裂纹与水平井相交点处第三主应力

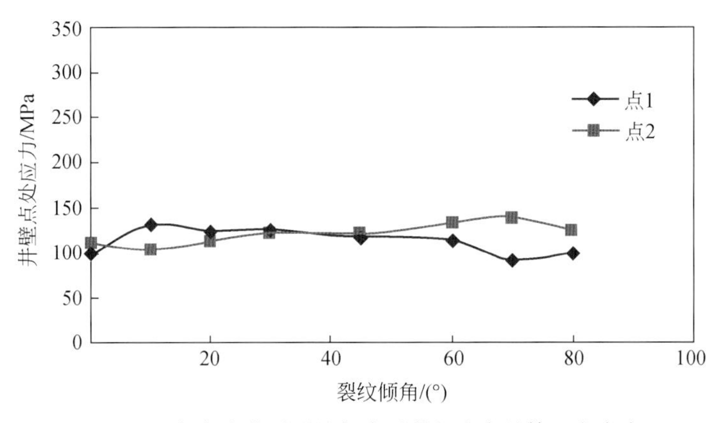

图 8-18　倾角变化时裂纹与水平井相交点处第二主应力

在走向角 0°、45°出现低极值点。垂直点 2 在 0°出现低极值点，30°出现高极值点。第二主应力，水平点 1 在走向角 45°出现极小值。垂直点 2 出现极大值。第一主应力，水平点 1 在 0°

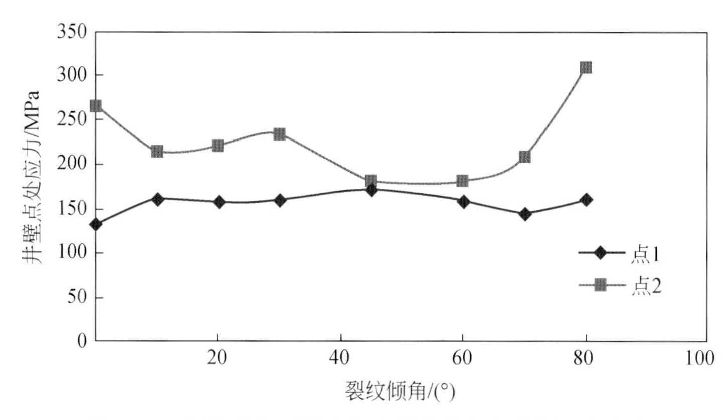

图 8-19　倾角变化时裂纹与水平井相交点处第一主应力

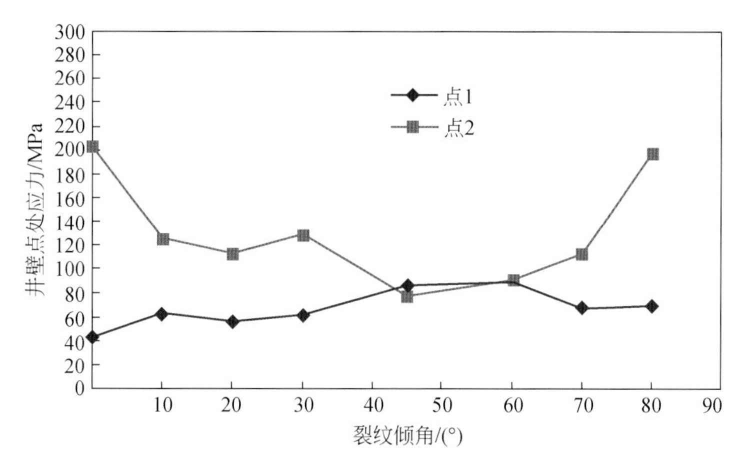

图 8-20　倾角变化时裂纹与水平井相交点处水平应力差

及 60°出现极小值点，在 10°及 70°出现相对极大值点。垂直点 2 在 0°、45°及 70°出现极大值点，在 20°、60°出现极小值点；裂缝走向在 15°～80°时偏应力减小，井壁稳定性增加。

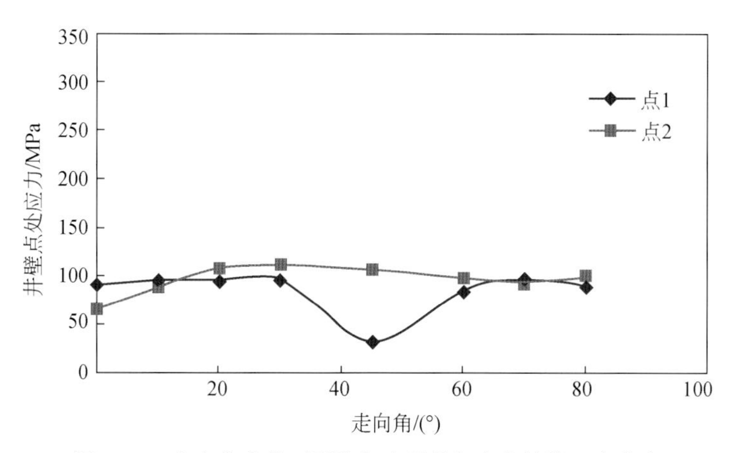

图 8-21　走向角变化时裂纹与水平井相交点处第三主应力

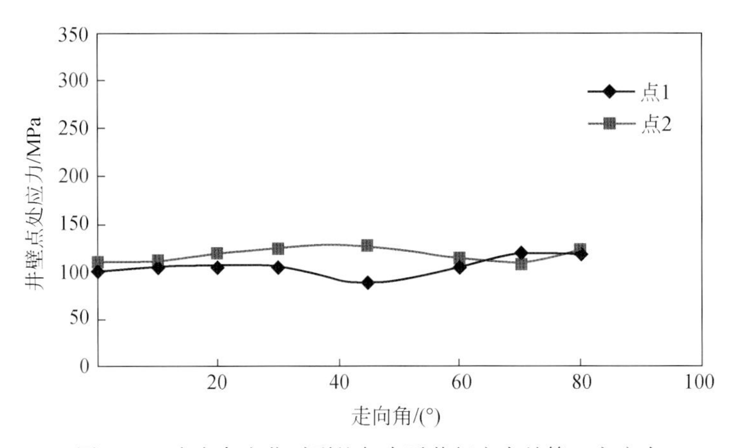

图 8-22　走向角变化时裂纹与水平井相交点处第二主应力

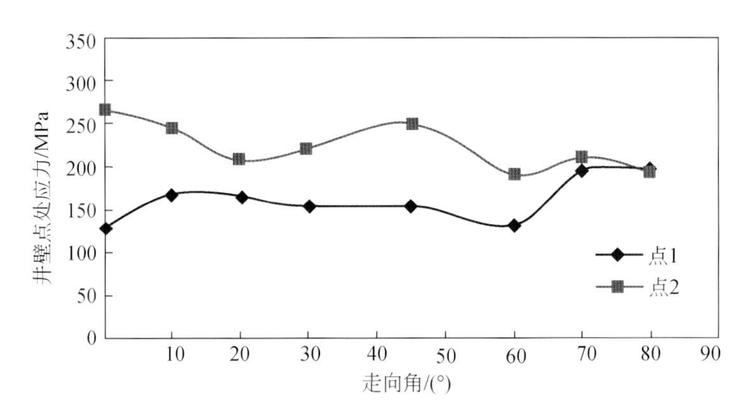

图 8-23　走向角变化时裂纹与水平井相交点处第一主应力

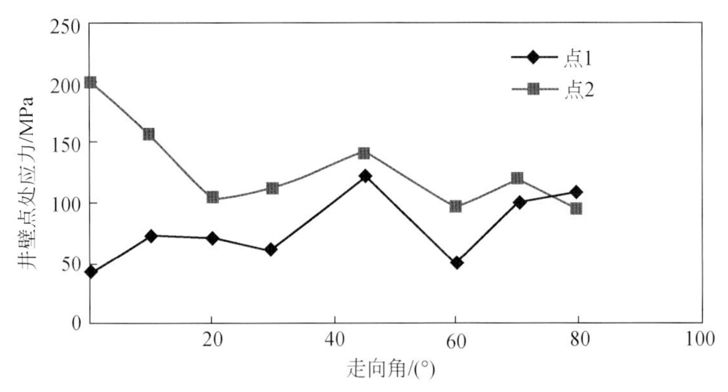

图 8-24　走向角变化时裂纹与水平井相交点处水平应力差

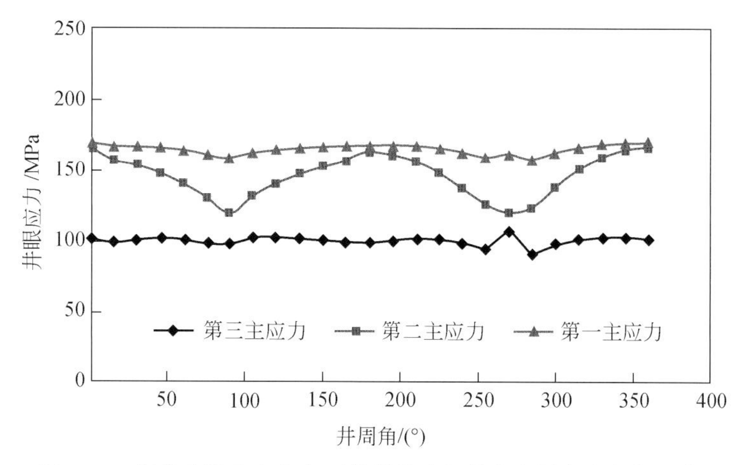

图 8-25　完整井眼应力分布（井眼轨迹与最大水平应力方向一致）

8.2　井眼轨迹与最大水平应力方向一致

1）完整井壁模拟情况

水平井的井眼稳定性主要与岩石的力学性质和地应力状态有关，不同方向上井眼的稳定程度各异，由于上覆地层重力的影响，水平井井眼应力分布与直井井眼应力分布有较大的不同。本书模型综合地应力实测结果和地震震源机制解得到远场地应力分析结果，建立3D 有限元模型的基本参数情况为：弹性模量为 42GPa、泊松比为 0. 17、岩石密度为2660kg/m³、抗压强度为 300MPa、内摩擦角为 42. 87°，井眼轨迹与最大水平应力方向同，其中最小水平主应力为 100MPa、最大水平主应力为 160MPa、垂向主应力为 125MPa，得到井眼周围的应力分布情况如图 8-26 所示，可以看出：井眼轨迹与最大水平应力方向一致时，井眼周围第二主应力随井眼角度变化较大，而第一主应力和第三主应力的变化不明显。

2）裂纹井眼应力分布模拟（井内压力不变，裂缝倾角变化）

图 8-26 ~ 图 8-29 显示，当井眼轨迹与最大水平应力方向相同时，第三主应力，水平点 1 在裂缝倾角 60°出现低极值点。垂直点 2 在 0°出现低极值点，30°出现高极值点。第二主应力，水平点 1 呈“正弦曲线”，出现 4 个高值点，3 个低值点。垂直点 2 在 10°、70°出现极小值，20°出现极大值。第一主应力，变化比较平稳。水平点 1 在 10°出现局部极小值点，在 45°出现相对极大值点。垂直点 2 在 20°出现局部极大值点，在 70°出现极小值点；裂缝倾角在 10° ~20°时点 1、2 偏应力总体小，井壁稳定性增加。大于 20°时点 2 主应力差逐步降低，点 1 主应力差逐步增加。

3）裂纹井眼应力分布模拟（井内压力不变，裂缝走向角变化）

图 8-30 ~ 图 8-33 显示，当井眼轨迹与最大水平应力方向相同时，第三主应力，水平点 1 在裂缝走向 45°出现局部低极值点，在 20°、70°出现局部高值点。垂直点 2 在 0°、65°出现局部低极值点，30°出现局部高极值点。第二主应力，水平点 1 应力比较平稳，在 10°

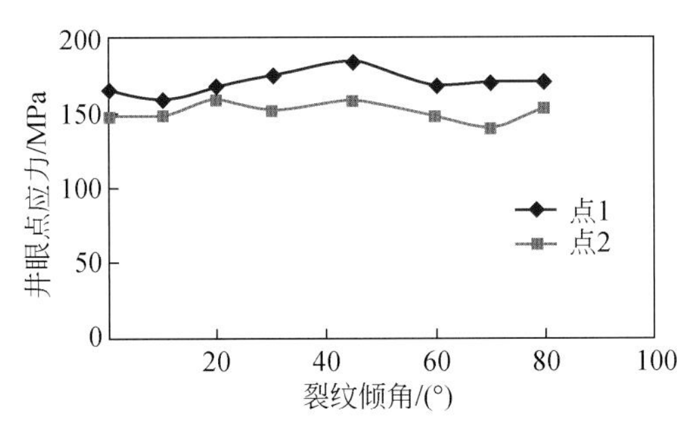

图 8-26　倾角变化时裂纹与水平井相交点处第一主应力

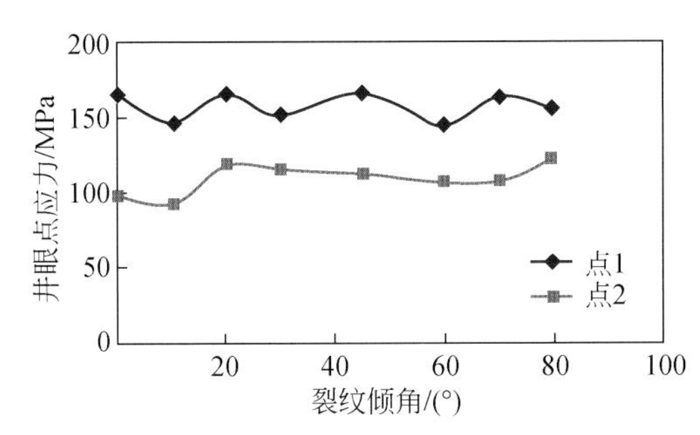

图 8-27　倾角变化时裂纹与水平井相交点处第二主应力

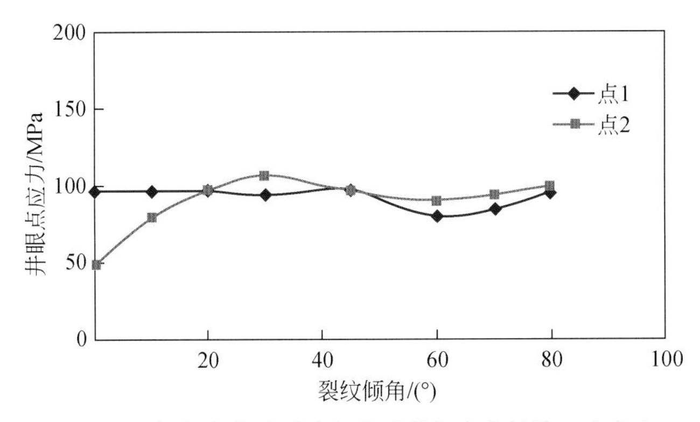

图 8-28　倾角变化时裂纹与水平井相交点处第三主应力

出现低局部极值点。垂直点 2 在 0°、60°出现局部极小值，30°出现局部极大值。第一主应力，变化较大。水平点 1 在 10°、70°出现局部极大值点。垂直点 2 在 60°出现局部极小值点；裂缝走向在 10°～30°时点 1、2 偏应力总体小，井壁稳定性增加，在 30°～55°时主应力差逐步增加，60°时点 1 主应力差减小，70°时点 1 偏应力差由增大变平稳，点 2 偏应力差减小。

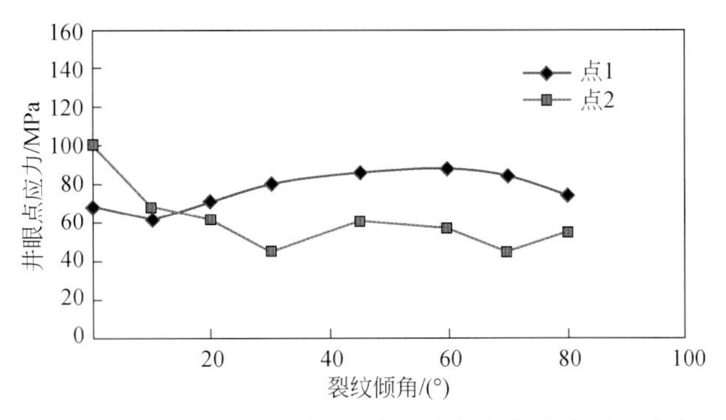

图 8-29　倾角变化时裂纹与水平井相交点处水平差应力

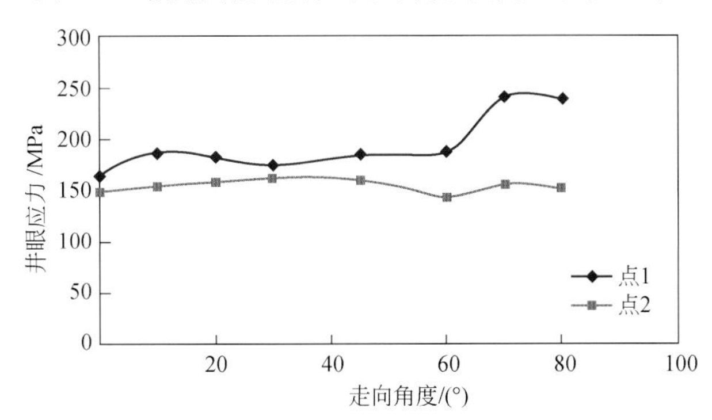

图 8-30　走向角变化时裂纹与水平井相交点处第一主应力

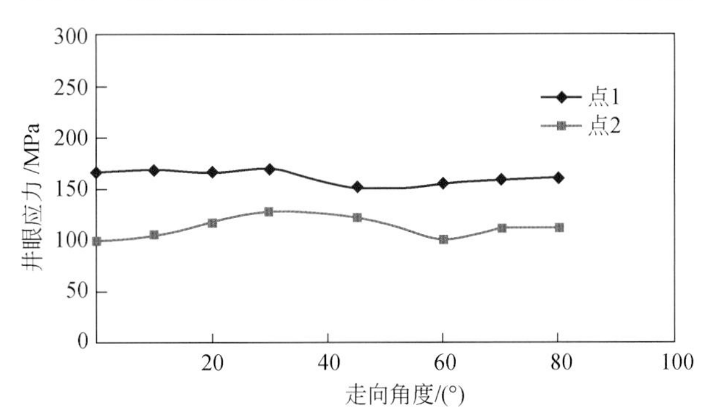

图 8-31　走向角变化时裂纹与水平井相交点处第二主应力

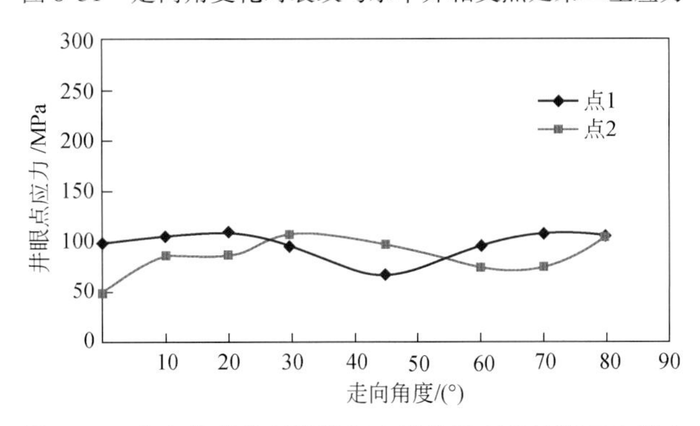

图 8-32　走向角变化时裂纹与水平井相交点处第三主应力

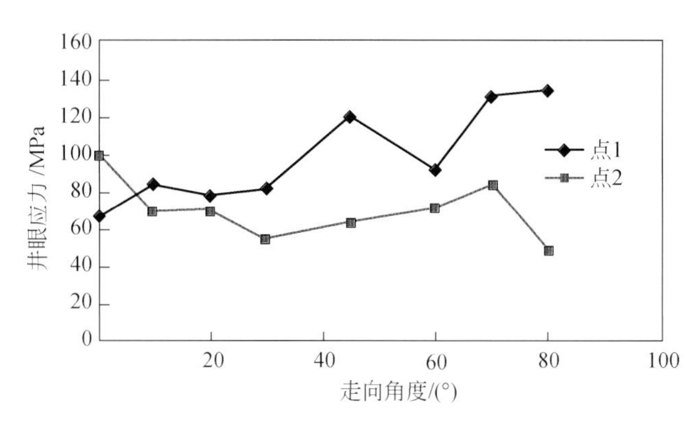

图 8-33　走向角变化时裂纹与水平井相交点处水平应力差

8.3　井眼轨迹与最小水平应力方向呈 45°时

图 8-34～图 8-37 表明，当井眼轨迹与最小水平主应力方向呈 45°夹角时，井眼壁第一主应力变化很明显，而井眼壁上第二主应力和第三主应力的变化很小，低倾角裂缝对井眼壁第一主应力的影响明显，而对于其他主应力的分布影响不大。

结合图 8-7、图 8-25 及图 8-34 可以看出，井眼轨迹与最小主应力一致时，井壁三个主应力呈“正弦曲线”分布。第一主应力变化大，第二主应力与第三主应力变化相当；井眼轨迹与最大主应力一致时，井壁第一、二主应力呈“正弦曲线”分布。第三主应力变化大；井眼轨迹与最小主应力呈 45°夹角时，井壁第二主应力呈“正弦曲线”分布。第一、三主应力变化小。

从水平偏应力分布（图 8-38）看，井眼轨迹与最小主应力一致时，偏应力变化大，值也大，井眼相对不稳定；井眼轨迹与最大主应力一致时，偏应力变化小，值最小，井眼相对稳定；井眼轨迹与最小主应力呈 45°夹角时，偏应力变化大，值处于上述两种形式之间，井眼稳定性也介于二者之间。

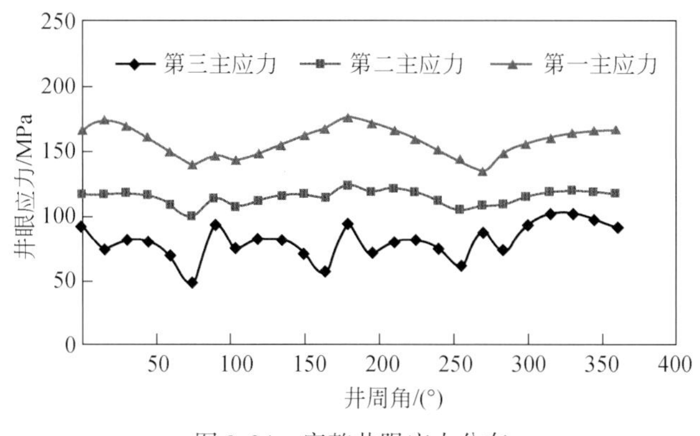

图 8-34　完整井眼应力分布

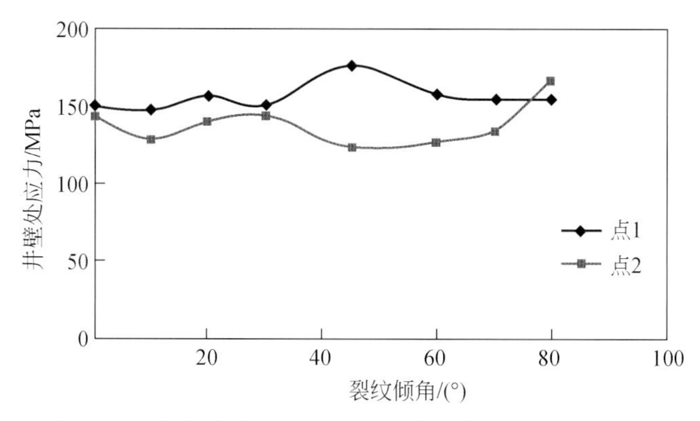

图 8-35　倾角变化时裂纹与水平井相交点处第一主应力

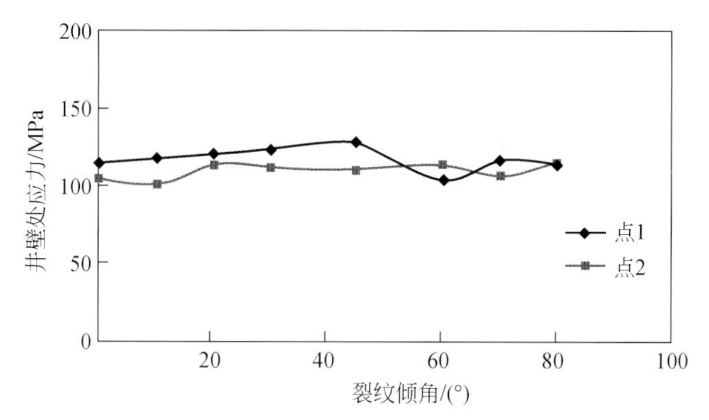

图 8-36　倾角变化时裂纹与水平井相交点处第二主应力

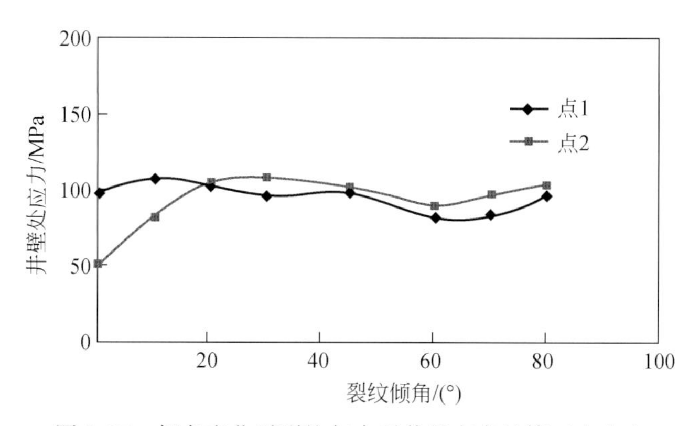

图 8-37　倾角变化时裂纹与水平井相交点处第三主应力

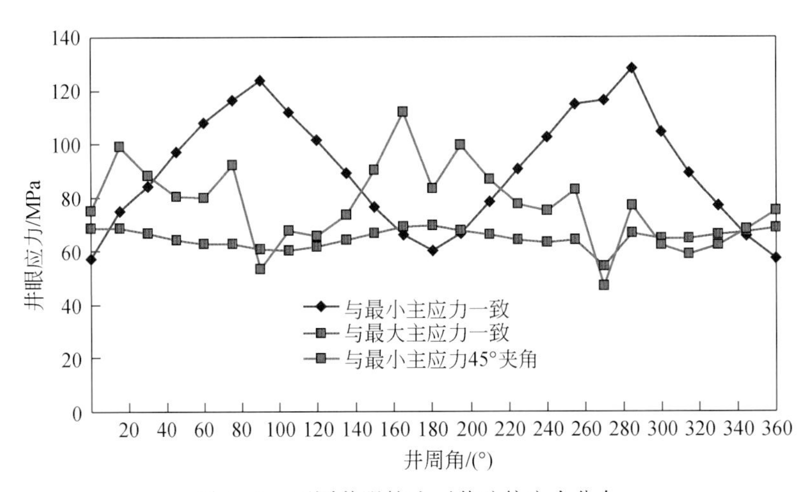

图 8-38　不同井眼轨迹下井壁偏应力分布

第9章　水平井井眼失稳研究及实例分析

9.1　安全泥浆密度窗

9.1.1　边界条件

直接利用通过坐标转换方法获取的水平井（斜井）井壁应力分布模型计算井壁破裂及坍塌压力时，在井壁上某一点，一定井斜角下可能会同时出现既塌又破的复杂状况，甚至会出现井壁坍塌压力大于破裂压力的反常情况。从图9-1（a）可以看出，井壁岩石的破裂压力与坍塌压力在井斜角为60°时出现交叉，也就是说，若想钻出一口井斜角超过60°的大斜度井或者是水平井是不可能的。显然，实际的施工情况表明，这种结论是不正确的。出现这种错误的主要原因是直井向斜井转换的技术处理或测井数据处理不当。这些问题可以通过模型边界条件的修正加以解决（Aadnoy and Hansen，2005）。图9-1（b）为边界条件修正后，斜井（水平井）井壁破裂及坍塌压力分布结果，ζ为最小破裂压力与最大坍塌压力之间的差值。所以为了得到合理的破裂及坍塌压力分析结果，就必须为前述井壁应力分布模型设置边界约束条件。

为了得出合理的边界约束模型，其假设条件为：

①孔隙压力必须小于破裂压力与水平应力，但可能大于坍塌压力；

②最大坍塌压力必须小于破裂压力。

首先，结合上述假设条件分析正断层应力状态（$\sigma_v>\sigma_H>\sigma_h$），建立现今原地应力求解的边界约束条件。研究发现，当井眼轴线分别与三个主应力方向平行钻进时，井壁应力的分布状态为对应条件下的极限状态。下面分别讨论井眼沿垂向应力、水平最大主应力、水平最小主应力方向钻进时，原地应力求取结果的边界约束条件。

以直井为例，井斜角$\alpha=0°$，依据井壁周向应力的分布公式，当井周角$\theta=0°$或$\theta=180°$时，井壁周向应力取得最小值。则其井壁最小破裂压力为

$$P_{wf}=3\sigma_h-\sigma_H-\eta P_p+\sigma_t \tag{9-1}$$

当井周角$\theta=90°$或$\theta=270°$时，井壁周向应力取得最大值。此时，σ_r为最小主应力，而σ_θ为最大主应力，代入莫尔-库仑准则，则其井壁坍塌压力为

$$P_{wc}=\frac{1}{2}(3\sigma_H-\sigma_h)(1-\sin\varphi)+\eta P_0-\tau_0\cos\varphi \tag{9-2}$$

根据图9-1（b），以及之前的假设条件，定义最小破裂压力与最大坍塌压力ζ之间的差值为稳定系数，则

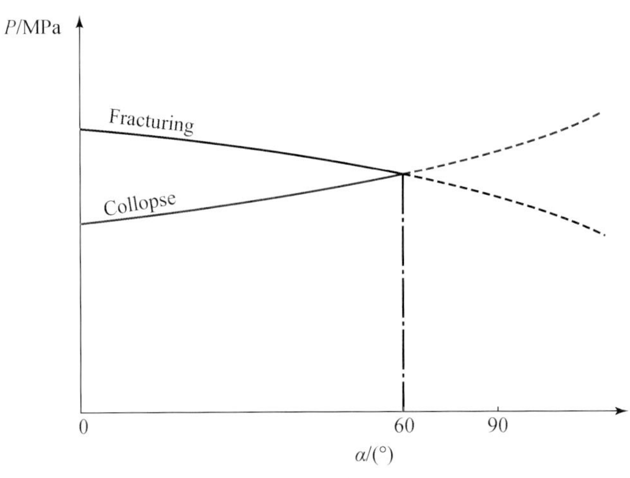

(a) 错误应力状态下的破裂及坍塌压力分布

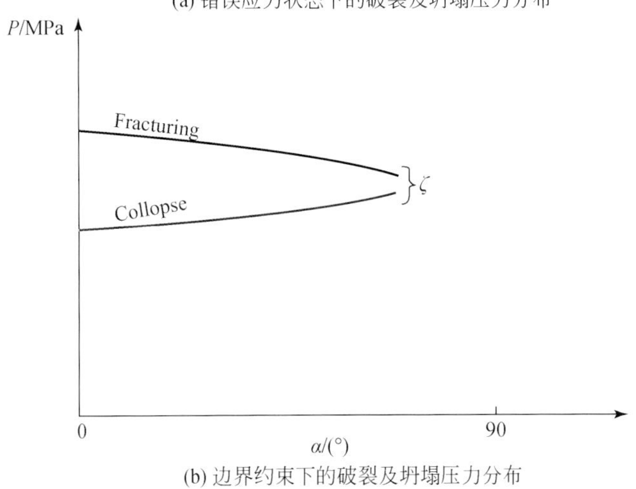

(b) 边界约束下的破裂及坍塌压力分布

图 9-1　斜井破裂及坍塌压力对比结果（P 为压力、α 为井斜角、ζ 为破裂压力与坍塌压力之间的最小差值）

（Aadnoy and Hansen，2005）

$$P_{wf} - P_{wc} \geqslant \zeta \tag{9-3}$$

将式 9-1、式（9-2）代入式（9-3）可得

$$\sigma_h(7 - \sin\varphi) \geqslant \sigma_H(5 - 3\sin\varphi) + 2P_p(1 + \sin\varphi) - 2\tau_0\cos\varphi + 2\zeta \tag{9-4}$$

在上述水平应力的边界条件下，就可获取正确的井壁岩石破裂及坍塌压力。然而，上述边界条件仅适合于直井，在垂向应力为最大主应力的原地应力状态下，对于井眼分别沿最大水平主应力方向与最小水平主应力方向钻进时，应力边界的限制条件与直井相似，只不过井壁上发生张破裂与剪破裂的位置不同。所以对于边界方程式（9-4）可用广义边界方程来表示：

$$\sigma_{min}(7 - \sin\varphi) \geqslant \sigma_{max}(5 - 3\sin\varphi) + 2P_p(1 + \sin\varphi) - 2\tau_0\cos\varphi + 2\zeta \tag{9-5}$$

式中，σ_{min} 为井眼沿主应力方向钻进状态下的井壁最小主应力；σ_{max} 为井眼沿主应力方向钻进状态下的井壁最大主应力。

图9-2分别为井眼沿垂向应力方向、水平最大主应力方向、水平最小主应力方向钻进的井眼方位示意图。在各自的井眼方位条件下，其应力边界约束条件分别为

$$\begin{cases}\sigma_h(7-\sin\varphi)\geqslant\sigma_H(5-3\sin\varphi)+2P_p(1+\sin\varphi)-2\tau_0\cos\varphi+2\zeta\\ \sigma_h(7-\sin\varphi)\geqslant\sigma_v(5-3\sin\varphi)+2P_p(1+\sin\varphi)-2\tau_0\cos\varphi+2\zeta\\ \sigma_H(7-\sin\varphi)\geqslant\sigma_H(5-3\sin\varphi)+2P_p(1+\sin\varphi)-2\tau_0\cos\varphi+2\zeta\end{cases}\tag{9-6}$$

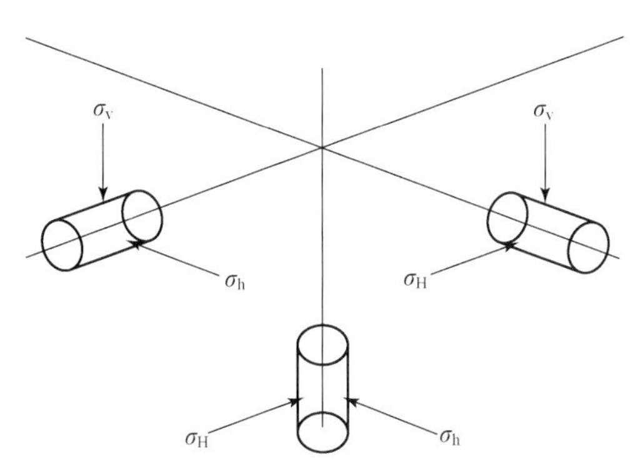

图9-2　沿三主应力方向钻进井眼方位沿示意图

对于构造运动强烈地区，其原地应力状态一般为走滑断层应力状态（$\sigma_H>\sigma_v>\sigma_h$）、逆断层应力状态（$\sigma_H>\sigma_h>\sigma_v$），表9-1为各应力状态下边界约束条件的分析结果。

表9-1　不同原地应力状态下井眼分别沿三向应力钻进时的约束边界

应力状态	边界条件1	边界条件2	边界条件3
正断层	$\sigma_h A\geqslant\sigma_H B+C$	$\sigma_H A\geqslant\sigma_h B+C$	$\sigma_h A\geqslant\sigma_v B+C$
走滑断层	$\sigma_h A\geqslant\sigma_H B+C$	$\sigma_v A\geqslant\sigma_H B+C$	$\sigma_h A\geqslant\sigma_v B+C$
逆断层	$\sigma_h A\geqslant\sigma_H B+C$	$\sigma_v A\geqslant\sigma_H B+C$	$\sigma_v A\geqslant\sigma_h B+C$

注：$A=7-\sin\varphi$，$B=5-3\sin\varphi$，$C=2P_0(1+\sin\varphi)+2(\zeta-\tau_0\cos\varphi)$

上面讨论的是广义边界条件的解析表达式，下面以直观的方式说明原地应力边界约束条件与孔隙压力大小密切相关。图9-3为不同应力状态下原地应力约束边界与孔隙压力大小的变化关系。从图中可以看出，随着孔隙压力的增加，边界应力的约束范围在逐渐减小。表9-2为依据图9-3所确立的原地应力最高及最低约束边界。

表9-2　不同应力状态下的上下约束边界

应力状态	边界上限	边界下限
正断层	$\frac{\sigma_h}{\sigma_v},\ \frac{\sigma_H}{\sigma_v}\leqslant 1$	$\frac{\sigma_h}{\sigma_v},\ \frac{\sigma_H}{\sigma_v}\geqslant\frac{B+C}{A}$
走滑断层	$\frac{\sigma_H}{\sigma_v}\leqslant\frac{A-C}{B},\ \frac{\sigma_h}{\sigma_v}\leqslant 1$	$\frac{\sigma_H}{\sigma_v}\geqslant 1,\ \frac{\sigma_h}{\sigma_v}\geqslant\frac{B+C}{A}$
逆断层	$\frac{\sigma_H}{\sigma_v},\ \frac{\sigma_h}{\sigma_v}\leqslant\frac{A+C}{B}$	$\frac{\sigma_h}{\sigma_v},\ \frac{\sigma_H}{\sigma_v}\geqslant 1$

注：$A=7-\sin\varphi$，$B=5-3\sin\varphi$，$C=[2P_0(1+\sin\varphi)+2(\zeta-\tau_0\cos\varphi)]/\sigma_v$

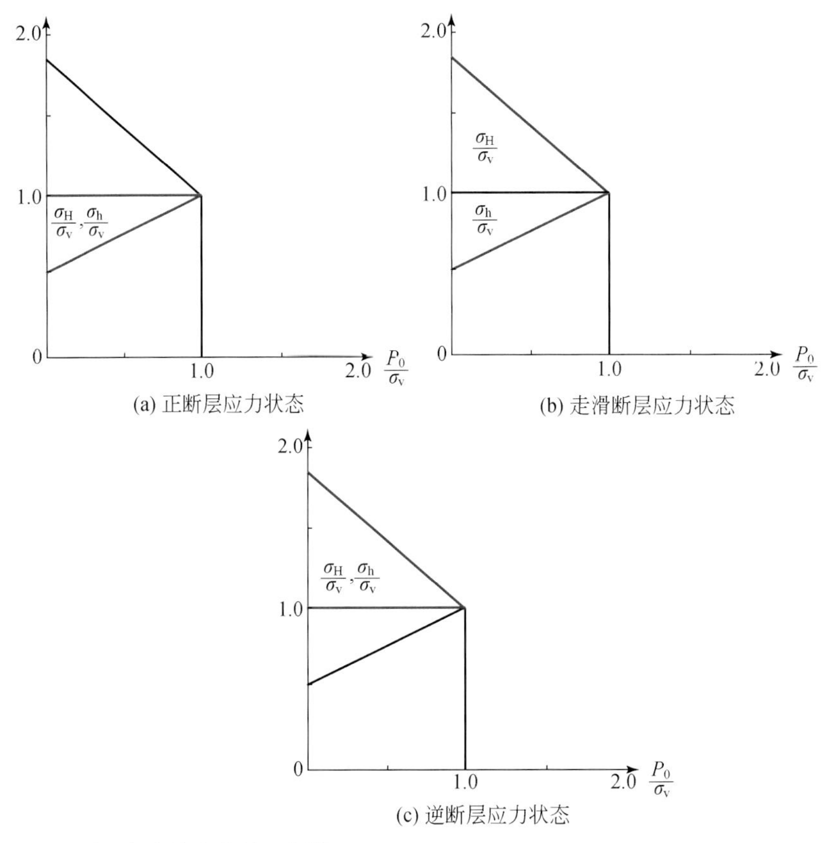

图 9-3　原地应力约束边界（假设 $\varphi=30°$，$\zeta=0.866\tau_0$）（Aadnoy and Hansen，2005）

9.1.2　影响因素

前面分析了不同应力状态下井壁周向应力随进井周角的变化规律以及井壁破裂压力、坍塌压力在不同井眼轨迹下的变化规律，为了能够保证钻井作业高效稳定地开展，在开钻之前就应该设计好井下钻井液的安全密度范围，即钻井液的安全密度窗。所谓钻井液的安全密度窗，是指保证井眼钻进过程中，井壁处于不塌不破的合理钻井液密度范围之内。以下结合川西地区垂向应力为中间主应力的特点，即在 $\sigma_H>\sigma_v>\sigma_h$ 的应力状态下，分析钻井液安全密度窗随各地层参数（地层孔隙压力 P_p、岩石内聚力 C、内摩擦角 φ、岩石孔弹系数 η、泊松比 μ 以及岩石抗张强度 σ_t 等因素）的变换规律。

根据 X10-1H 井实际情况，取深度 5400m、垂深 4889m，水平最大主应力为 $\sigma_H=132.4$MPa、垂向应力 $\sigma_v=98.76$MPa、水平最小主应力 $\sigma_h=83.7$MPa、抗张强度 $\sigma_t=1.545$MPa，内聚力 $C=28.1$MPa，内摩擦角 $\varphi=33.48°$、岩石的泊松比 $\mu=0.2347$、岩石孔弹系数 $\eta=0.236$、目的层地层孔隙压力 $P_p=78.72$MPa。在改变某一参数时，其他参数保持不变，讨论井眼分别沿最大水平主应力方向及最小水平主应力方向钻进时该参数对钻井液安全密度窗的影响规律。图中（图 9-4 ~ 图 9-17，图 9-20 ~ 图 9-23），P_{wf}（g/cm^3）为破裂压力密度、P_{wc}（g/cm³）为坍塌压力密度。

1. 水平应力对安全密度窗的影响

在其他参数不变的条件下，取 $\sigma_H = 120$MPa、132.4MPa、140MPa 分别研究井眼沿最大水平主应力方向及最小水平主应力方向倾斜时水平应力的大小对钻井液安全泥浆密度窗的影响（图 9-4、图 9-5）。可以看出，无论是在 $\beta = 0°$ 还是 $\beta = 90°$ 的情况下，井壁破裂压力都表现出随着井斜角的增加而增大的变化趋势，而井壁坍塌压力随着井斜角的增大而减小，即在此原地应力状态下，钻井液的安全泥浆密度窗随着井斜角的增大而增大。此外，随着最大水平主应力（σ_H/σ_h）的增大，井壁岩石最小破裂压力当量泥浆密度逐渐减小，而井周各向最大坍塌压力当量泥浆密度则随着 σ_H/σ_h 的增大而逐渐增大。一旦井斜角超过 80°，最大水平主应力的改变对井壁破裂及坍塌压力的影响就明显减小。表明在其他参数不变的情况下，σ_H/σ_h 的增大会明显减小斜井钻井液安全泥浆密度窗，但对大斜度井（水平井）钻井液安全泥浆密度窗的影响较小。

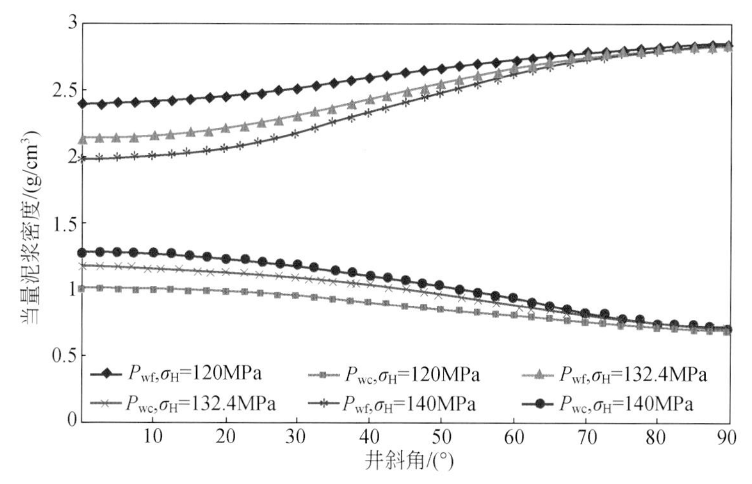

图 9-4　水平应力对安全泥浆密度窗的影响（$\beta = 0°$）

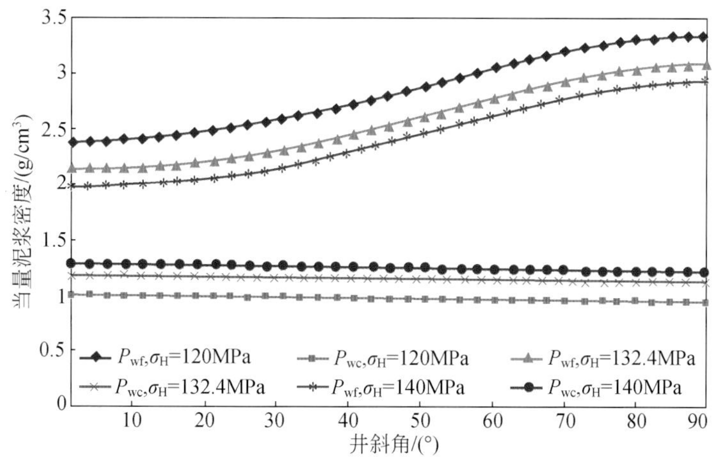

图 9-5　水平应力对安全泥浆密度窗的影响（$\beta = 90°$）

2. 内聚力对安全密度窗的影响

图9-6、图9-7在其他参数不变的条件下，井眼分别沿最大水平主应力方向及最小水平主应力方向钻井时，井眼钻井液安全密度窗随岩石内聚力参数（C=25MPa、28.1MPa、35MPa）的变化规律。依据计算结果，两种井眼方位条件下，井眼钻井液安全密度窗均随着井斜角的增大而变宽。井周各向井壁岩石最大坍塌压力随着岩石内聚力的增大而减小，而井壁岩石破裂压力与岩石内聚力的大小无关。表明在其他参数不变的条件下，井眼钻井液安全密度窗随着岩石内聚力的增大而增大，也就是说，井壁岩石内聚力越大，井壁越稳定。

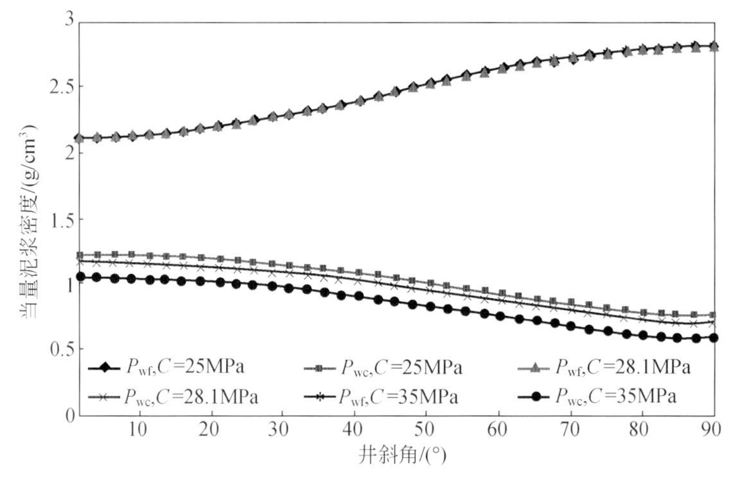

图9-6 内聚力对安全泥浆密度窗的影响（β=0°）

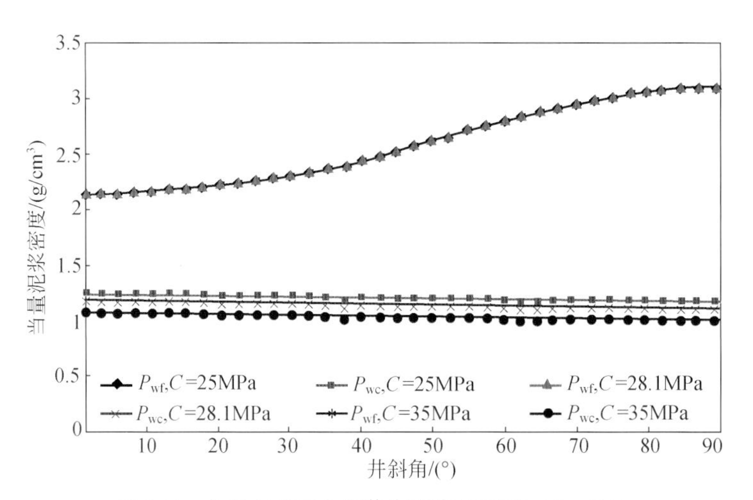

图9-7 内聚力对安全泥浆密度窗的影响（β=90°）

3. 内摩擦角对安全密度窗的影响

不改变其他参数，分别取岩石内摩擦角为 $\varphi=30°$、35°、40°计算井壁破裂压力、坍塌压力随井斜角的变化（图 9-8、图 9-9）。结果表明，无论井眼倾斜方向与最大水平主应力方向一致还是与最小水平主应力方向一致，井壁岩石的坍塌压力均随着岩石内摩擦角的增大而减小，钻井液安全密度窗变宽。即井壁岩石随着岩石内摩擦角的增大发生剪切破坏的可能性降低，井壁稳定性增强。且沿着最大水平主应力方向钻进时，随着井斜角的增大，内摩擦角对井壁坍塌压力的影响减小，而井眼沿着最小水平主应力方向钻进时，内摩擦角对井壁坍塌压力的影响与井斜角的关系不大。

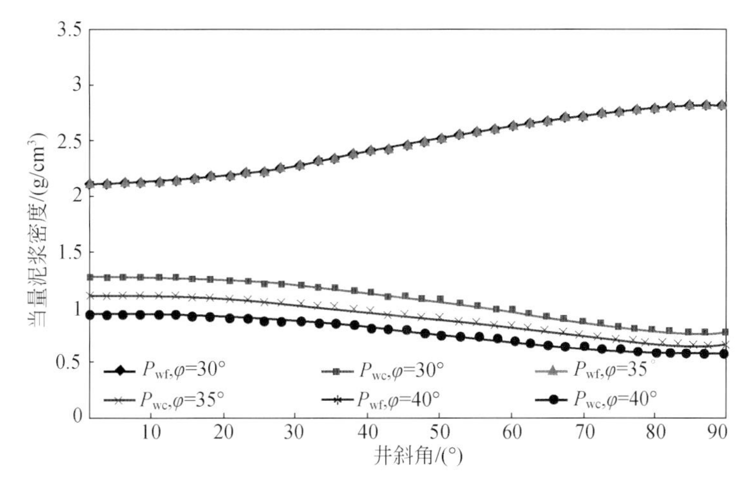

图 9-8　内摩擦角对安全泥浆密度窗的影响（$\beta=0°$）

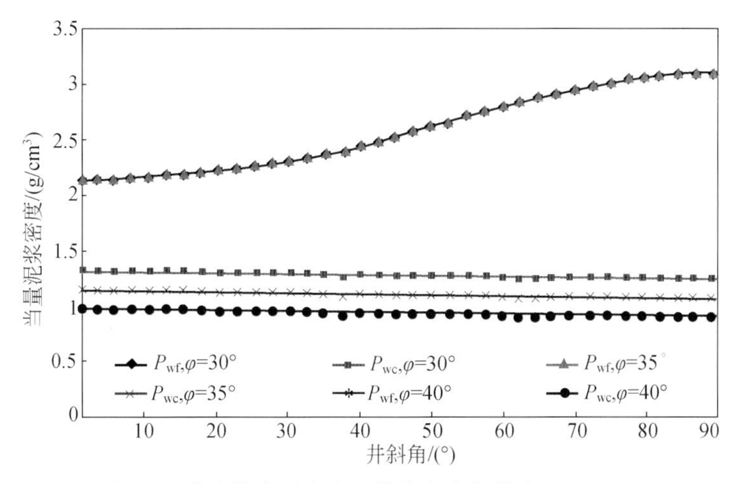

图 9-9　内摩擦角对安全泥浆密度窗的影响（$\beta=90°$）

4. 孔弹系数对安全密度窗的影响

在保持其他参数不变的情况下，取岩石的孔弹系数 $\eta=0.25$、0.35、0.45 分别计算井眼沿最大水平主应力方向钻进及最小水平主应力方向钻井时，研究岩石的孔弹系数对钻井液安全密度窗的影响。依据计算结果（图 9-10、图 9-11），两种情况下，钻井液安全密度窗口随着井斜角的增大而增大，井眼不同井周角处井壁岩石的最小破裂压力当量泥浆密度随着岩石孔弹系数的增大而减小，而井周各向井壁岩石的最大坍塌压力当量泥浆密度随着岩石孔弹系数的增大而增大。随着岩石孔弹系数的增大井壁岩石发生剪切破坏的可能性增加，钻井液安全密度窗变窄，井壁的稳定性变差。

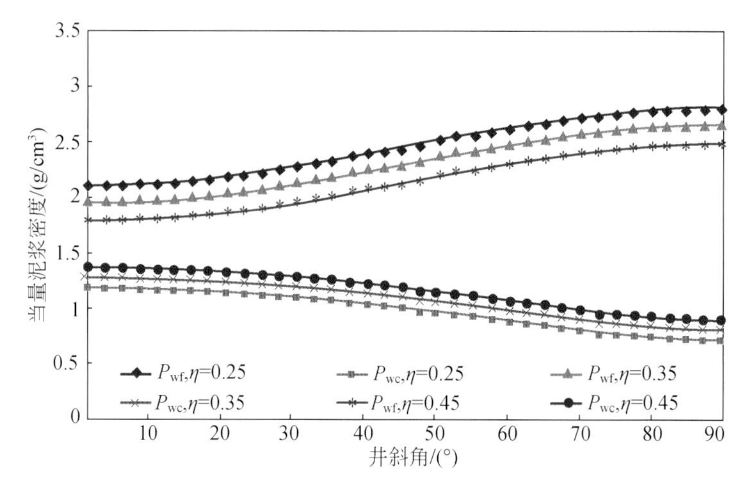

图 9-10　孔弹系数对安全泥浆密度窗的影响（$\beta=0°$）

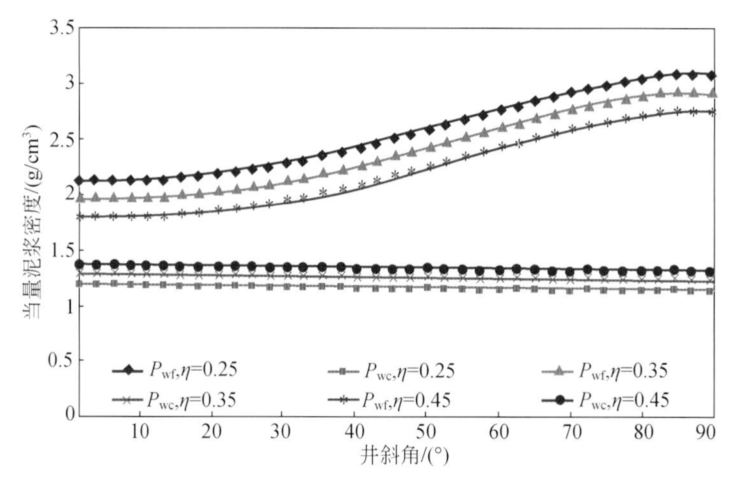

图 9-11　孔弹系数对安全泥浆密度窗的影响（$\beta=90°$）

5. 抗张强度对安全密度窗的影响

保持其他参数不变，改变岩石的抗张强度，取 $\sigma_t = 2$MPa、4MPa、6MPa 分别计算井眼沿最大水平主应力方向倾斜及沿最小水平主应力方向倾斜时的井壁破裂压力及坍塌压力（图 9-12、图 9-13）。计算结果表明，井眼钻井液安全密度窗随着井斜角的增加而逐渐变宽。井壁的破裂压力随着岩石抗张强度的增大相应增大，而井壁岩石的坍塌压力与岩石的抗张强度无关，即井壁稳定性随着井壁岩石的抗张强度的增大而增强。

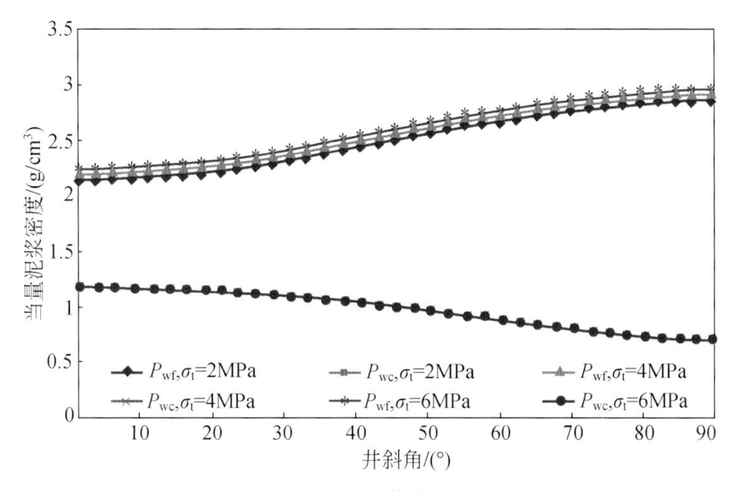

图 9-12　抗张强度对安全泥浆密度窗的影响（$\beta=0°$）

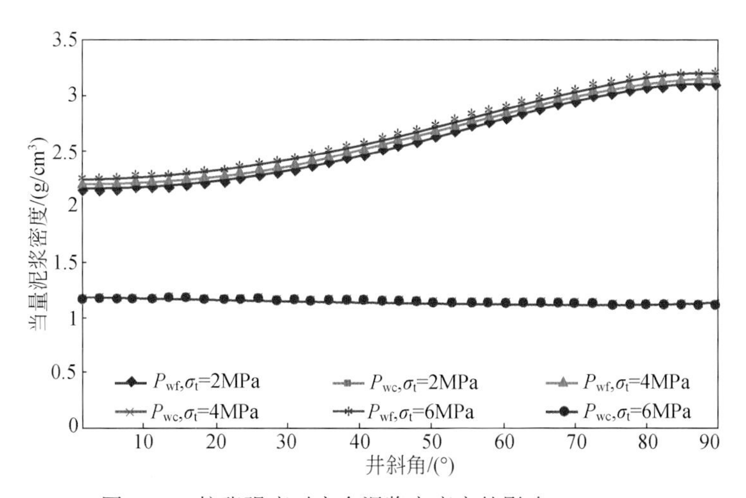

图 9-13　抗张强度对安全泥浆密度窗的影响（$\beta=90°$）

6. 泊松比对安全密度窗的影响

在保持其他参数不变的情况下，调整岩石的泊松比参数，取 $\mu = 0.15$、0.25、0.35 分别计算相应条件下井壁岩石的破裂压力及坍塌压力（图 9-14、图 9-15）。计算结果表明，在此原地应力状态下，井壁岩石破裂压力当量密度随着井斜角的增大而逐渐增大，井壁岩石坍塌压力随着井斜角的增大而逐渐减小，表明随着井斜角的增大井眼钻井液的安全泥浆密度窗口变宽，井壁的稳定性增强。由此计算结果可以看出，井眼钻井液的安全密度窗口几乎不受岩石泊松比的影响。

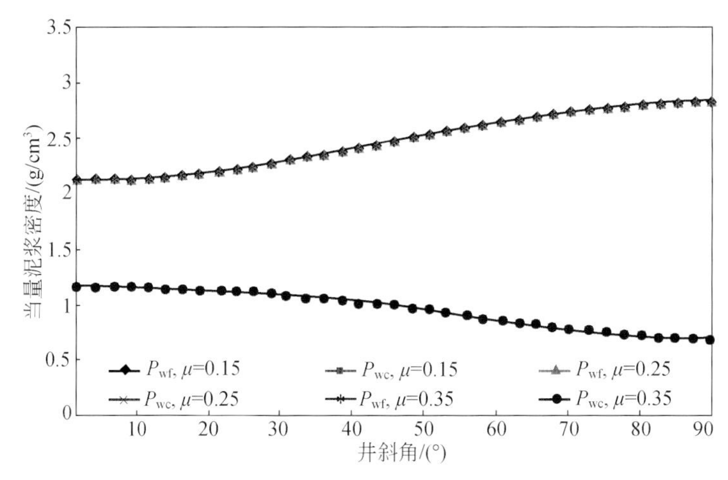

图 9-14　泊松比对安全泥浆密度窗的影响（$\beta=0°$）

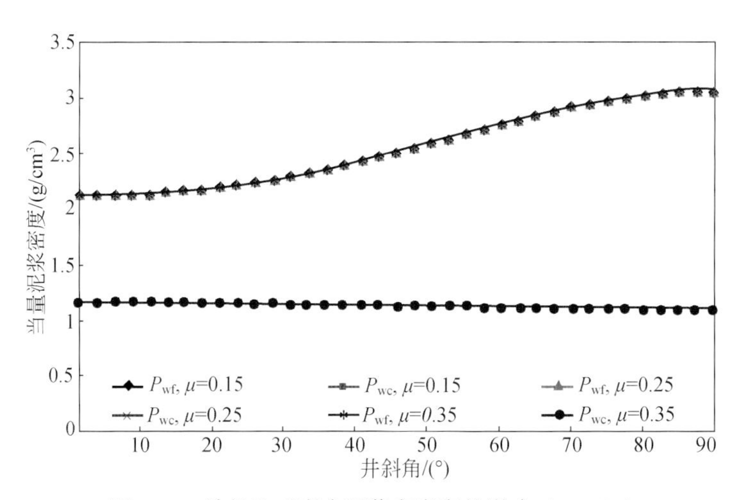

图 9-15　泊松比对安全泥浆密度窗的影响（$\beta=90°$）

7. 孔隙压力对安全密度窗的影响

图 9-16、图 9-17 为不改变其他各参数，调整地层孔隙压力（P_p = 70MPa、80MPa、90MPa），井眼方位角 $\beta=0°$以及 $\beta=90°$时井壁破裂压力与井壁坍塌压力随井斜角的变化规律。计算结果表明，随着井斜角的增大，井壁的破裂压力当量密度增大，而井壁坍塌压力当量密度减小，表明井壁的稳定性随着井斜角的增大而增强。其他参数不变的条件下，随着地层孔隙压力的增大井壁的破裂压力减小而坍塌压力增大，井眼钻井液安全密度窗口变

窄，即井壁的稳定性变差。

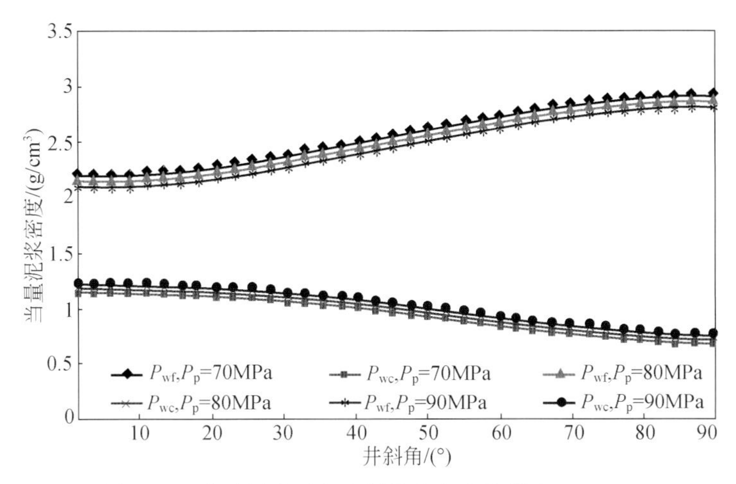

图 9-16　孔隙压力对安全泥浆密度窗的影响（$\beta=0°$）

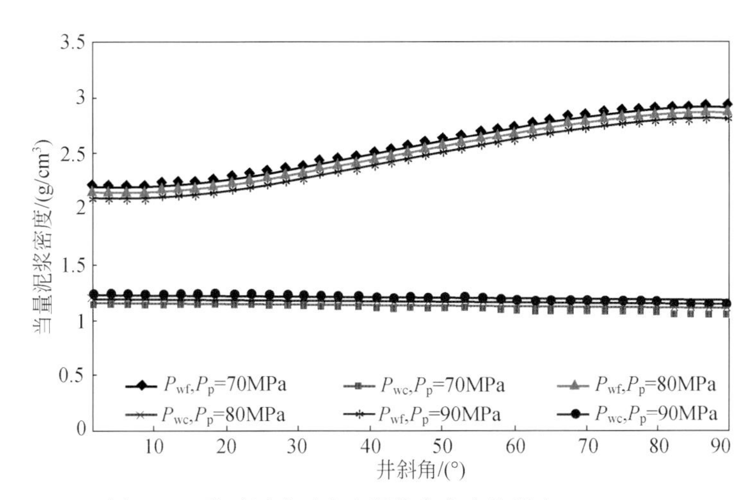

图 9-17　孔隙压力对安全泥浆密度窗的影响（$\beta=90°$）

根据以上计算结果可以得出，在上述假设的原地应力状态下（垂向应力为中间主应力），井眼钻井液的安全密度窗口随着井斜角的增大而变宽，井壁的稳定性增强。坍塌压力密度不随抗张强度、泊松比的变化而变化；破裂压力密度不随内聚力、内摩擦角、泊松比的变化而变化；即在其他参数不变的情况下，钻井液安全密度窗不随泊松比的变化而变化。

综上所述，在其他参数不变的情况下，井壁的稳定性随着最大水平主应力与最小水平主应力之间的差值、岩石孔弹系数、地层孔隙压力等参数的增大而变弱，随着井壁岩石的内聚力、内摩擦角以及岩石抗张强度的增大而增强，而岩石的泊松比对井眼钻井液安全密度窗口的影响较小。

9.1.3 参数敏感性分析

前面分析了在研究区实际地应力状态 $\sigma_H>\sigma_v>\sigma_h$ 的情况下泥浆安全密度窗随最大水平主应力 σ_H、内聚力 C、内摩擦角 φ、孔弹系数 η、抗张强度 σ_t、泊松比 μ 和地层孔隙流体压力 P_p 等参数的变化规律，但是各参数对坍塌压力和破坏压力计算的影响程度还不得而知。本书将从分析地应力、孔隙压力、岩石力学特性等参数对井壁稳定性结果的影响入手，研究井壁稳定性分析中上述每个参数的敏感性。

下面以川西新场地区须家河组水平井的实钻数据进行分析，其中深度 5400m、垂深 4889m，最大水平主应力为 $\sigma_H=132.4$MPa、垂向应力 $\sigma_v=98.76$MPa、最小水平主应力 $\sigma_h=83.7$MPa、抗张强度 $\sigma_t=1.545$MPa、内聚力 $C=28.1$MPa、内摩擦角 $\varphi=33.48°$、岩石的泊松比 $\mu=0.2347$、岩石的孔弹系数 $\eta=0.236$、目的层地层孔隙压力 $P_p=78.72$MPa。然后将最大水平主应力 σ_H、内聚力 C、内摩擦角 φ、孔弹系数 η、抗拉强度 σ_t、泊松比 μ、孔隙压力 P_p 等参数分别变化±5%、±10% 和±20%，计算相应的坍塌压力和破裂压力变化情况，计算结果如图 9-18、图 9-19 所示。

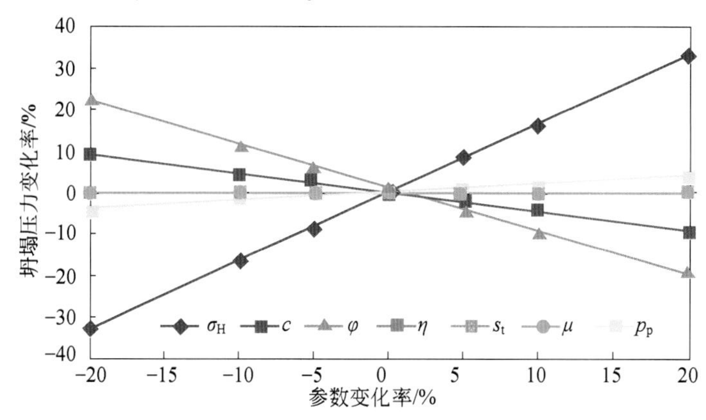

图 9-18 各参数与坍塌压力变化率关系曲线

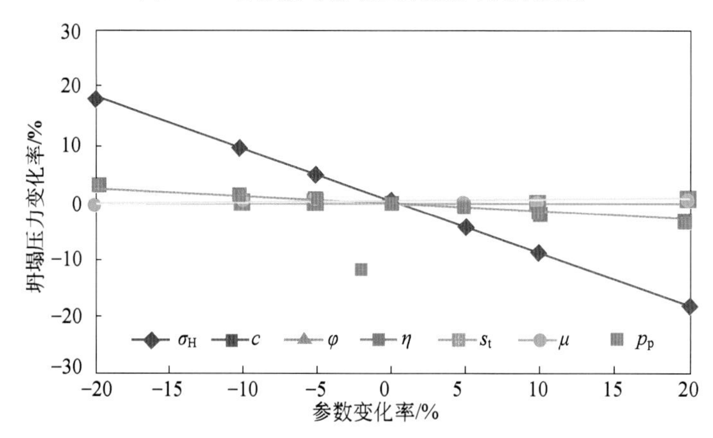

图 9-19 各参数与破裂压力变化率关系曲线

计算结果表明，在上述参数情况下，岩石泊松比对坍塌压力和破裂压力的计算几乎没有影响，通过分析可知，这应该是由于垂向主应力为中间主应力。因为当垂向主应力不是中间主应力时可知泊松比对坍塌压力和破裂压力的计算结果有着较明显的影响。同时，泊松比还是计算地应力的重要参数，所以泊松比对坍塌压力和破裂压力的计算结果并非没有影响。表9-3为研究区目的层段坍塌压力和破裂压力变化率对各参数变化率的近似微分。

表9-3　坍塌压力与破裂压力变化率对各参数变化率的近似微分

参数对坍塌压力的影响	σ_H	C	φ	η	σ_t	μ	P_p
	1.66	-0.44	-1.01	0.19	0	0	0.19
参数对破裂压力的影响	σ_H	C	φ	η	σ_t	μ	P_p
	-0.9	0	0	-0.13	0.01	0	-0.13

表9-3中各近似微分值的大小代表各参数对坍塌压力和破裂压力计算结果影响程度的大小，即井壁稳定性对各参数的敏感性大小。表9-3数据反映出研究区目的层地层坍塌压力受到最大水平主应力σ_H、内聚力C、内摩擦角φ、孔弹系数η和孔隙压力P_p五项参数的影响，各参数的影响程度为：$\sigma_H>\varphi>C>\eta=P_p$。其中$\sigma_H$、$\eta$和$P_p$三项参数偏大会导致坍塌压力计算结果偏高，而$\varphi$和$C$两项参数偏大将导致坍塌压力计算结果偏小。

同理，破裂压力计算结果在此地应力状态下主要受最大水平主应力σ_H、孔弹系数η、抗张强度σ_t和孔隙压力P_p四项参数影响。其中各参数的影响程度为：$\sigma_H>\eta=P_p>\sigma_t$，$\sigma_H$、$\eta$和$P_p$三项参数偏大会导致破裂压力计算结果偏小，$\sigma_t$参数偏大会使破裂压力计算结果偏大。

由上述分析可知，在$\sigma_H>\sigma_v>\sigma_h$的地应力状态下，研究区目的层井壁稳定性分析结果对泊松比μ不敏感，在实际计算中可以酌情放宽对该参数的精度要求。

9.1.4　安全泥浆密度窗确定

前面通过不同的实例分析了井壁稳定的力学问题，计算了保持井壁稳定的安全泥浆密度窗口，但是在实际的钻井过程中，既要保持井壁的稳定，又要考虑液柱压力与地层压力的平衡问题。既要避免因液柱压力较低而导致地层流体大量流入井筒（若地层压力过高，还可能发生井涌，甚至井喷等工程事故），又要避免泥浆柱压力过大，导致钻井液大量侵入、污染地层（污染严重的情况下还可能错失油气层），甚至导致井壁发生张性破坏。所以，在实际钻井中，泥浆柱压力既要大于井壁的最大坍塌压力，又不能小于地层孔隙压力，即泥浆密度的下限为坍塌压力当量密度与地层孔隙压力当量密度的最大值，而泥浆密度的上限为地层破裂压力当量泥浆密度的最小值，及 max（ρ_c，ρ_p）$\leqslant\rho_m\leqslant\rho_f$。

上式只是理想状态下的钻井液安全泥浆密度，在实际的施工中还必须考虑由于设计安全系数、钻具的起下以及钻井液的循环等因素的影响，而必须在上述安全密度范围的基础上再加上由这些因素引起的附加密度。包括：①考虑起钻过程中可能造成溢流的抽吸压力当量泥浆密度S_w；②考虑下钻过程中井内产生的激动压力当量泥浆密度S_g；③考虑控制钻进过程中溢流系数当量泥浆密度S_k；④考虑地层坍塌压力、破裂压力检测误差而给予的

一个安全系数 S_f。所以，最终确定的安全泥浆密度窗 ρ_{safe} 为

$$\max(\rho_c, \rho_p) + S_w + S_g + S_k + S_f \leq \rho_{safe} \leq \rho_f - S_w + S_g + S_k + S_f \tag{9-7}$$

附加密度 S_w、S_g、S_k、S_f 的确定根据各个油田的具体特点而定，且当某一工区的安全控制比较容易时，附加密度的取值可能较小，甚至可能忽略其中的 S_k 或 S_f（钟敬敏，2004）。

结合 X10-1H 井实际情况，各参数取值如下：最大水平主应力 $\sigma_H = 132.4\text{MPa}$、垂向主应力 $\sigma_v = 98.76\text{MPa}$、水平最小主应力 $\sigma_h = 83.7\text{MPa}$、井深 5400m、垂深 4889m、抗张强度 $\sigma_t = 1.545\text{MPa}$、岩石内聚力 $C = 28.1\text{MPa}$、内摩擦角 $\varphi = 33.48°$、目的层地层孔隙压力 $P_p = 78.72\text{MPa}$。

依据上述参数讨论了研究区目的层定向井井壁稳定性随井斜角和方位角的变化规律，图 9-20 ~ 图 9-23 分别为井眼方位角 $\beta = 0°$、30°、60°和 90°时泥浆安全密度窗示意图。图中，P_{wf} 为破裂压力当量泥浆密度、P_{wc} 为坍塌压力当量泥浆密度。

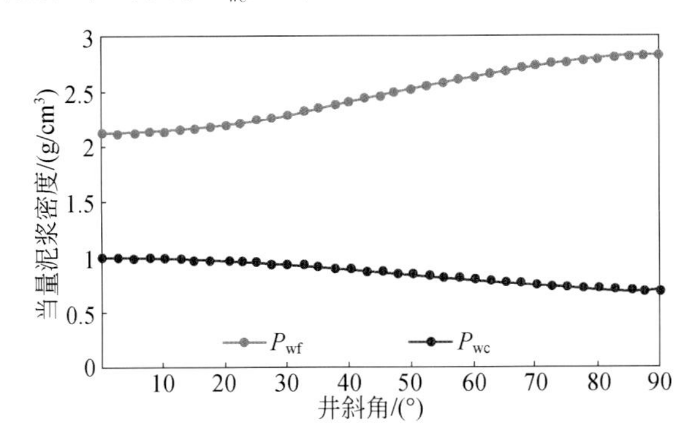

图 9-20　安全泥浆密度窗随井斜角的变化规律（$\beta = 0°$）

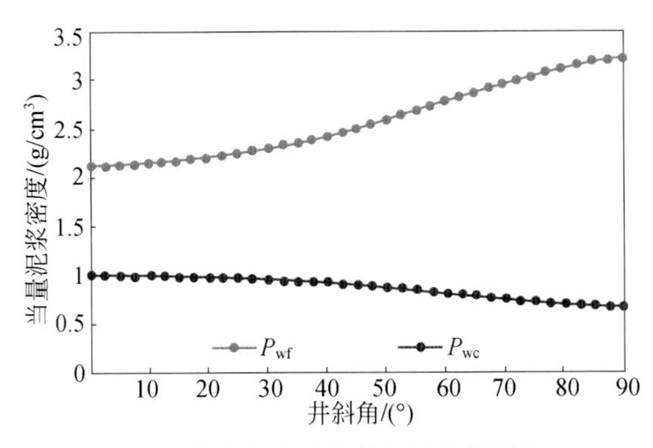

图 9-21　安全泥浆密度窗随井斜角的变化规律（$\beta = 30°$）

由图 9-20 ~ 图 9-23 可以看出，研究区目的层泥浆安全密度窗口随着井眼钻进的方位角和井斜角的不同而不同。在给定井眼方位角的情况下，随着井斜角的增大，坍塌压力当量泥浆密度逐渐减小，破裂压力当量泥浆密度逐渐增大，泥浆安全密度窗逐渐变宽，井壁稳定性变好。如图 9-24 所示，井眼沿最大水平主应力方向钻进时，地层坍塌压力当量泥浆密度大于 1.15g/cm^3。随着井眼方位角由 0°转到 90°，地层坍塌压力当量泥浆密度逐渐减小，井壁岩石发生剪切破坏的可能性逐渐减小。

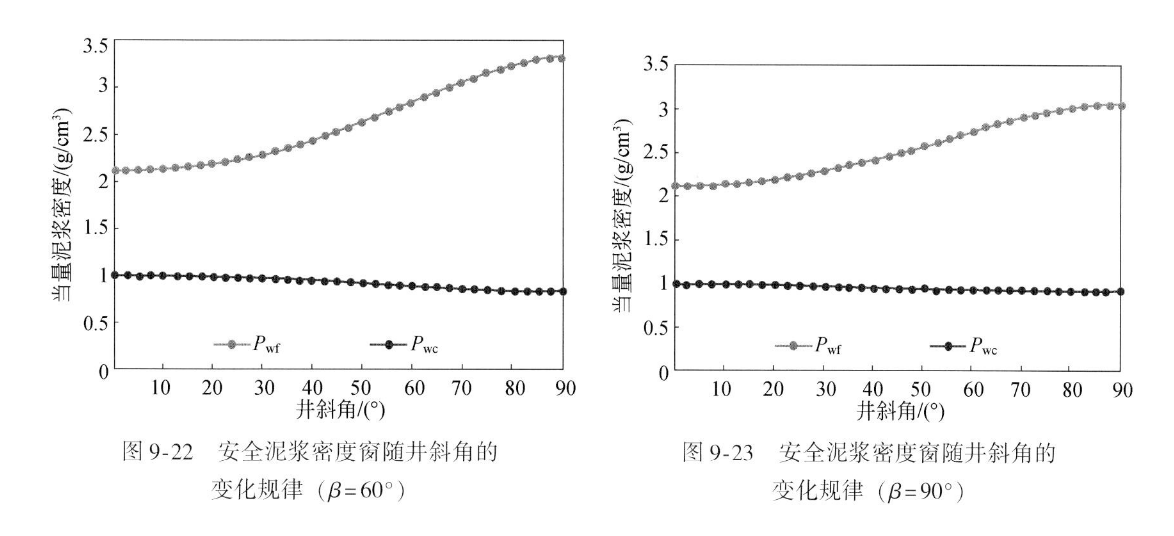

图 9-22　安全泥浆密度窗随井斜角的变化规律（$\beta=60°$）

图 9-23　安全泥浆密度窗随井斜角的变化规律（$\beta=90°$）

如图 9-25 所示，当井斜角小于 50°时，地层破裂压力当量泥浆密度基本不随井眼方位角的变化而变化。当井斜角为 90°（即为水平井时），随着井眼方位角由 0°转到 90°，地层破裂压力当量泥浆密度先增大后减小。

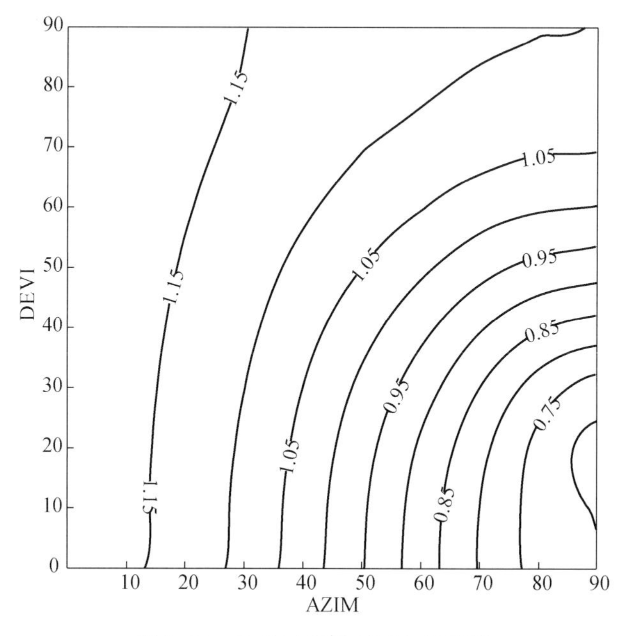

图 9-24　目的层段坍塌压力等值线

图 9-26 为川西地区目的层段安全密度窗宽度等值线图（纵坐标为井斜角，横坐标为方位角）。由图 9-26 可知，当井眼方位角小于 40°，井斜角小于 40°时，泥浆安全密度窗口较窄，不利于钻进时的井壁稳定性控制；当井斜角大于 70°时，泥浆安全密度窗口较宽，井壁岩石发生坍塌和破裂的可能性较小。因此可以确定，川西新场地区须家河组地层水平井发生井壁失稳的可能性小于直井发生井壁失稳的可能性。

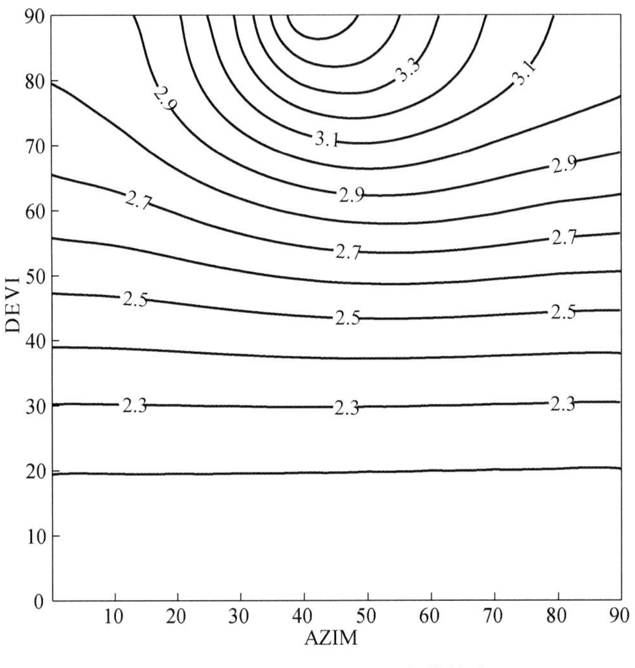

图 9-25　目的层段破裂压力等值线

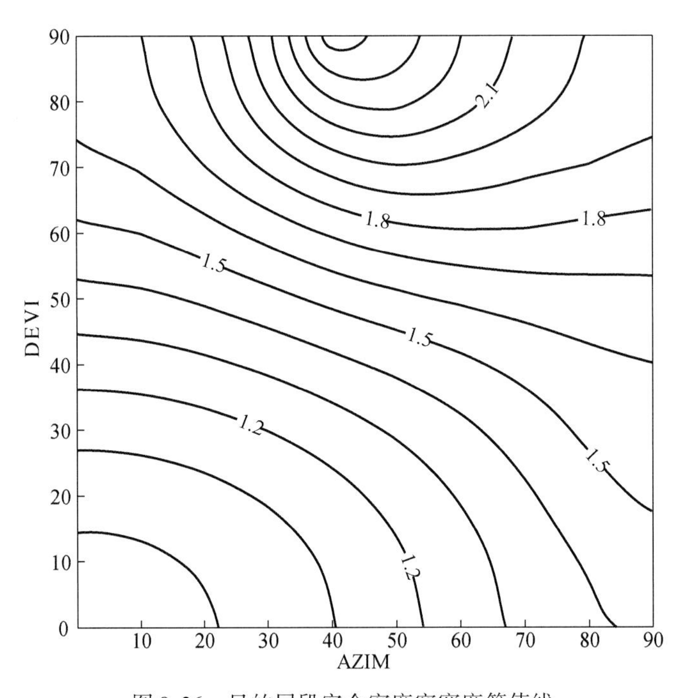

图 9-26　目的层段安全密度窗宽度等值线

9.2 实例分析

9.2.1 基本信息

1）X10-1H 井

X10-1H 井是西南油气分公司在四川盆地川西拗陷中段 XC 地区构造七郎庙高点部署的一口开发评价井。X10-1H 井水平段井眼方位角平均值为 183°，依据现今地应力场数值模拟、特殊测井及测试得到的研究区目的层现今最大水平主应力方向大致为 NW100°，所以 X10-1H 井水平段钻进方向与最大水平主应力方向之间的夹角为 83°，X10-1H 井水平段近似沿最小水平主应力方向钻进。X10-1H 井的 A 靶点垂深为 4841.38m，井底垂深为 4928.37m，水平位移为 1114.81m。

2）X21-1H 井

X21-1H 井位于德阳市北郊德新镇，是中国石化西南油气分公司根据地震勘探、构造研究成果，结合 XC 地区地区及邻区须家河组须四段的含气情况，在四川盆地川西拗陷 XC 地区构造五郎泉高点部署的以评价 TX_4^9 储层产能为主要目的的一口开发评价水平井。根据 X21-1H 井测井解释井斜角、方位角，重构 X21-1H 井井眼空间轨迹。本井实测造斜点井深 3400m，A 靶点井深 4325.30m，对应垂深 3845.80m，B 靶点井深 4913.90m，对应垂深 3848.90m，最大井斜 92.9°（4323.2m），水平井段长 588.60m。

9.2.2 岩石力学参数计算

对于水平井来说，水平段的测量深度和垂直深度是不一样的。井斜角越大，井深和垂深的差别也越大。计算地层压力和岩石力学参数时，需要建立的是参数和垂深之间的关系式，因此首先针对 X10-1H 井、X21-1H 井水平段进行井斜校正。井斜校正的过程如下：

斜井的井斜校正是对纵向上分段斜深分别校正，最后累计积分，建立垂深的校正方程。如图 9-27 所示，假设井眼轨迹上某一深度点的井斜角为 α，该轨迹上某一微元段为 $\mathrm{d}l$，对应该深度点的纵坐标增量为 $\mathrm{d}H_v=\cos\alpha\mathrm{d}l$。如果全部斜井段可以划分为 M 个微单元段，第 n 及 $n+1$ 点之间井斜角的大小取这两点井斜角的平均值，则有

$$\begin{cases}\mathrm{d}H_v=\cos\alpha\mathrm{d}l\\ \alpha=\dfrac{\alpha(n+1)+\alpha(n)}{2}\\ \mathrm{d}l=H(n+1)-H(n)\end{cases} \tag{9-8}$$

故斜井井斜校正公式为

$$H_v(n+1)=H_v(n)+[H(n+1)-H(n)]\times\cos\left[\frac{\alpha(n+1)+\alpha(n)}{2}\right] \tag{9-9}$$

式中，H_v 为垂深，m；H 为斜深，m；α 为井斜角，°；$\alpha(n)$ 为第 n 点的井斜角，°。

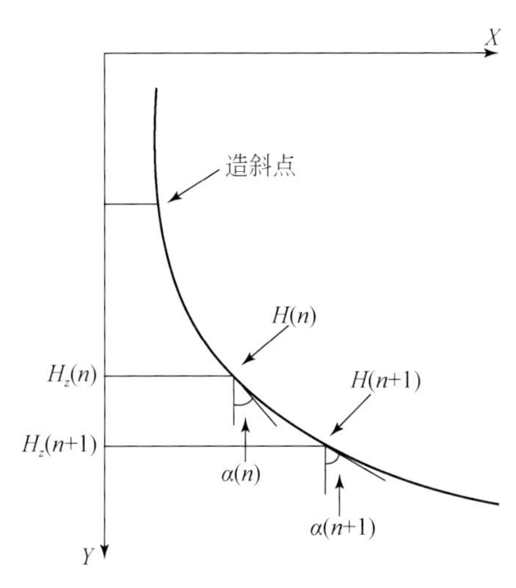

图 9-27　斜井井斜校正

1）X10-1H 井

根据上述井斜校正原理对 X10-1H 井水平段进行井斜校正，图 9-28 为 X10-1H 井 5100～5200m 井斜校正结果。该段井斜角平均值为 85°，斜深和垂深之间的平均差值为 290m，因此 X10-1H 井水平段必须做斜深校正，以便准确计算岩石弹性和强度力学参数。

在横波时差数据提取的基础上，利用测井资料解释研究区目的层岩石弹性和强度力学参数，图 9-29 为 X10-1H 井 5100～5200m 的岩石弹性和强度力学参数剖面。在上述基础之上，采用 ADS 法（周文，2006；谢润成，2009）提出的利用测井资料间接求得研究区目的层现今地应力值，图 9-30 为 X10-1H 井 5100～5200m 的地应力剖面。

通过计算可知，研究区目的层垂向主应力为中间应力，其应力状态为 $\sigma_H>\sigma_v>\sigma_h$。X10-1H 井水平段垂向主应力 σ_v 平均值为 98.16MPa，最大水平主应力 σ_H 平均值为 131.86MPa，最小水平主应力 σ_h 平均值为 83.44MPa，孔弹系数平均值为 0.244，内聚力平均值为 33.69MPa，内摩擦角平均值为 33.77°，泊松比平均值为 0.23。由于水平段垂深变化不大，因此研究区目的层地层孔隙压力取实测值 78.72MPa。

2）X21-1H 井

依据前述计算方法，首先做测井资料的垂深校正，以避免因垂深与斜深不同而引起的上覆岩层重量计算误差，以及不同方位角下测井数据在空间展布的差别，图 9-31 为 X21-1H 井在 4223～4350m 处的岩石力学参数解释结果。由于目的层段为水平段，其井斜角一般大于 85°，由此而引起的垂深与斜深的深度差超过 1100m，所以在做斜井（尤其是大斜度井）测井资料的处理中，井眼的垂深校正必不可少。在对测井数据做过垂深校正的基础上，通过前述横波资料的提取方法，利用目的层段地球物理纵波测井资料，开展井眼横波资料的提取工作，并解释井壁岩石的岩石力学参数，图 9-32 为 X21-1H 在 4223～4350m 处的岩石力学参数解释结果。由于目的层段为水平段，平面上岩性变化不大，所以随着井深的增加，井壁岩石的岩石力学参数差别较小，整体上表现为砂岩的弹性模量、抗压强度、抗张强度要高于泥岩。在地球物理测井资料垂深校正及岩石力学参数计算的基础上，

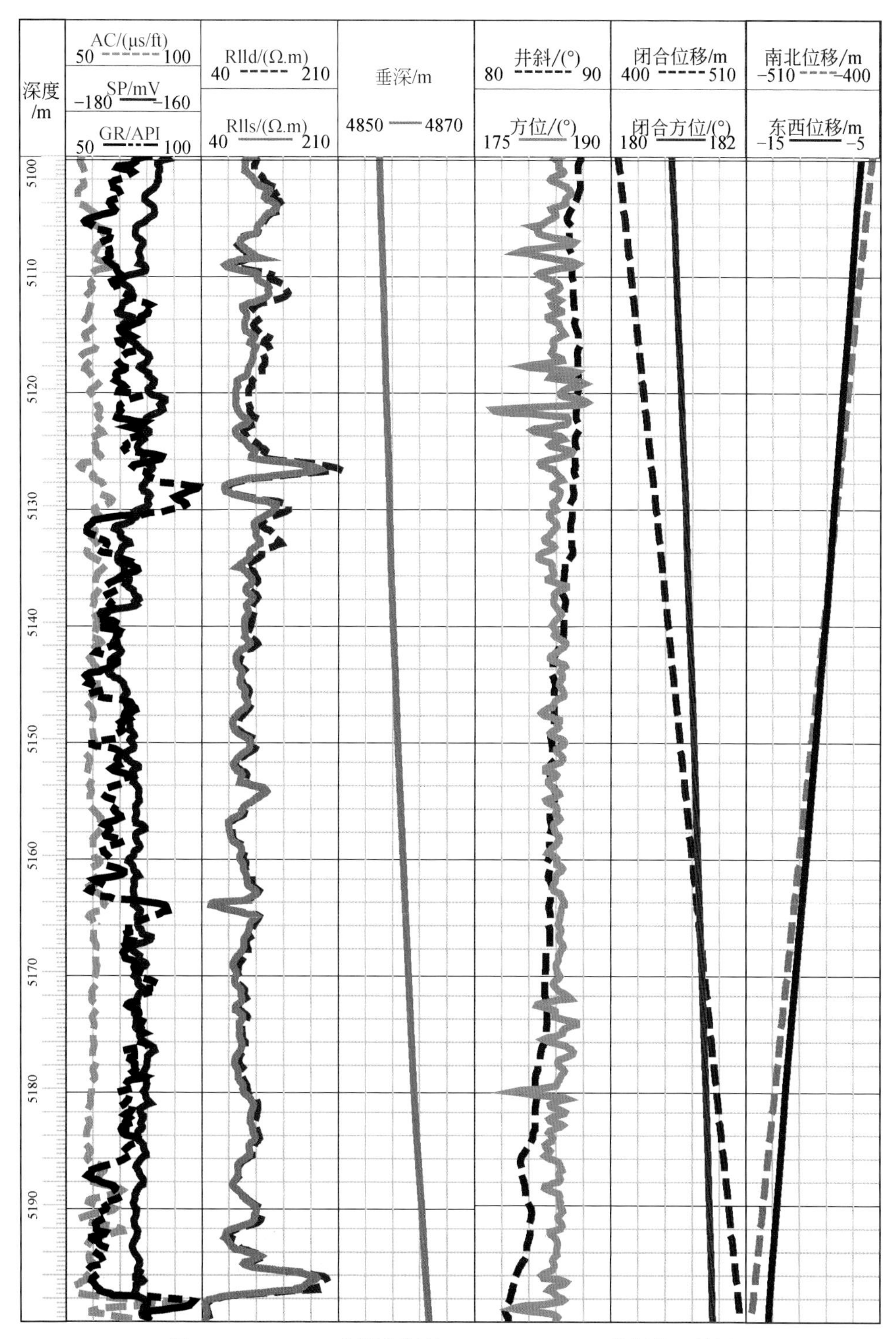

图 9-28　X10−1H 井测井资料（5100 ~ 5200m）井斜校正结果

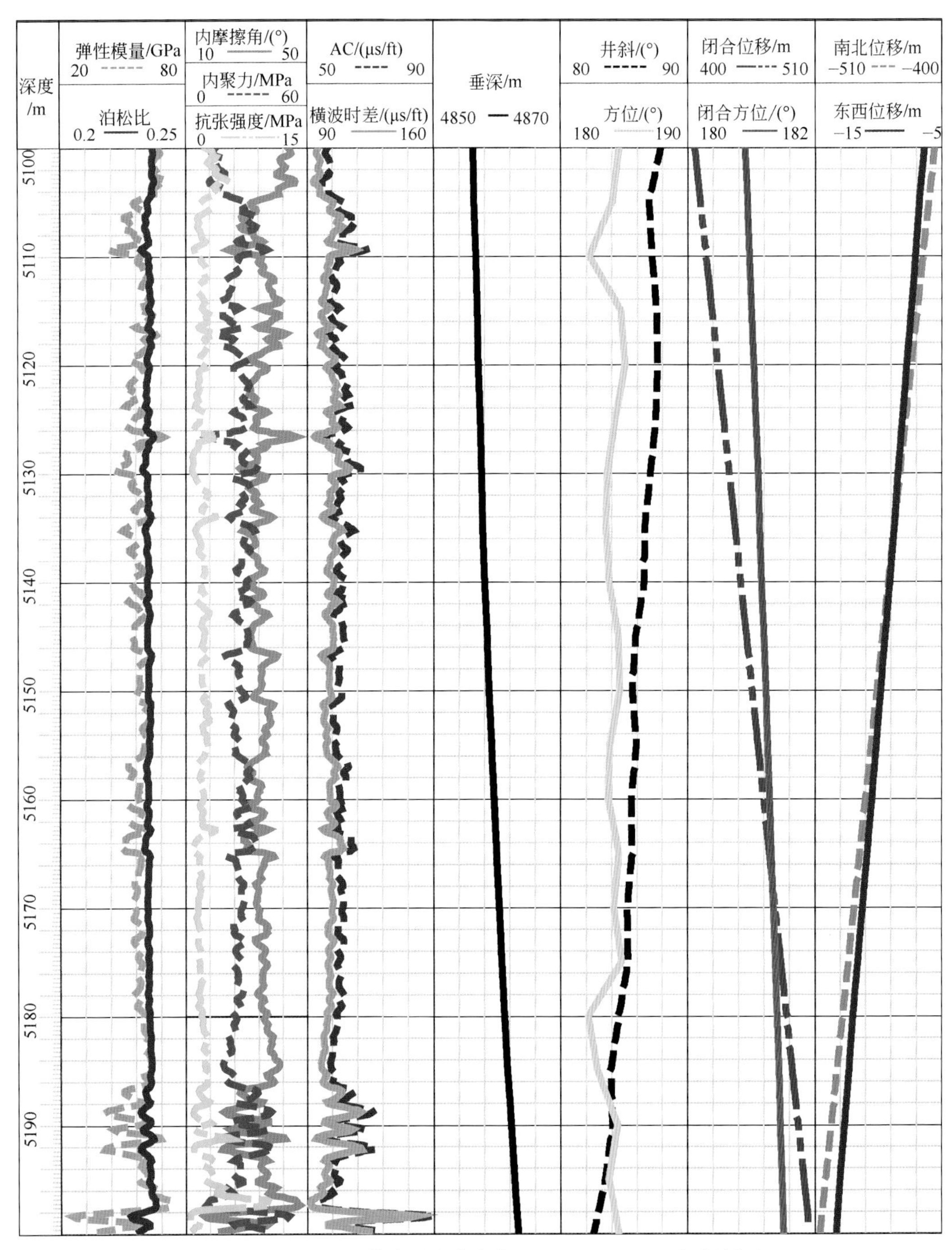

图 9-29　X10-1H 井岩石力学参数（5100～5200m）解释剖面

利用周文（2006）提出的 ADS 分层地应力测井计算模型获取单井的分层地应力，图 9-33 为 X21-1H 井在 4223～4350m 处的分层地应力解释结果。

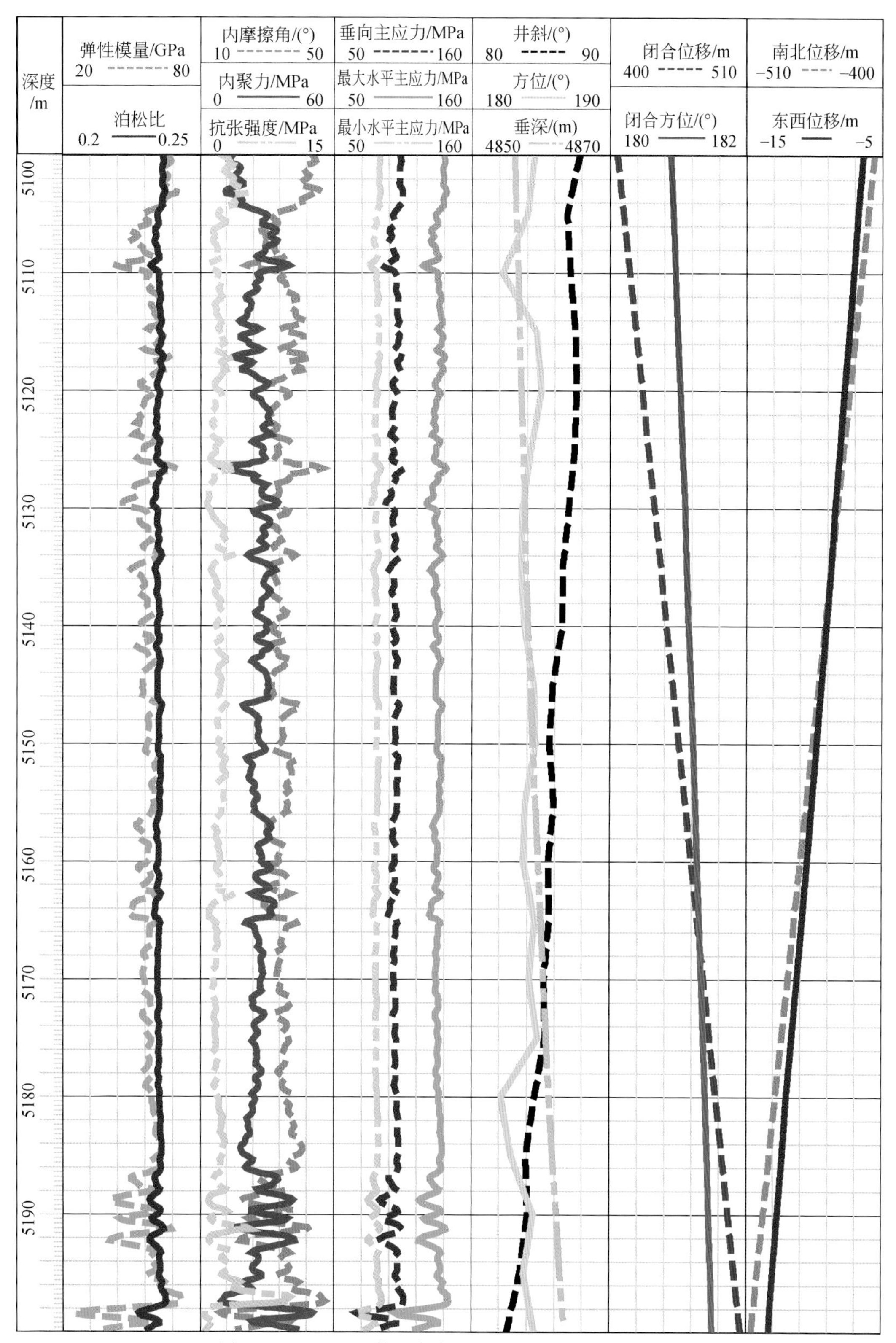

图 9-30　X10−1H 井地应力（5100～5200m）解释剖面

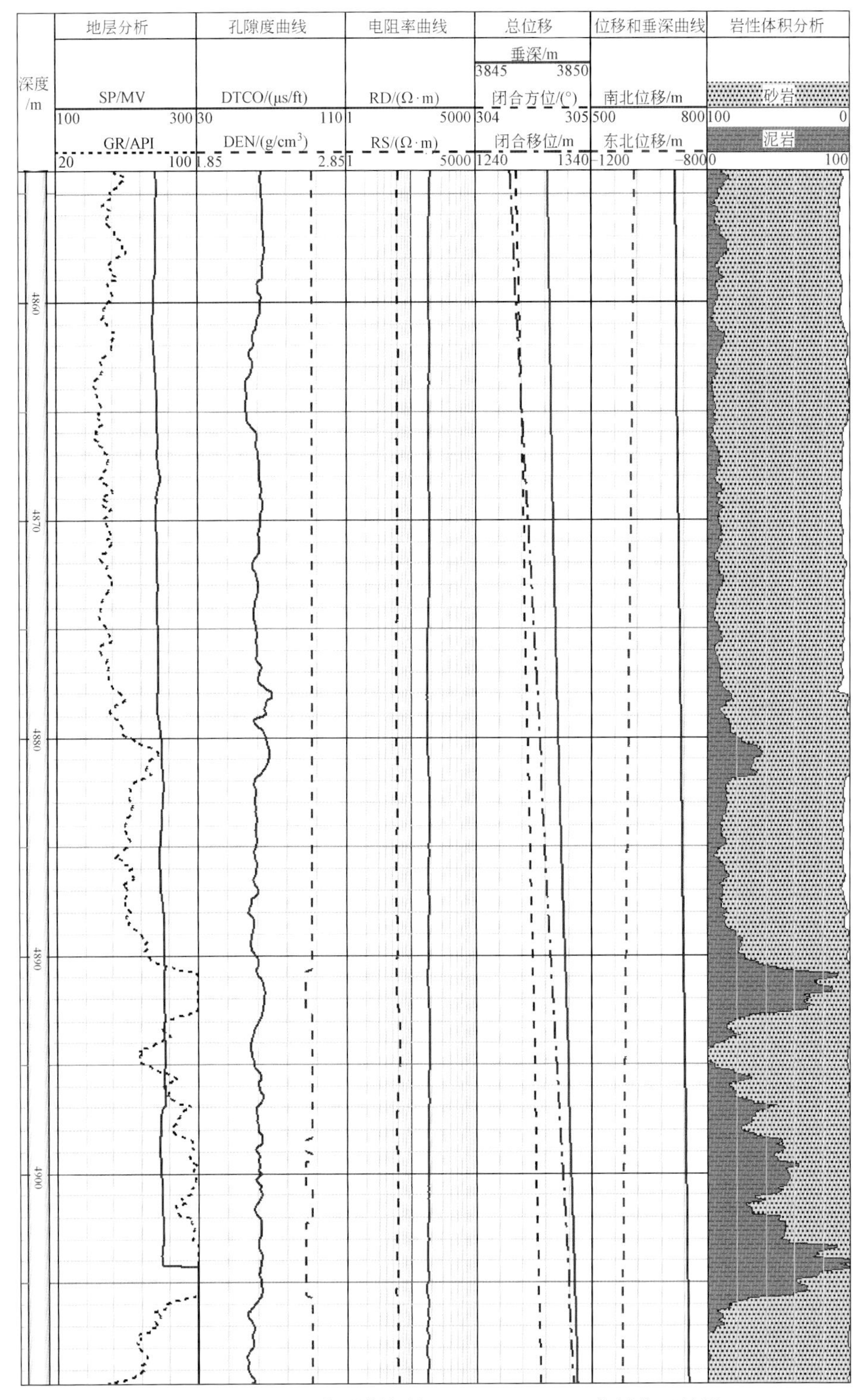

图 9-31　X21-1H 井测井资料（4223～4350m）井斜校正结果

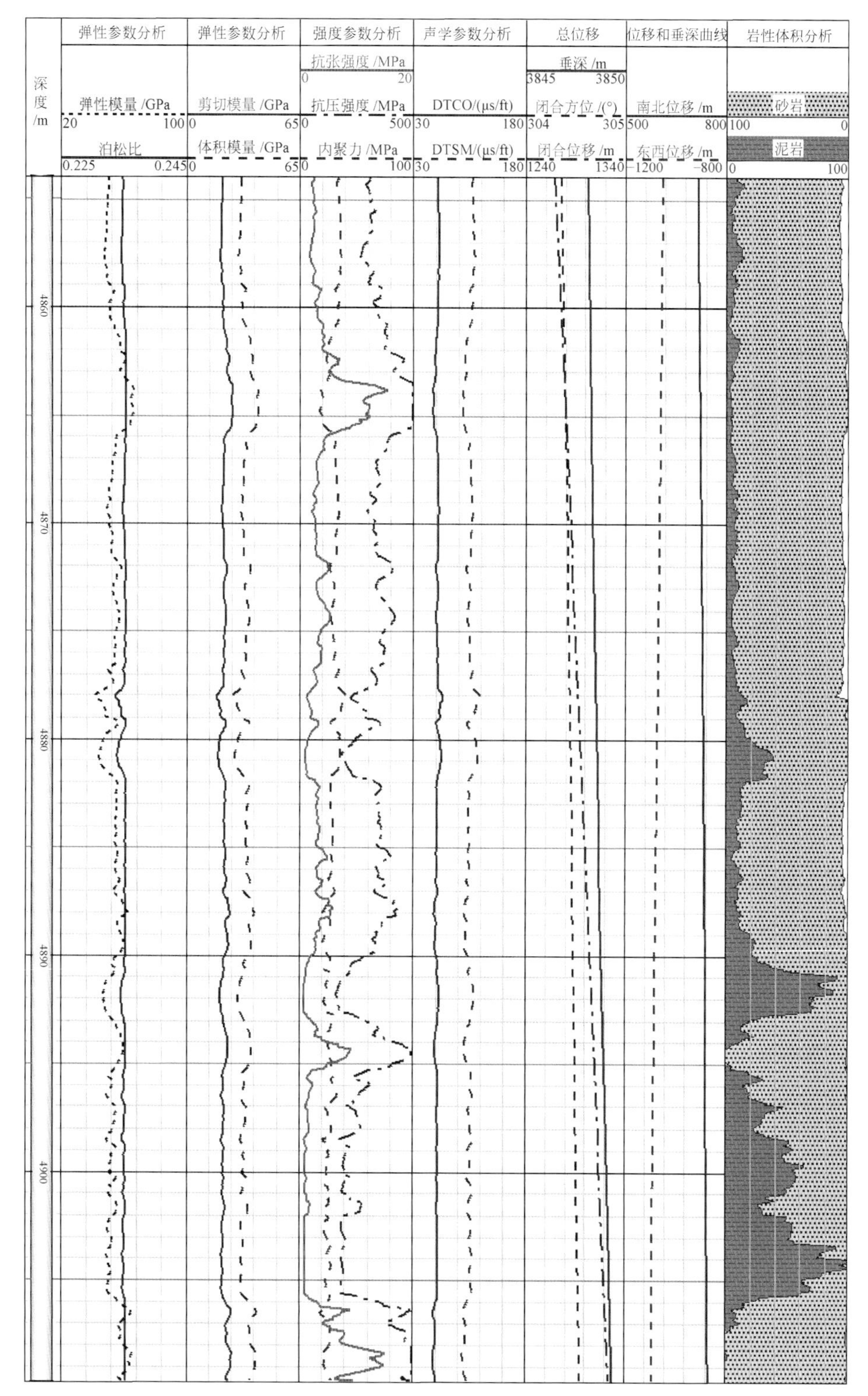

图9-32 X21-1H井岩石力学参数（4223～4350m）分析剖面

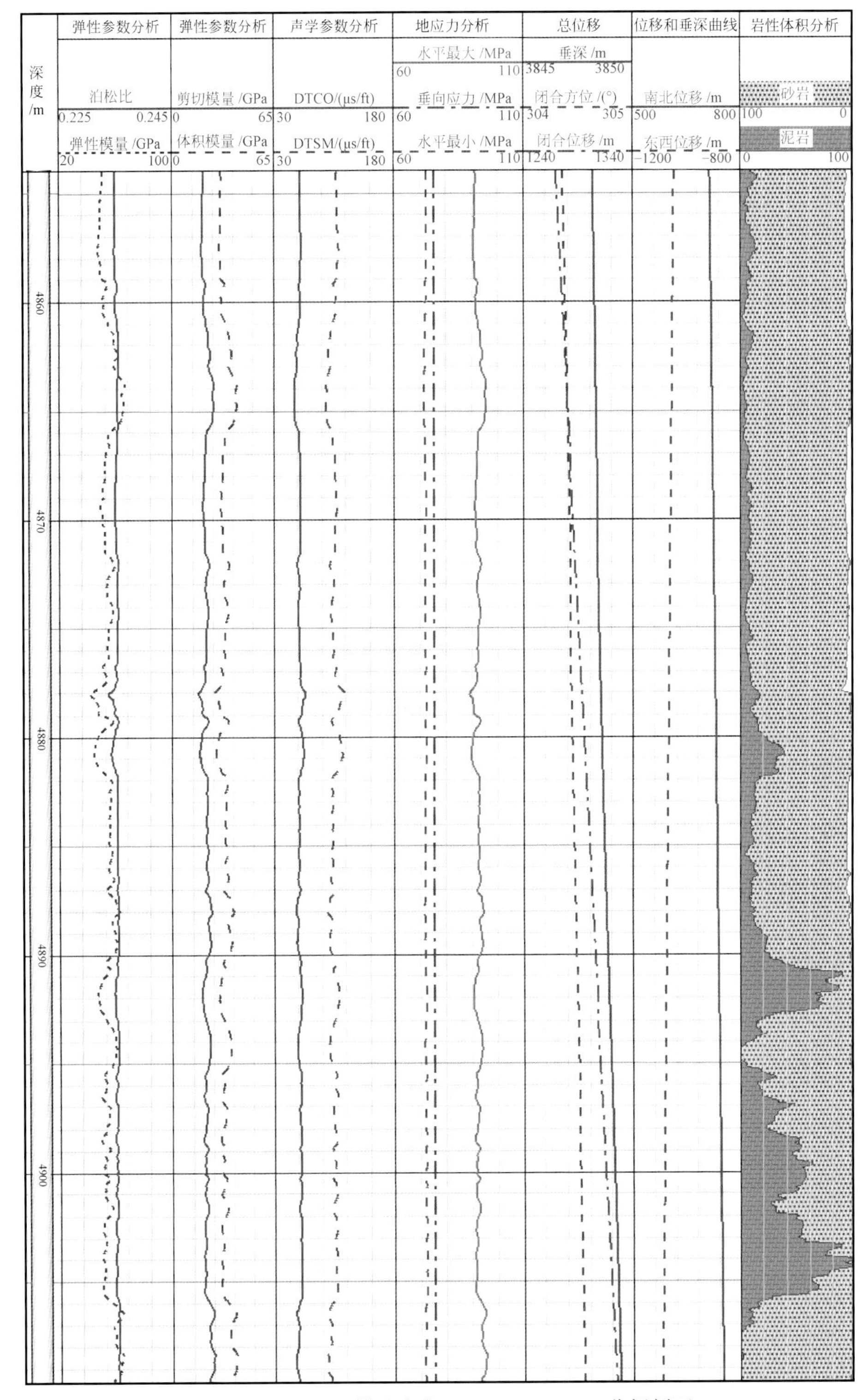

图9-33 X21-1H井地应力（4223～4350m）分析剖面

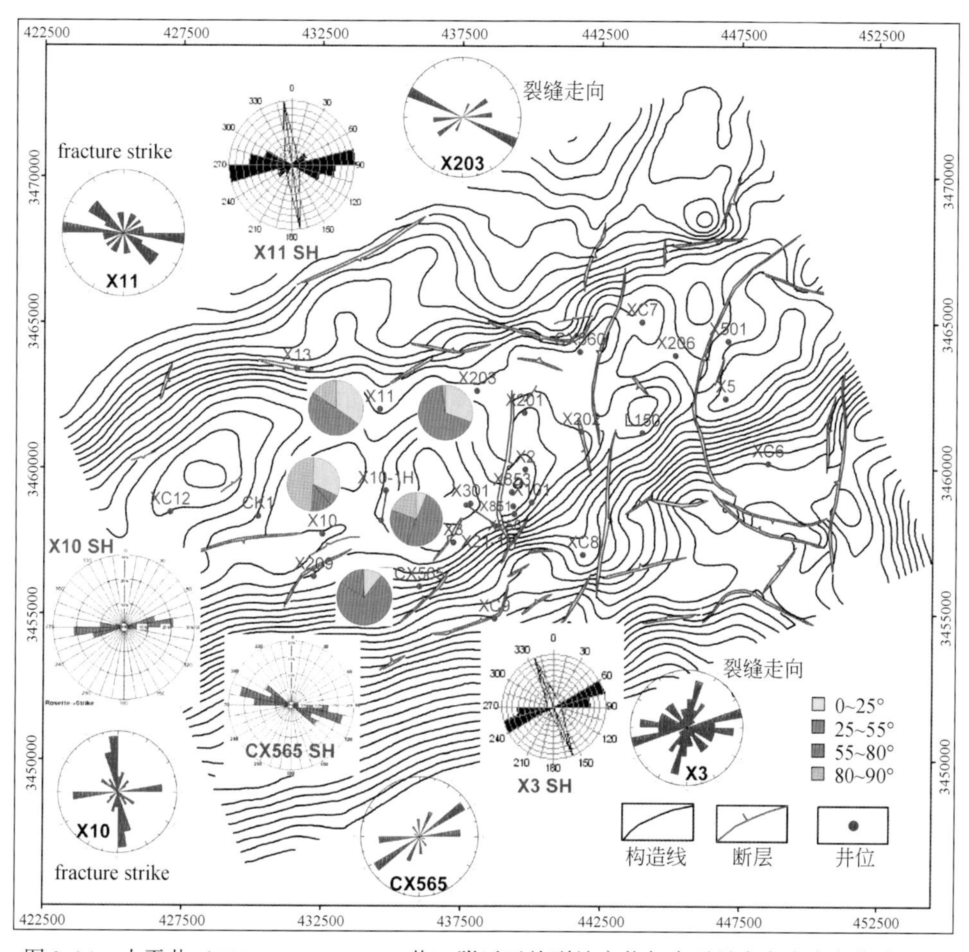

图 9-34　水平井（X10-1H、X21-1H 井）附近天然裂缝产状与水平最大主应力方位关系图

依据上述计算结果，XC 地区目的层段最大水平应力为最大主应力、垂向应力为中间主应力、原地应力状态为 $\sigma_H>\sigma_v>\sigma_h$。水平段水平最大主应力平均值为 $\sigma_H=103.39$MPa、垂向应力平均值为 $\sigma_v=80.97$MPa、水平最小主应力平均值为 $\sigma_h=76.32$Mpa，由于整个水平段垂深差别比较斜交，所以地层孔隙压力取目的层实测压力数据 $P_p=72.4$MPa、岩石孔弹系数平均值为 0.63、目的层岩石平均泊松比为 0.235、岩石平均抗张强度为 3MPa、岩石平均内聚力为 29.19MPa、岩石平均内摩擦角为 33.14°。

9.2.3　井壁稳定性分析

依据前述岩石力学实验、岩石力学参数计算、地应力分布模拟及理论计算结果，结合各井实钻资料，对井壁稳定性进行综合分析。

地应力模拟结果表明，在川西拗陷地应力状态下，水平井眼轨迹方位与最大水平主应力一致时，处于最稳定状态；水平井眼与最小水平主应力一致时，裂缝倾角在 35°～65°（25°～55°）时，井眼相对最稳定；水平井眼与最小水平主应力一致时，垂直裂缝走向在

15°～80°（10°～75°）时，井壁相对最稳定。根据成像测井裂缝解释结果，做出研究区水平最大主应力方位、天然裂缝走向、裂缝产状平面综合分布图（图9-34），并据此分析X10-1H井、X21-1H井井壁稳定性，结果见表9-4。

川西地区须家河组地层水平最大主应力方位参考差应变测试、成像测井解释，综合确定为98°。从表9-4来看，X10-1H井水平段井眼轨迹与水平最大主应力方位夹角为86.6°，基本上与水平最大主应力方位垂直，其附近天然裂缝倾角主要在25°～55°，裂缝走向平均为68°，根据前述模拟结果，综合判定该井水平段井壁较稳定。X21-1H井水平段井眼轨迹与水平最大主应力方位夹角为27°，基本上与水平最大主应力方位相协调，其附近天然裂缝以低角度裂缝为主，裂缝走向平均为62°，根据前述模拟结果，综合判定该井水平段井壁稳定。

表9-4　水平井井壁稳定性综合分析表

井号		X10-1H井	X21-1H井
水平井段/m		5000.34～5815	4284.60～4936.30
水平最大主应力方位/（°）		98	98
水平段方位/（°）		184.6	305
水平段井斜/（°）		83.87	90
与水平最大主应力方位夹角/（°）		86.6	27
天然裂缝产状	倾角	主要在25°～55°	以低角度斜交缝为主
	走向	平均为68°	平均为62°
钻井液比重使用		合理	合理
井壁稳定性评价		较稳定	稳定

9.2.4　井下复杂情况分析

1. X10-1H井

1）破裂压力分析

结合川西XC地区须家河组地应力实际，以走滑断层（$\sigma_H>\sigma_v>\sigma_h$）的原地应力状态为例，分析井壁最小破裂压力随井眼轨迹的变化规律。由于式（7-24）属于隐式方程，可通过迭代计算的方法获取井眼沿任意井斜角、方位角方向钻进时井壁破裂压力在不同井周角处的最小值。

取水平最大主应力$\sigma_H=132.4$MPa、垂向应力$\sigma_v=98.76$MPa、水平最小主应力$\sigma_h=83.7$MPa、泥浆密度$\rho_w=1.69\mathrm{g/cm^3}$、地层孔隙压力$P_p=78.72$MPa，其他参数的取值同前。图9-35为井眼方位角分别为$\beta=0°$、$\beta=30°$、$\beta=60°$、$\beta=90°$时，井壁最小破裂压力随井斜角的变化规律。依据计算结果，在此原地应力状态下，井眼沿不同方位角钻进时，井壁最小破裂压力均表现出随着井斜角的增大而逐渐增大的趋势，且在井斜角小于20°时，各井眼方位角下井壁最小破裂压力相差不大，当井斜角超过20°时，随着井斜角的增大，井壁破裂压力增大的梯度也相应增加，但是，一旦井斜角超过 45°，井壁最小破裂压力增大的趋势则明显变缓。

图 9-36 为上述假设条件下井眼井斜角分别为 $\alpha=0°$、$\alpha=30°$、$\alpha=60°$、$\alpha=90°$时，井壁最小破裂压力随方位角的变化规律。依据计算结果，当井斜角为 0°和 30°时，最小破裂压力随井眼方位角的变化很小；当井斜角为 60°时，井壁最小破裂压力随井眼方位角的增大而呈现先增大后减小的趋势，但是变化幅度不大；当井斜角为 90°时，随着井眼方位角的增大，井壁最小破裂压力呈现先增大后减小的趋势，当井眼方位角为 40°时，破裂压力当量泥浆密度最大。

对比图 9-35 与图 9-36，井壁最小破裂压力是与井眼井斜角、方位角相关的一个函数表达式。在上述假设的原地应力状态下，井壁最小破裂压力随着井斜角的增加逐渐增大，而井壁最小破裂压力随方位角的变化规律则有些复杂。

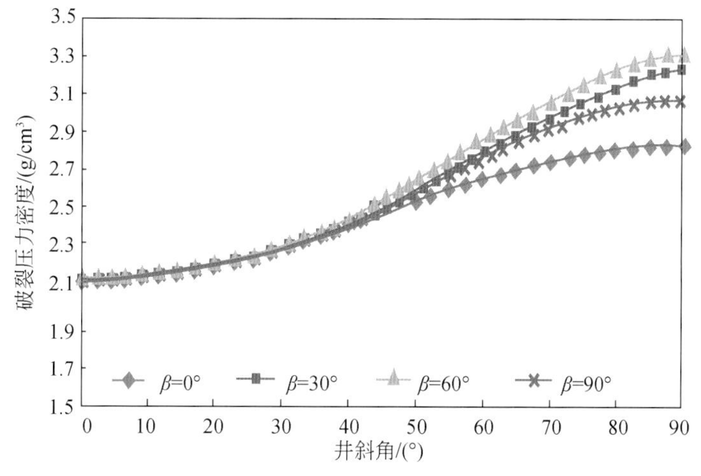

图 9-35　井壁破裂压力随井斜角变化规律

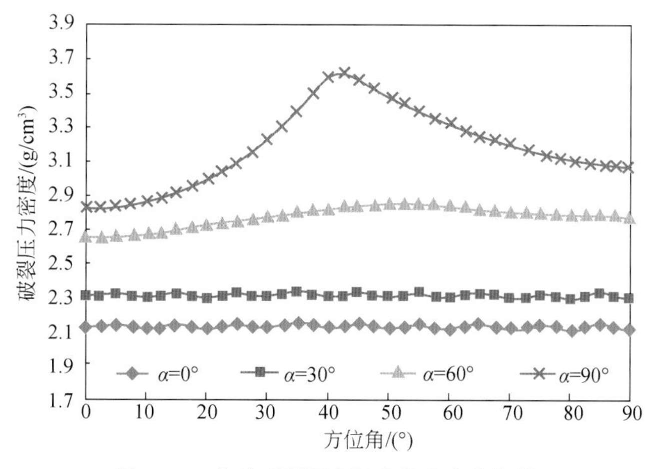

图 9-36　井壁破裂压力随方位角变化规律

2）坍塌压力分析

结合川西 XC 地区须家河组地应力实际，以走滑断层（$\sigma_H>\sigma_v>\sigma_h$）的原地应力状态为例，分析井壁坍塌随井眼轨迹的变化规律。根据式（7-27），井眼沿任意井斜角、方位角方向钻进时井壁坍塌压力在不同井周角处的最大值可通过迭代法获取。计算取最大水平主应力 $\sigma_H=132.4$MPa、垂向主应力 $\sigma_v=98.76$MPa、水平最小主应力 $\sigma_h=83.7$MPa、深度 5400m、垂深 4889m、抗张强度 $\sigma_t=1.545$MPa、内聚力 $C=28.1$MPa、内摩擦角 $\varphi=33.48°$、目的层地层孔隙压力 $P_p=78.72$MPa。

图 9-37 为井斜角分别为 0°、30°、60°、90°时，井壁最大坍塌压力泥浆密度随方位角的变化规律。依据计算结果，在此原地应力状态下，当井眼轨迹水平时（$\alpha=90°$），井壁的最大坍塌压力密度随着方位角的增加先减小后增大；当井斜角 $\alpha=30°$、$\alpha=60°$时，井壁的最大坍塌压力密度随着方位角的增大而增大；当井斜角 $\alpha=0°$时，井壁的最大坍塌压力密度基本不随方位角的变化而变化。

图 9-38 为井眼方位角分别为 0°、30°、60°、90°时，在不同井周处井壁最大坍塌压力随井斜角的变化规律。依据计算结果，当井眼方位角分别为 0°、30°、60°、90°时，井周各向最大坍塌压力密度随着井斜角的增大而减小，其中当井眼方位角为 90°时，井周各向最大坍塌压力密度随着井斜角的增大其减小幅度最小。随着井眼方位角的减小，井周各向最大坍塌压力密度随着井斜角的增大其减小幅度逐渐增大。

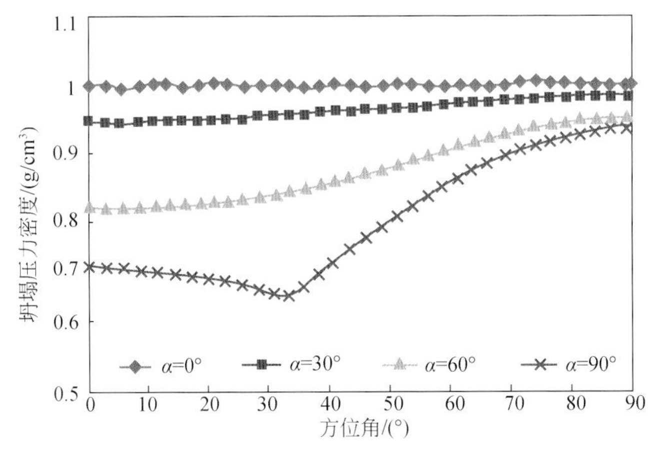

图 9-37 井壁坍塌压力随方位角变化规律

对比图 9-37 与图 9-38 可以得出以下结论，井周各向井壁最大坍塌压力随井斜角、方位角的变化比较复杂。总体上，在给定井斜角的情况下，井周各向最大坍塌压力大体上随着方位角的增加而增大，但是当井斜角为 90°时，井周各向最大坍塌压力随着井周方位角的增加先增加后减小。在给定方位角的情况下，井周各向最大坍塌压力随着井斜角的增大逐渐减小，当井斜角为 90°时，坍塌压力为最小。

3）地破试验及钻井液使用情况

通过分析 X10-1H 井井斜数据，明确井眼产状、地层压力、最大水平主应力、最小水平主应力和岩石力学参数的空间分布；结合已建立的斜井井眼力学模型求得井壁处岩石的

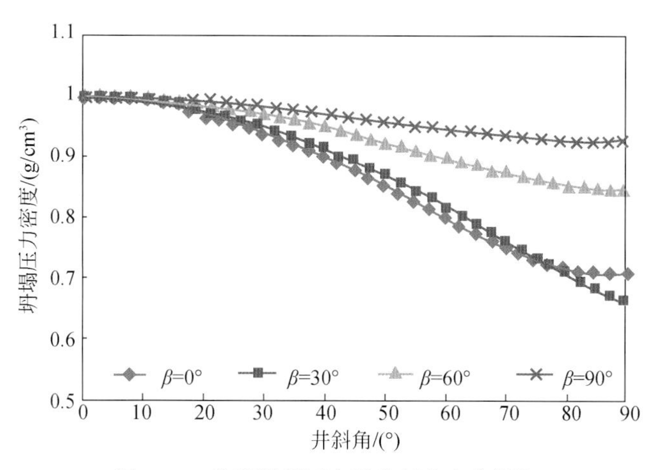

图 9-38　井壁坍塌压力随井斜角变化规律

主应力值，再将获得的主应力值代入拉伸破坏准则和莫尔-库仑准则中计算出 X10-1H 井水平段坍塌压力当量泥浆密度和破裂压力当量泥浆密度。图 9-39 为 X10-1H 井水平段泥浆安全密度窗计算结果图，图中 F_{pm} 为破裂压力当量泥浆密度，g/cm^3；P_m 为实钻泥浆密度，g/cm^3；B_{pm} 为坍塌压力当量泥浆密度，g/cm^3；P_p 为地层压力当量泥浆密度，g/cm^3。由图 9-39 可以看出，坍塌压力当量泥浆密度小于地层压力当量泥浆密度，为了保持平衡

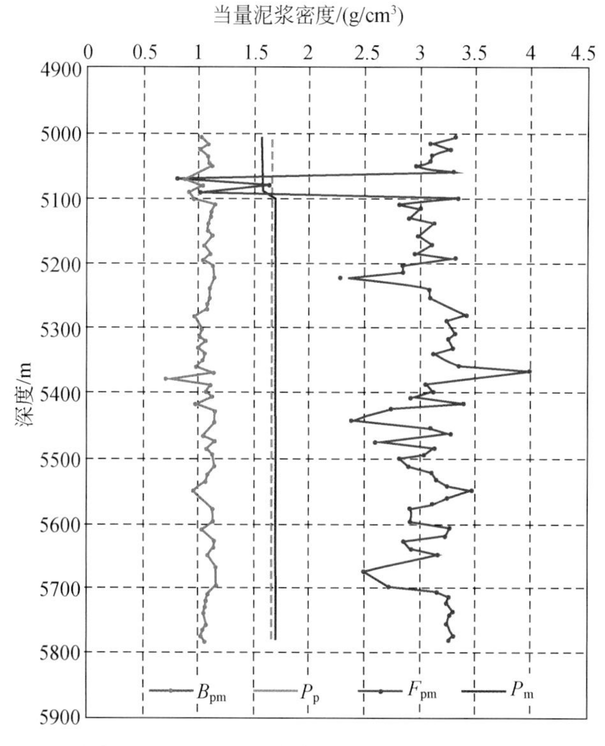

图 9-39　X10-1H 井水平段安全泥浆密度窗

钻进，X10-1H井水平段泥浆安全密度窗的下限定为地层压力当量泥浆密度，上限为破裂压力当量泥浆密度。X10-1H井井深4629m、垂深4625.832m处进行了地破实验，结果未破（表9-5、图9-40），其折算当量泥浆密度为2.22g/cm³，而测井计算的该深度处破裂压力当量泥浆密度为3.034g/cm³，说明泥浆安全密度窗计算结果符合地下实际，故可以用来分析该井实际情况。

表9-5　地层漏失实验数据记录表

时间（h：min）	泵入量/L	套压/MPa	是否漏失
8：30	0	0	无漏失
8：32	458	3.2	无漏失
8：34	1031	8.3	无漏失
8：36	1508	12.6	无漏失
8：38	1738	14.7	无漏失
8：40	1890	16	无漏失
8：42	2000	17	稳压15min无漏失

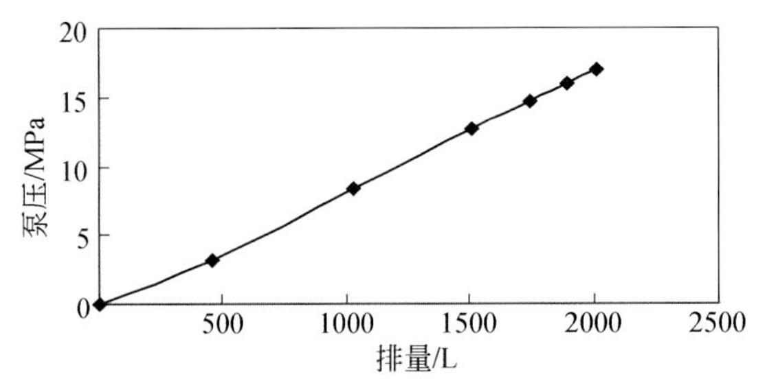

图9-40　X10-1H井四开压裂实验曲线

如图9-41所示，全井钻井液类型及性能基本符合设计要求。一、二开井段0～2340.00m钻井液类型、密度均符合设计要求；三开井段2340.00～4628.00m因设计采用欠平衡钻进，实钻采用常规钻进，且钻进中地层压力较高，大部分井段钻井液密度都高于设计上限；四开井段钻至井深5088.95m时，在下钻过程中发生严重阻卡现象，经过反复处理后复杂情况解除，为了钻井安全提高钻井液密度（ρ1.58～1.70g/cm³）。总的来看，全井使用钻井液类型及性能基本能满足钻井生产要求，但进入水平井段后钻井液密度较高，对油气层的发现、评价及保护有一定影响。

4）实钻井下掉块复杂情况

（1）发生过程

2009年12月10日钻至井深5088.95m时（5071～5079m为页岩，页岩夹层厚度为40cm），起钻更换钻头。起钻前扩眼过程中多次出现憋泵、蹩停顶驱现象，起钻在第1柱个别点略有显示。

2009年12月12日19：00下钻距井底3m时，上提下放活动钻具困难，出现憋泵现象，转动顶驱扭矩大，多次扩划眼后情况更加严重，决定起钻下入常规钻具进行通井。13日00

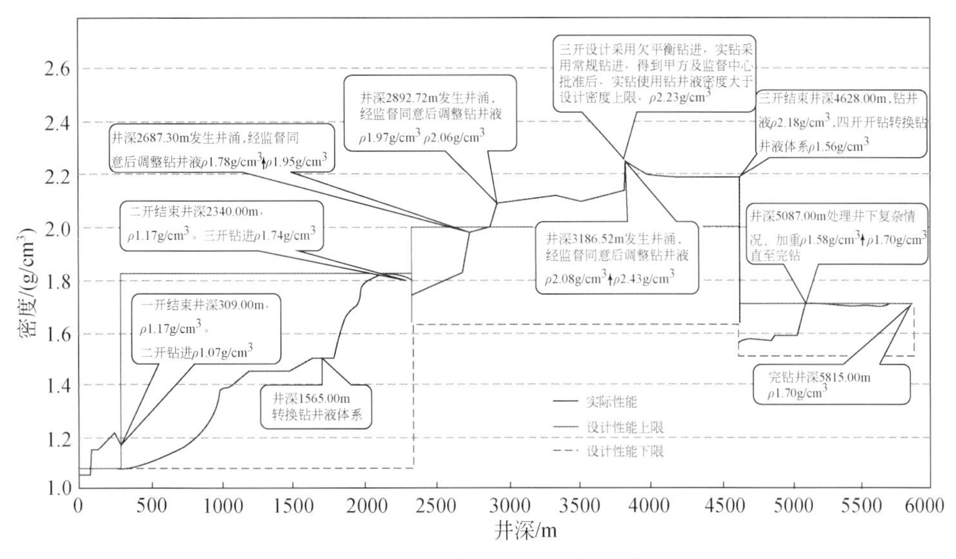

图 9-41　X10-1H 井实钻钻井液与设计对比图

：00 开始起钻（起钻前泥浆性能：密度 1.58g/cm³、黏度 48s、静切力 8/18.5Pa、动切力 10Pa、塑性黏度 23mPa·s），起前 3 柱时特别困难（特别是第二柱，井深在 5050.95～5080.45m，上提钻具连续遇卡，下放钻具也连续遇阻，这柱上提下放活动 1 个多小时，悬重由 175t 提至 215t 强行起钻），从第 4 柱（4980m）开始，出水平井段后起钻正常。钻具组合为：215.9mmHF537D 牙轮钻头+172mm1°螺杆钻具+431×410+127mm 无磁承压钻杆×1 根+MWD 短节+127mm 加重钻杆×1 根+回压凡尔+旁通阀+127mm 钻杆 80 根+127mm 加重钻杆×9 根+165mm 震击器+加重钻杆 33 根+411×520+139.7mm 钻杆+防磨接头。

（2）处理过程

处理过程共经过 8 趟下钻，从 2009 年 12 月 14 日开始，到 2010 年 1 月 6 日结束，复杂情况得以解除。

（3）原因分析

在 5071～5079m 钻遇页岩（煤层）井段，井壁失稳导致产生较多掉块，在水平井段掉块携带困难，致使起下钻困难。特别在 5073～5075m 处，可能形成了“大肚子”井眼，导致大量掉块堆积，泥浆性能不能满足携砂要求，岩屑无法带出井眼。从该段常规测井曲线及解释成果曲线、岩石力学参数计算、地应力解释、破裂压力及坍塌压力计算结果与实钻泥浆密度、地层压力当量泥浆密度数据（图 9-42）来看，在该井段，表现为自然伽马值偏高、纵横波时差值增大、弹模降低、抗压强度及抗拉强度均降低、地应力值偏小、泥页岩较发育，此外 5087.0～5093.0m 深度段声波时差平均值为 87μs/ft，高于整个水平段声波的平均值 63μs/ft，该段录井岩屑中可见大量次生矿物，气测值也维持在较高水平（图 9-43～图 9-45），因此可判断该深度段属于裂缝性气层，理论计算出的地层破裂压力当量密度小于实钻泥浆密度，导致该段地层极易产生破裂、掉块、垮塌，以致卡钻。总的来说，该段发生掉块卡钻的主要地质因素是泥页岩（煤层）和天然裂缝发育，与水平井段井眼轨迹方位、区域水平主应力方向无明显联系。而工程上的原因则可能是井下存在金属落物，导致遇阻卡，以及在复杂情况的处理过程中，由于频繁的起下钻和特殊处理工具的下入以及震击器的震击发生机械碰撞，产生掉块，导致起下钻遇阻卡。

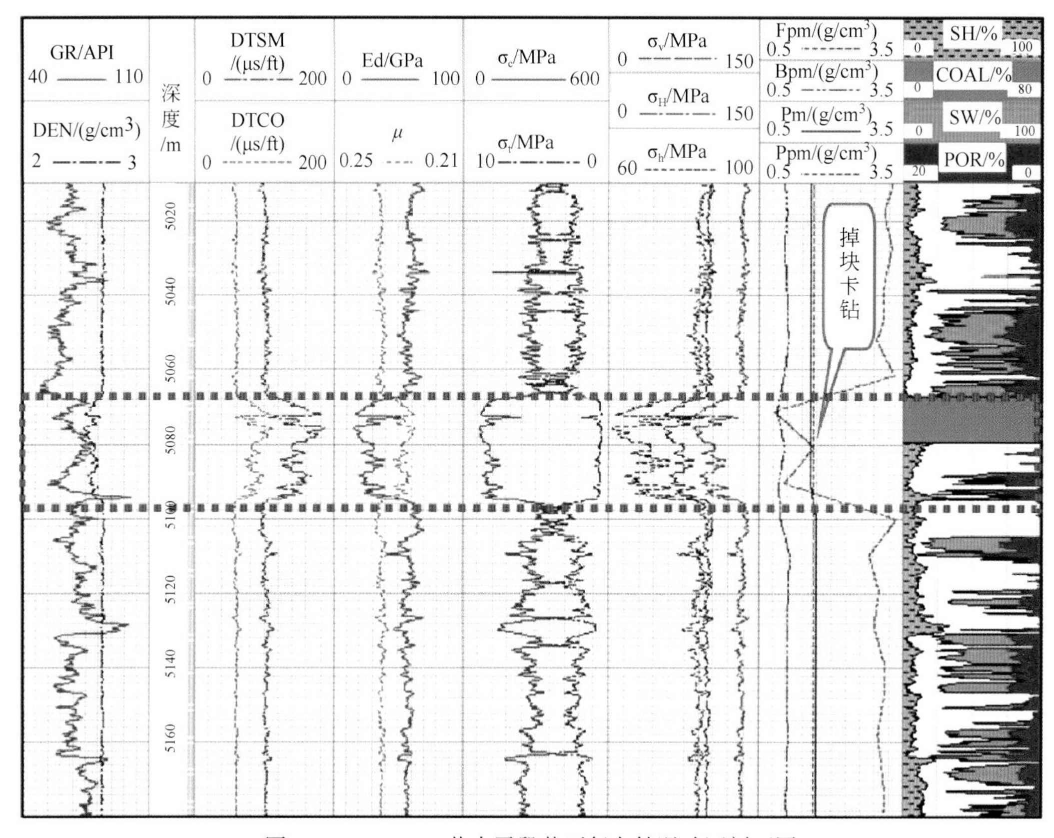

图 9-42 X10-1H 井水平段井下复杂情况验证剖面图

图 9-44 目的层段 TX_2^4 砂组部分次生矿物照片（5087.0～5135.0m）

图 9-45 目的层段 TX_2^5 砂组部分次生矿物照片（5423.0～5444.0m）

2. X21-1H 井

依据前述水平井井壁应力分布模型及坍塌、破裂压力计算得到 X21-1H 井水平段破裂

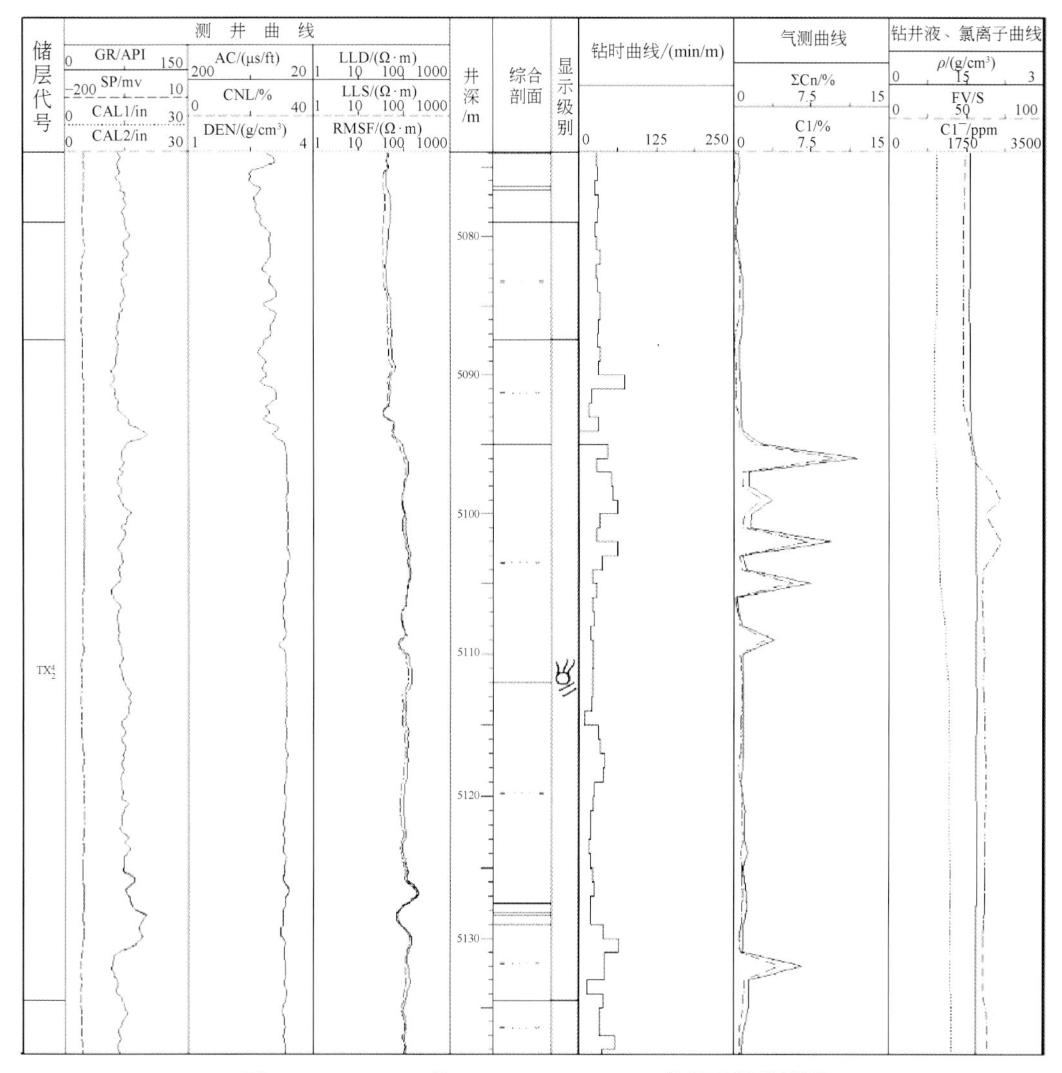

图9-43 X10-1H井5087.50~5134.50m井段录测曲线图

压力及坍塌压力当量泥浆密度随深度的分布（图9-47）。图中P_{wf}（g/cm^3）为破裂压力当量泥浆密度、P_w（g/cm^3）为实钻泥浆密度、P_{wc}（g/cm^3）为坍塌压力当量泥浆密度、P_p（g/cm^3）为地层压力当量密度。依据计算结果可以看出，井壁岩石的坍塌压力当量泥浆密度明显小于地层孔隙压力当量密度，基于平衡地层压力的井控原则，X21-1H井水平段安全钻井泥浆密度的下限为地层压力当量密度，安全钻井泥浆密度的上限为地层破裂压力当量泥浆密度。为提高钻速，在实际钻井过程中采用了欠平衡钻井作业技术。

1）地破试验分析

2009年6月27日11：30使用φ215.9mm钻头钻至井深4231.00m，进入新地层4m，岩性为砂岩，进行地破裂压力试验，试压介质为密度为1.82g/cm^{3}的钻井液，试验压力为10.55MPa未破，折合当量钻井液密度为2.10g/cm^3（表9-7），图9-46为目标层段地层试破压力曲线图。

表 9-7　X21-1H 井四开地层破裂压力试验记录

井深/m	4231（垂深 3840）	套管尺寸/mm	244.5	泵型号	3NB-1600F	泥浆密度/（g/cm³）	1.82
井径/mm	215.9	套管鞋位置/m	4223.41	缸套尺寸/mm	160	地层岩性	砂岩

时间/min	1	2	3	4	5
累计泵冲/冲	15	25	35	48	55
累计泵入量/m³	0.276	0.459	0.643	0.882	1.011
立管压力/MPa	2	4.5	6.5	8.8	10.55

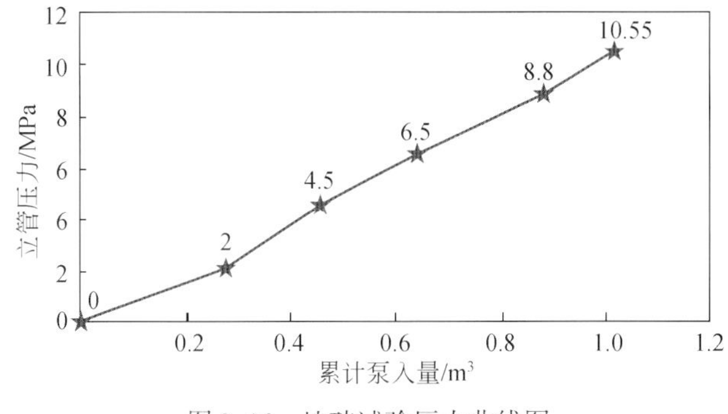

图 9-46　地破试验压力曲线图

所谓折算当量钻井液密度，就是在地层试破压力试验时，将试压（MPa）转换成当量钻井液密度（g/cm³）的一种表示方式。若试破试验中，地层被压开，则转换后称为破裂压力当量钻井液密度，若地层未被压开，则转换后称为折算钻井液当量密度。试压（MPa）跟钻井液当量密度（g/cm³）的转换关系如下：

地层破裂当量密度=钻井液使用密度+试压/井深

对照图 9-48，对应点地层破裂压力当量泥浆密度计算结果为 P_{wf}为 2.32g/cm³，表明计算结果符合地下实际情况。

2）井下复杂事故分析

2009 年 7 月 2 日 4：15 钻遇地层为 T_3x^4，岩性为砾岩、砂岩，钻至井深 4334.30m，发现井漏，井口失返，随后停泵开始吊灌浆，4：20 至 9：50 共漏失泥浆 58.27m³。7 月 2 日 9：50 至 10：20 注入堵漏浆 13.5m³，10：20 至 10：40 注入顶浆 20m³后井口开始返浆，10：50 至 11：33 关井挤入替浆 17.29m³，在挤堵过程中套压最高升至 4MPa 之后回至 1MPa。11：33 至 12：57 关井静停。12：57 至 13：08 挤入 4.5m³，套压最高为 1MPa，13：08至 18：00 关井静停。7 月 2 日 18：00 至 7 月 3 日 12：00 开井小排量循环，之后排量逐渐提升至 60 冲/min 进行观察，有轻微漏失。7 月 3 日 12：00 至 15：00 起钻，因发现灌不进泥浆，在起 43 柱后停止起钻。15：00 至 16：40 开泵循环观察，漏失泥浆 3.23m³，17：00 至 20：10 下钻，在下钻过程中开始 4 柱未返浆，随后返浆量较少。20：10 开泵循环，至 22：00 液面上涨 3.4m³，停泵关井。22：20 至 23：45 关井闭路循环，在循环过程

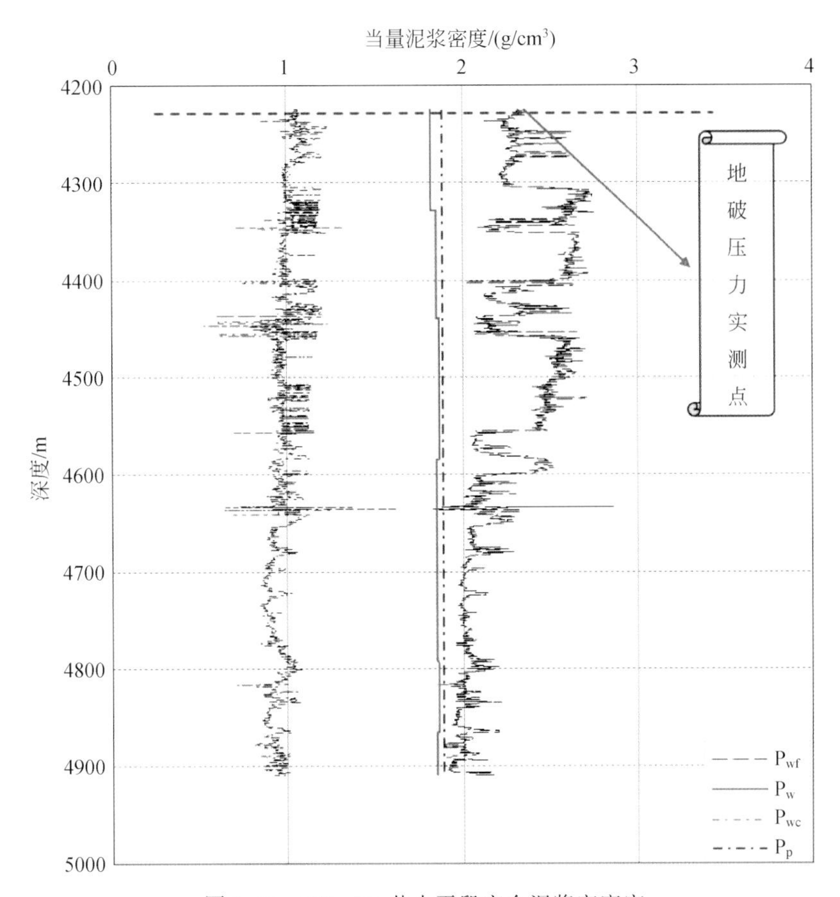

图9-47　X21-1H井水平段安全泥浆密度窗

中，入口密度1.84/cm³，出口密度1.79g/cm³。7月3日23：45至7月4日0：00开井，0：00至0：30循环，入口密度1.84g/cm³，出口密度1.79g/cm³，黏度50s，在循环过程中发现液面上涨。停泵关井，闭路循环时发现漏失，至0：45漏失5.44m³。0：50开始混重浆提密度，入口密度由1.84g/cm³提至1.87g/cm³，出口密度由1.79g/cm³升至1.82g/cm³。循环至6：30停泵，在压井过程中共漏失泥浆18.29m³。6：30至7：00下钻3柱，在下钻过程中未返浆。7：00至11：45开泵循环观察，测出气上窜速度为657m/h。11：45开始混重浆提密度，入口密度1.87g/cm³提至1.89g/cm³，出口密度由1.82g/cm³上升至1.87g/cm³，7：00至16：40循环及提泥浆密度过程中共漏失12.15m³。16：40至17：30停泵短起20柱，起钻过程中灌浆量正常。17：30至17：50下钻10柱未返浆，17：50至18：00开泵灌浆，18：00至19：00下钻到底。19：00至22：30开泵循环观察，有轻微渗漏。7月4日23：00至7月5日10：30起钻，10：30至22：50顺利下钻到底后恢复正常钻进。

分析漏失层段测井计算地层破裂压力当量泥浆密度为2.45g/cm³，目的层实测地层压力折算当量密度为1.88g/cm³，而初始实钻泥浆密度为1.84g/cm³，所以初判钻井液漏失并不是泥浆比重过大压裂地层所致。岩屑录井漏失层段见灰色砾石，解释为须四段底部的砾石层，钻井油气显示解释结果为4333.2～4334.3m为裂缝性气层（图9-48）。进一步证实该层段漏失是由于钻遇松散性砾石层而导致的裂缝性漏失，并非泥浆密度过大压裂地层所致。这也从另一个侧面验证了目的层段破裂压力测井计算结果的可靠性。

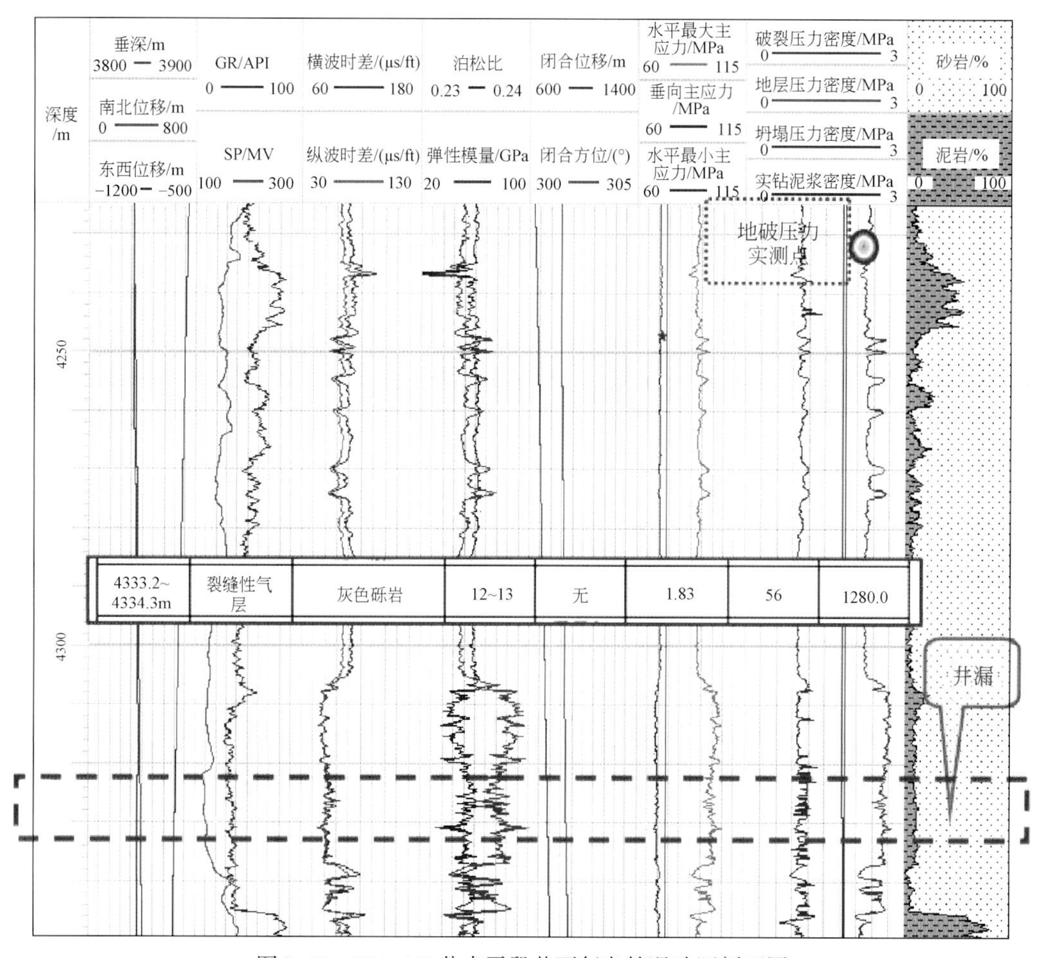

图9-48　X21-1H井水平段井下复杂情况验证剖面图

参 考 文 献

安欧，高国宝．1993a．鲜水河断裂带测区古构造残余应力随深度分布及带中残余能量．西北地震学报，15（3）：63～69

安欧，高国宝．1993b．红河断裂带测区古构造残余应力随深度分布X射线测量．地震研究，16（2）：169～177

安欧，高国宝．1996a．安宁河断裂带侧区古构造残余应力随深度分布．西北地震学报，18（4）：54～58

安欧，高国宝．1996b．龙门山断裂带测区古构造残余应力随深度分布及带中残余能量．地震地质，18（1）：25～29

布尔贝T，库索O．1994．孔隙介质声学．许云译．北京：石油工业出版社

陈德光，田军，王治中，等．1995．钻井岩石力学特性预测及应用系统的开发．石油钻采工艺，17（5）：12～16

陈家庚，曹新玲，李自强．1982．水力压裂法测定华北地下深部应力．地震学报，4（4）：350～361

陈景涛．2008．岩石变形特征和声发射特征的三轴试验研究．武汉理工大学学报，30（2）：94～96，118

陈勉，金衍．2005．深井井壁稳定技术研究进展与发展趋势．石油钻探技术，33（5）：28～34

陈新，李庆昌．1989．应用地球物理方法预测地层破裂压力初探．新疆石油地质，10（4）：49～55

陈颙．1981．不同应力途径三轴压缩下岩石的声发射．地震学报，3（1）：41～48

程远方，黄荣樽．1993．钻井工程中泥页岩井壁稳定的力学分析．石油大学学报（自然科学版），17（4）：35～39

楚泽涵．1987．声波测井原理．北京：石油工业出版社

邓金根，张洪生．1998．钻井工程中井壁失稳的力学机理．北京：石油工业出版社

邓乃杨，田英杰．2004．数据挖掘中的新方法——支撑向量机．北京：科学出版社

丁原辰，张大伦．1991．声发射抹录不净现象在地应力测量中的应用．岩石力学与工程学报，10（4）：313～326

丁原辰．2000．声发射法古应力测量问题讨论．地质力学学报，6（2）：45～52

樊洪海．2001．地层孔隙压力预测检测新方法研究．北京：中国石油大学博士学位论文

丰全会，程远方，张建国．2000a．井壁稳定的弹塑性模型及其应用．石油钻探技术，28（4）：9～11

丰全会，祖峰，邓金根．2000b．井壁稳定性研究及其在盐城地区的应用．钻采工艺，23（4）：22～26

冯启宁．1983．用测井资料预测计算地层破裂压力的公式和方法．华东石油学院学报，3（1）：22～30

付永强，李鹭光，何顺利．2007．斜井及水平井在不同构造应力场水力压裂起裂研究．钻井工艺，30（1）：27～30

高德利，许树谦，李鹭光，等．2004．复杂地质条件下深井超深井钻井技术．北京：石油工业出版社

葛洪魁，陈颙，林英松．2000．岩石力学通用预测模型及地球物理评价方法．见：中国岩石力学与工程学会编．第六次全国岩石力学与工程学术大会论文集．北京：中国科技出版社：238～242

葛洪魁，韩德华，陈颙．2001．砂岩孔隙弹性特征的试验研究．岩石力学与工程学报，20（3）：332～337

葛洪魁，黄荣樽．1994．三轴应力下饱和水砂岩动静态弹性参数的试验研究．石油大学学报，18（3）：41～47

葛洪魁，林英松，王顺昌．1998a．水力压裂地应力测量有关技术问题的讨论．石油钻采工艺，20（6）：53～56，62

葛洪魁，林英松，王顺昌．1998b．地应力测试及其在勘探开发中的应用．石油大学学报（自然科学版），22（1）：94～99

郝守玲．2005．声波速度测量的频率和尺度效应分析．勘探地球物理进展，28（5）：309～313

胡国忠，王宏图，贾剑青．2005．岩石的动静弹性模量的关系．重庆大学学报，28（3）：102～105

胡宗全 . 2000. R/S 分析在储层垂向非均质性和裂缝评价中的应用 . 石油实验地质, 22（4）：382 ~ 386
黄凯，徐群洲，杨晓海，等 . 1998. 纵、横波在岩石中的传播速度比及弹性模量与岩石所含流体的关系 . 新疆石油地质, 19（5）：369 ~ 371
黄荣樽 . 1984. 地层破裂压力模式的探讨 . 华东石油学院学报, 5（1）：335 ~ 347
黄荣樽，陈勉，邓金根，等 . 1995. 泥页岩井壁稳定力学与化学的耦合研究 . 钻井也与完井液, 12（3）：15 ~ 21, 25
姜子昂，张永红，赖文洪，等 . 1994. 川南东部地区阳新统的地层破裂压力预测 . 天然气工业, 14（2）：44 ~ 47
金衍，陈勉 . 2000. 工程井壁稳定分析的一种实用方法 . 石油钻采工艺, 22（1）：31 ~ 33
金衍，陈勉，柳贡慧，等 . 1999. 大位移井的井壁稳定力学分析 . 地质力学学报, 5（1）：4 ~ 11
李传亮 . 1998. 多孔介质应力关系方程 . 应用基础与工程科学学报, 6（2）：145 ~ 148
李传亮 . 2002. 多孔介质的应力关系方程 . 新疆石油地质, 23（2）：163 ~ 164
李传亮，杜文博 . 2003. 油气藏岩石的应力和应变状态研究 . 新疆石油地质, 24（4）：351 ~ 352
李稼祥，张文泉 . 1993. 井下水力压裂应力测量 . 中州煤炭，(1)：24 ~ 26
李克向 . 2002. 实用完井工程 . 北京：石油工业出版社
李培超，孔祥言，李传亮，等 . 2002. 地下各种压力之间关系式的修正 . 岩石力学与工程学报, 21（10）：1551 ~ 1553
李庆忠 . 1992. 岩石的纵、横波速度规律 . 石油地球物理勘探, 27（1）：1 ~ 12
李生杰 . 2005. 岩性、孔隙及其流体变化对岩石弹性性质的影响 . 石油与天然气地质, 26（6）：760 ~ 764
李士斌，艾池，刘立军 . 1999. 测井资料与岩石力学参数相关性及其在井壁力学稳定性计算中的应用 . 石油钻采工艺, 21（1）：43 ~ 47
李天太，高德利 . 2002. 井壁稳定性技术研究及其在呼图壁地区的应用 . 西安石油学院学报（自然科学版），17（3）：23 ~ 26
李同林，殷绥域 . 2006. 弹塑性力学 . 武汉：中国地质大学出版社
李志明，张金珠 . 1997. 地应力与油气勘探开发 . 北京：石油工业出版社
李智武，刘树根，罗玉宏 . 2006. 川东北地区致密碎屑岩动静弹参数实验研究 . 石油实验地质, 28（3）：286 ~ 291, 295
梁利喜 . 2008. 深部应力场系统评价与油气井井壁稳定性分析研究 . 成都：成都理工大学博士学位论文
林耀民，刘卫东 . 1996. 测井中四个纵横波转换经验公式分析 . 钻采工艺, 19（1）：15 ~ 16
林英松，葛洪魁，王顺昌 . 1998. 岩石动静力学参数的试验研究 . 岩石力学与工程学报, 17（2）：216 ~ 222
刘其明，蒋晓红，郭新江，等 . 2008. 川西深层须家河组工程地质特征研究 . 四川德阳：中石化西南分公司工程技术研究院（内部资料）
刘向君，罗平亚 . 1999a. 石油测井与井壁稳定性 . 北京：石油工业出版社
刘向君，罗平亚 . 1999b. 测井在井壁稳定性研究中的应用及发展 . 天然气工业, 19（6）：33 ~ 35
刘向君，罗平亚，孟英峰 . 2004. 地应力场对井眼轨迹设计及稳定性的影响研究 . 天然气工业, 24（9）：57 ~ 59
刘泽凯，陈耀林，唐汝众 . 1994. 地应力技术在油田开发中的应用 . 油气采收率技术, 1（1）：48 ~ 56
刘峥，巫虹 . 2004. 岩石 Kaiser 效应测地应力原理中的若干问题研究 . 上海地质, 91（3）：38 ~ 41, 56
刘之的，夏宏泉，陈平 . 2004. 岩石泊松比的测井计算方法研究 . 测井技术, 28（5）：508 ~ 510
刘之的，夏宏泉，陈平 . 2005. 利用测井资料计算碳酸盐岩三个地层压力 . 钻采工艺, 28（1）：18 ~ 21
刘祝萍，吴小薇，楚泽涵 . 1994. 岩石声学参数的实验测量及研究 . 地球物理学报, 37（5）：87 ~ 92

楼一珊.1998.影响岩石纵横波速度的因素及其规律.西部探矿工程,10(3):34~35
陆明万,罗学富.1990a.弹性理论基础.北京:清华大学出版社
陆明万,罗学富.1990b.弹性理论基础(第2版,上册).北京:清华大学出版社
路保平,鲍洪志.2005.岩石力学参数求取方法进展.石油钻探技术,33(5):44~47
路保平,张传进.2000.岩石力学在油气开发中的应用前景分析.石油钻探技术,28(1):7~9
马建海,孙建孟.2002.用测井资料计算地层应力.测井技术,26(4):347~351
马丽娟,郑和荣.2006.准噶尔盆地侏罗系储层含油气性相关岩石物理参数.石油与天然气地质,27(5):614~619
马中高.2008.Biot系数和岩石弹性模量的实验研究.石油与天然气地质,29(1):135~140
马中高,解吉高.2005.岩石的纵横波速度与密度的规律研究.地球物理学进展,20(4):905~910
任希飞,王连捷.1980.深部地应力测量方法——水力压裂法.水文地质工程地质,(2):42~45
时军虎,徐锐,李亚平.2003.测井资料在岩石力学参数中的应用.国外测井技术.18(3):22~24
史清江,王延江.2004.用于非线性回归估计的支撑向量机.济南:山东大学出版社
谭廷栋.1990.从测井信息中提取地层破裂压力.地球物理测井,14(6):371~377
王桂华,徐同台.2005.井壁稳定地质力学分析.钻采工艺,28(2):7~10
王鸿勋.1988.水力压裂原理.北京:石油工业出版社
王平.1992.地质力学方法研究——不同构造力作用下地应力类型和分布.石油学报,13(1):1~12
王世泽,张金珠,李思洲,等.2004.川西拗陷合兴场、新场、丰谷地区须家河组气藏地应力研究.四川德阳:中石化西南分公司井下作业处(内部资料)
王渊,李兆敏,王德新,等.2005.岩石抗压强度回归模型的建立.断块油气田,12(2):17~19
魏周亮.2005.分层地应力分析评价技术用于油气田开发.油气田地面工程,24(4):8~9
吴德伦,黄质宏,赵明阶.2002.岩石力学.乌鲁木齐:新疆大学出版社
吴家龙.1987.弹性力学.上海:同济大学出版社
席道瑛,刘斌,程经毅,等.1997.干燥和饱和岩石的衰减与频散特性.物探化探计算技术,19(1):19~22
谢润成,周文,邓虎成,等.2008a.现今地应力场特征评价一体化研究.石油钻采工艺,34(4):32~35
谢润成,周文,陶莹,等.2008b.有限元分析方法在现今地应力场模拟中的应用.石油钻探技术,26(2):60~63
谢润成,周文,单钰铭,等.2008c.考虑岩样尺度效应时钻井液对岩石力学性质影响的试验评价.石油学报,29(1):135~139
闫萍.2007.利用测井资料计算地应力及其在山前构造带的应用研究.北京:中国石油大学
阎铁,李士斌.2002.深部井眼岩石力学理论与实践.北京:石油工业出版社
杨文采.1987.岩石的粘弹性谐振Q模型.地球物理学报,30(4):399~411
张保平,申卫兵,单文文.1996.岩石弹性模量与毕奥特(Biot)系数在压裂设计中的应用.石油钻采工艺,18(3):60,65,78
张大伦.1984.确定岩石中先存应力状态的声发射法.地震地质,6(1):31~40
张杰,刘俊,陈平,等.2004.海洋大位移井井壁力学稳定性研究.海洋石油,25(1):85~88
张景和.2001.地应力、裂缝测试技术在石油勘探开发中的应用.北京:石油工业出版社
张克勤.1991.井壁稳定技术译文集(上、下册).中国石油天然气总公司情报研究所
张亚军,刘志刚,霍柏超,等.2007.基于支持向量机的电力负荷组合预测模型.电力需求管理,9(2):14~17.

张焱，刘坤芳，曹里民，等 . 2001. 水平井待钻井井眼轨迹最优化设计方法研究 . 石油学报，22（1）：100～104

张元中，楚泽涵，李铭，等 . 2001. 岩石声频散的实验研究及声波速度的外推 . 地球物理学报，44（1）：103～110

赵良孝 . 1985. 椭圆形井眼垮塌的原因和应用 . 测井技术，9（3）：28～34

赵良孝 . 1996. 用测井资料分析压裂漏失及井壁应力崩落的机理和特征 . 测井在石油工程中的应用 . 北京：石油工业出版社

赵小龙 . 2008. 石油钻井任意井眼的井壁稳定性研究 . 重庆：重庆大学硕士学位论文

郑有成 . 2004. 川东北部飞仙关组探井地层压力测井预测方法与工程应用研究 . 成都：西南石油学院博士学位论文

钟敬敏 . 2004. 春晓气田群定向井井壁稳定性研究 . 成都：西南石油学院硕士学位论文

周大晨 . 1999. 对上覆岩层压力计算公式的思考 . 石油勘探与开发，26（3）：99～103

周大晨 . 2001. 对李传亮上覆岩层压力公式的质疑 . 新疆石油地质，22（2）：150～154

周思孟 . 1998. 复杂岩体若干岩石力学问题 . 北京：中国水利水电出版社

周文 . 1998. 裂缝性油气储层评价方法 . 成都：四川科学出版社

周文 . 2006. 川西致密储层现今地应力场特征及石油工程地质应用研究 . 成都：成都理工大学博士学位论文

朱兴珊 . 1994. 关于残余构造应力及其与煤和瓦斯突出关系的几点看法 . 煤矿安全，（1）：35～39，13

Aadnoy B S，Chenevert M E. 1987. Stability of highly inclined boreholes. Society of Petroleum Engineers，2：364～374

Aadnoy B S，Hansen A K. 2005. Bounds on in-situ stress magnitudes improve wellbore stability analyses. Society of Petroleum Engineers，10（2）：115～120

Anderson R A，Ingram D S，Zanier A M. 1973. Determing fracture pressure gradient from well logs Journal of Petroleum Technology，25（11）：1259～1268

Andrew P S，Carl S，Chandra S R. 1998. Ultrasonic attenuation in Glenn Pool rocks，northeastern Oklahoma. Geophysics，63（2）：465～478

Bacon C F. 1975. Acoustic emission along the San Andreas fault in southern central California. Materials evaluation，34：5

Batzle M，Hofmann R，Han D H，et al. 1999. Fluids and frequency dependent seismic velocity of rocks Leading Edge，20（2）：5～8

Biot M A. 1956a. Theory of propagation of elastic waves in a fluid- saturated porous solid，I：low frequency range. Journal of the Acoustical Society of America，28（2）：168～178

Biot M A. 1956b. Theory of propagation of elastic waves in a fluid- saturated porous solid，II：High frequency range. Journal of the Acoustical Society of America，28：179～191

Blondel P 1993. Interpretation of the acoustic properties of suspensions with the diffraction theory. http：//sepwww. Stanford. edu/public/docs/sep77/patrick2/paper html/index.

Boyce G M. 1981. A study of the acoustic emission response of various rock types. M. S. thesis，Drexel University

Bradley W B. 1979. Mathematical stress cloud-strain cloud can predict borehole failure. Oil and Gas J，77（8）：92～102

Byerlee J D. 1978. A review of rock mechanics studies in the United States pertinent to earthquake prediction. Pure and Applied Geophysics，116（4）：586～602

Byerlee J，Mjachkin V，Summers R，Voevoda O. 1978. Structures developed in fault gouge during stable sliding and stick-slip. Tectonophysics, 44 (1): 161 ~ 171

Cai M, Morioka H, Kaiser P K, et al. 2007. Back-analysis of rock mass strength parameters using AE monitoring data. International Journal of Rock Mechanics and Mining Sciences, 44 (4): 538 ~ 549

Castagna J P, Batzle ML, Eastwood R L. 1985. Relationships between compressional wave and shear wave velocities in elastic silicate rocks. Geophysics, 50 (4): 571 ~ 581

Chang C D, Zoback M D, Khaksar A. 2006. Empirical relations between rock strength and physical properties in sedimentary rocks. Journal of Petroleum Science and Engineering, (51): 223 ~ 237

Chen X, Tan C P, Haberfield C M, et al. 2002. A comprehensive practical approach for wellbore instability management. Spe Drilling and Completion, 17 (4): 224 ~ 236

Chenevert M E. 1969. Adsorptive pore pressure of argillaceous rocks. Proceeding, 11th Symposium on Rock Mechanics, Berkeley, California: 16 ~ 19

Chenevert M E. 1970. Shale control with balanced activity oil-continuous muds. Journal of Petroleum Technology, 22 (10): 1309 ~ 1316

Coaster S E. 1991. Rock Mechanics Related in Petroleum Engineering. Development Petroleum. Heience

Coates G R, Denoo S A. 1981. Mechanical Properties Program Using Borehole Analysis and Mohr's Circle, SPWLA. Twenty-Second Annual Logging Symposiums Transactions, P23 ~ 26

Cristianini N, Taylor J S. 2000. An Introduction to Support Vectorma-chines and Other Kernel-based Learning Methods. Cambridge: Cambridge University Press

Eaton B A. 1975. The equation for geopressure prediction from well logs Society of Petroleum Engineers, 5544: 1 ~ 11

Eberhart-Phillips D, Han D H, Zoback M D. 1989. Empirical relationships among seismic velocity, effective pressure, porosity, and clay content in sandstone. Geophysics, 54 (1): 82 ~ 89

Emma J N, Chipperfield S T, Hillis R R, et al. 2007. The relationship between closure pressures from fluid injection tests and the minimum principal stress in strong rocks. International Journal of Rock Mechanics and Mining Sciences, 44 (5): 787 ~ 801

Fairhurst C. 1963. Measurement of in situ rock stresses, with particular reference to hydraulic fracturing. Rock Mechanics and Engineering Geology, 2: 129 ~ 147

Fairhurst C. 1968. Methods of in-situ rock stresses at great depths. TRI-68 Missouri River Dic. , Corps of Engineer

Gardner G H F , Gardner L W, Gregory A R. 1974 . Formation velocity and density——The diagnostic basics for stratigraphic traps. Geophysics, 39 (6): 770 ~ 780

Geertsma J, Smit D C. 1961. Some aspects of elastic wave propagation in fluid saturated porous solids. Geophysics, 26: 169 ~ 181

Goodman R E. 1963. Subaudible noise during compression of rock. Geological Society of America Bulletin, 74 (4): 487 ~ 490

Gretener P E. 1965. Can the state of stress be determined from hydraulic fracturing data. Journal of Geophysical Research, 24: 6205 ~ 6212

Gretener P E. 1979. Port pressure: fundamentals, general ramifications and implications for structureal geology. AAPG Department of Education, 83: 89 ~ 91

Guo F, Morgenstren N R, Scott J D. 1993. Interpretation of hydraulic fracturing breakout pressure. International Journal of Rock Mechanics and Mining Sciences and Geomechanics Abstracts, 30 (6): 617 ~ 626

Haimson B C, Voight B. 1976. Stress measurements in Iceland. PAGEOPH, 115 (1-2): 159 ~ 190

Haimson B C, Fairhust C. 1970. In situ stress determination at great depth by means of hydraulic fracturing. In

Rock Mech-Theory and Practice, proc. of 11th Symposium on Rock Mechanics, 28: 559 ~ 584

Haimson B C. 1968. Hydraulic fracturing in porous and nonporous rock and potential for determining in situ stresses at great depth. PhD Thesis. University of Minnesota

Han D H , Nur A , Morgan D. 1986. Effects of porosity and clay content on wave velocities in sandstones. Geophysics, 51 (11): 2093 ~ 2107

Han D H, Nur A, Morgan D. 1986. Effect of porosity and clay content on wave velocities in sandstone. Geophysics, 51 (11): 2093 ~ 2107

Handin J, Hager R V, Friedman J M, et al. 1963. Experimental deformation of sedimentary rocks under confining pressure: pore pressure tests. AAPG Bulletin, 47 (5): 717 ~ 755

Hardy H R Jr, 1981. Applications of acoustic emission techniques to rock and rock structures: A state-of-the-art review. Astm Special Technical Publication, 750: 89

Hubbert M K Willis D G. 1957. Mechanics of hydraulic fracturing. Trans. AIME210, 239 ~ 257

Jizba D, Nur A. 1990. Static and dynamic moduli of tight gas sandstones and their relation to formation properties. SPWLA 31st Annual Logging symposium

Kaiser J. 1953. Untersuchungen uber das aufterten gerauschen beim zugversuch. Arkiv fur das Eisenhuttenwesen, 24: 43 ~ 45

Kanagawa T, Hayashi M, Nakasa H. 1976. Estimation of spatial geostress components in rock amples unsing the Kaiser effect of acousic emission. Proceeding of the Japan Society of Civil Engineers, (258): 63 ~ 75

Kehle R O. 1964. The determination of tectonic stresses through analysis of hydraulic well fracturing Journal of Geophysical Research, 69: 259 ~ 273

Kilmentos T, Harouaka A, Mtawaa B, et al. 1995. Experimental determination of the biot elastic constant: applications in formation evaluation (sonic porosity, rock strength, earth stress and standing predictions). SPE 30593

Kreif M, Garat J, Stellingwerff J, et al. 1990. A petrophysical interpretation using the velocities of P and S waves (full wave form sonic) . The Log Analyst, 31: 355 ~ 369

Marion D, Mukeqi T, Mavko G. 1994. Scale effects on velocity dispersion: From rap to effective medium theories instratified media. Geophysics, 59 (10): 1613 ~ 1619

Matthews W R, Kelly J. 1967. How to predict formation pressure and fracture gradient. Oil & Gas Journal, 65 (8): 92 ~ 106

Mavko G, Jizba D. 1993. The relation between seismic P- and S- wave velocity dispersion in saturated rocks. Geophysics, 59 (1): 87 ~ 92

Milard A 1995. Discrete and continuam approaches to simulate the thermo-hydro-mechanical coupling in a large, fractured rock mass. International Journal of Rock Mechanics and Mining Sciences and Geomechanics Abstracts, 32 (5): 409 ~ 434

Mody F K, Hale A H. 1992. A borehole stability model to couple the mechanics and chemistry of drilling fluid shale interactions. Journal of Petroleum Technology, 45 (11): 1093 ~ 1101

Mogi K. 1974. Earthquakes as fracture in the earth, in Advanees in Rock Mechanics . International Journal of Rock Mechanics and Mining Sciences and Geomechanics Abstracts, 12 (1): 509 ~ 568

Murphy W, Reische A, Hsu K. 1993. Modules decomposition of compressional and shear velocity in sand bodies. Geophysics, 58 (2): 227 ~ 239

Nolte K G. 1982. Fracture design considerations based on pressure analysis. SPE10911

Norris A N. 1993. Low frequency dispersion and attenuation in partially saturated rocks. Journal of the Acoustical

Society of America, 94 (1): 359 ~ 370

Nur A, Mavko G, Dvorkin J, et al. 1998. Critical porosity: a key to relating physical properties to porosity in rock. The Leading Edge, 17 (2): 357 ~ 362

Nur A. 1992. Critical porosity and the seismic velocity in rocks. EOS Trans Am Geophys Union, 73 (1): 43 ~ 66

O'Brine P N S, Lucas A L. 1971. Velocity dispersion of seismic waves. Geophysical Prospecting, 19 (1): 1 ~ 26

Pickett G R. 1968. Acoustic character logs and their applications in formation evaluation. Journal of Petroleum Technology, 15: 650 ~ 667

Sayer C M. 1981. Ultrasonic velocity dispersion in porous materials Journal of Physics D Applied Physics, 14 (14): 412 ~ 420

Scheidegger A E. 1962. Stresses in the earth's crust as determined from hydraulic fracturing data. Geologie and Bauwesen 7

Scholz C H. 1968. Experimental study of the fracturing process in brittle rocks. Journal of Geophysical Research Atmospheres, 73 (4): 1447 ~ 1454

Smith G C, Gidlow P M. 1987. Weighted stacking for rock property estimation and detection of gas. Geophysical Prospecting, 35 (9): 993 ~ 101

Solberg P, Lockner D, Byerlee J. 1977. Shear and tension hydraulic fractures in low permeability rocks. Pure and Applied Geophysics, 115 (1): 191 ~ 198

Stephen Prensky. 1992. Borehole Breakouts and In-situ Rock Stress—A Review. The Log Analyst

Terzaghi K V. 1923. Die berechnyg der durchfassigkeitssiffer des tones aus dem verlauf der hydrody- namischen spannungserscheinungen, Sitz. Akad. ien, Math, Naturwiss, KI, Abt. 2A, 132

Toksöz M N, Johnston D H, Timur A. 1979. Attenuation of seismic waves in dry and saturated rocks: I Laboratory measurements. Geophysics, 44 (4): 681 ~ 690

Van der K W. 1979. Nonlinear Behavior of Elastic Porous Media, Tran. AIME, 26: 179 ~ 187

Vapnik V N. 1999. The Nature of Statistical Learning Theory. New York: Springer-Verlag

Westergaard H M. 1940. Plastic state of stress around a deep well. Journal of. Boston Society of Civil Engineers, 21 (1): 1 ~ 5

Winkler K W. 1986. Estimates of velocity dispersion between seismic and ultrasonic frequencies. Geophysics, 51 (1): 183 ~ 189

Winkler K W, Nur A. 1982. Seismic attenuation: Effect of pore fluids and frictional sliding. Geophysics, 47 (1): 1 ~ 15

Yoshikawa G, Mogi K. 1978. Kaiser effect of acoustic emission in rock, Proc. 4th. Acoustic Emission Symposium, Tokyo

Zoback M D, Daniel M, Larry M, et al. 1985. Well Bore Breakouts and in Situ Stress. Journal of Geophysical Research, 90 (B7): 5523 ~ 5530